# ET 服装 CAD(新版本)

## ——打板、推板、睿排、输出技术

鲍卫兵　编著

东华大学 出版社

·上海·

## 内容简介

本书详细阐述 ET 服装 CAD2023 引擎版的使用方法和技巧。全书分打板、推板、睿排、输出和综合答疑共五大版块，内容详细，布局新颖，图文并茂，是原《ET 服装 CAD 打板、放码、排料、读图、输出技术》一书的升级版。

**图书在版编目(CIP)数据**

ET 服装 CAD(新版本)——打板、推板、睿排、输出技术/鲍卫兵编著. —上海：东华大学出版社，2024.1

ISBN 978 - 7 - 5669 - 2295 - 3

Ⅰ.①E⋯ Ⅱ.①鲍⋯ Ⅲ.①服装设计—计算机辅助设计—应用软件 Ⅳ.①TS941.26

中国国家版本图书馆 CIP 数据核字(2023)第 242129 号

**ET 服装 CAD(新版本)**
——打板、推板、睿排、输出技术

编著/ 鲍卫兵
责任编辑/ 杜亚玲
封面设计/ callen
出版发行/ 東孚大學出版社
　　　　　上海市延安西路 1882 号
　　　　　邮政编码：200051
出版社网址/ dhupress. dhu. edu. cn
天猫旗舰店/ http://dhdx. tmall. com
印刷/ 上海龙腾印务有限公司
开本/ 889mm×1194mm　1/16
印张/ 22.5　　字数/ 800 千字
版次/ 2024 年 1 月第 1 版
印次/ 2024 年 1 月第 1 次印刷
书号/ ISBN 978 - 7 - 5669 - 2295 - 3
定价/ 88.00 元

# 作者简介

扫一扫上面的二维码图案，加我微信

鲍卫兵，皖巢湖市烔炀镇人。1997 年起，先后在深圳金色年华服饰公司、依曼林公司、中国香港利安公司从事打板绘图工作，有深厚的文字和绘画功底，擅长总结经验，为整理工业服装生产技术做了大量实际工作，著有：

1.《女装工业纸样——内外单打板与放码技术》；

2.《女装新板型处理技术》；

3.《女装打板缝制快速入门——连衣裙篇》；

4.《女装工业纸样细节处理和板房管理》；

5.《ET 服装 CAD——打板、放码、排料、读图、输出技术》；

6.《女装打板隐技术》；

7.《优秀样衣师手册》。

本书为作者最新作品。

# 序　言

自从笔者于 2019 年 1 月出版《ET 服装 CAD——打板、放码、排料、读图，输出技术》一书以来，其中的实际操作的方法和变通妙用的章节比较受欢迎，因而此书多次再版，同时也收到很多读者发来的建设性意见。此次应广大读者的要求，整理了 2023 引擎版升级软件使用方法，结合之前本书读者反馈过来的一些问题，重新整理成文，以飨读者。

ET 服装 CAD 新版本与传统版本的区别：

第一，新版本改变了界面风格，如工具图标、充绒、3D 等系列工具，还对很多工具的细节进行了优化。如：

线条，把新版本的曲线一直放大到一定程度，不会出现有折角、不圆顺和无法加点的问题。

智能笔功能在原有的 28 种基础上，另外增加了 26 种新功能，合计有 54 种功能，可谓功能强大。

图形放缩方式，新版本是采用推拉滚轮的方式来实现屏幕的放大和缩小的，同时自动出现幕移动的小图标，使用更加方便快捷。

"调入底图"功能简化了底图格式切换，彻底解决了打开底图后电脑变卡变慢的问题，还可以在一个界面上打开多张图片。

任意文字的字体，传统版本是宋体，新版本是楷体。

虽然新打板系统里，更新了界面，但是仍然同时兼容老版本界面，只要在系统工具栏的 高级功能 中选中"智慧之蓝"或者"优力圣格"图标工具栏就变成老版本了，无论是喜欢传统版本的资深师傅，还是思维敏捷、善于汲取新生事物的年轻读者，都可以在这里得心应手地发挥自己的创造力，可谓"并行而不悖"，互相都不冲突。

第二，在推板系统里增加和减少号型不需要再按"推板展开"。

推板时，裁片内部线和净边线条如果没有完全接上，输入档差后，不会出现净线变形的现象，等等。

第三，在排料系统里增加了超级排料，即睿排。为了节省时间，还添加了后台排料的功能。

有些朋友在初次接触和学习 ET 服装 CAD 时，会产生一点疑惑：如果我学习的是某一种版本软件，以后正式参加工作时可能是使用其他版本软件，那么会不会由于两种版本不同而无法使用？ 其实 ET 服装 CAD 早在 2008 年的版本就已经相当地成熟了（现在有很多板师仍然喜欢使用 2008 版,也就是我们常说的传统版本,泛指 2008 版和 2008 相近的版本),根据作者自身使用经验和教学经验,新版本和传统版本之间仅仅是界面、工具图标和工具位置不同,而总体的原理和理念、框架和风格是一样的,只要灵活地转换一下思维,稍加训练,就能够融会贯通地使用了,并不存在由于换了版本就无法进行工作的问题,这一点请大家不用担心,任何一个版本,只要你掌握得比较熟练,遇到其他版本稍加适应一下,很快就能运用无碍了。

本书的编写得到深圳布易科技有限公司各位老师的热情支持和帮助,在此特表衷心的感谢。

鲍卫兵
2023 年 3 月 17 日于西丽

# 目　　录

# 第一章　ET 新版本的优点和使用规律

## 第一节　ET 新版本的界面

ET 新版本的界面见图 1-1。

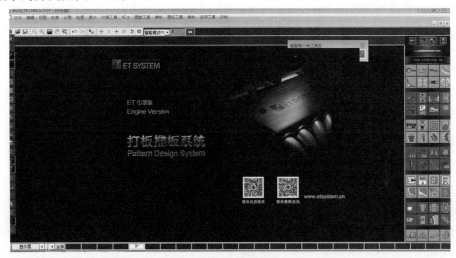

**图 1-1　ET 新版本界面**

## 第二节　新版本同时兼容传统版本界面

ET 新版本更新了界面,但是仍然兼容传统版本界面,只要在系统工具栏的 **高级功能** 中选中"智慧之蓝"或者"优力圣格",图标工具栏就变成传统版本了,见图 1-2。

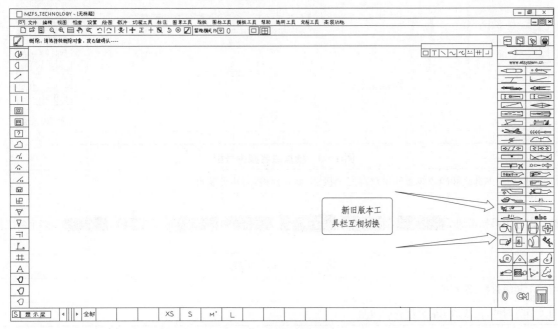

新旧版本工
具栏互相切换

**图 1-2　快速切换到传统界面**

# 第三节  工具和功能的改进

2023 版的 ET 新版本和 2008 版的 ET 传统版本相对比，新版本不仅改变了界面风格、工具图标和布局，还对打板、推板、排料系统中的很多工具的细节进行了优化，详见表 1-1。

表 1-1  ET 新版本和传统版本的区别

| 第一部分  打板系统 |
| --- |
| 1. 线条，把新版本的曲线放大到一定程度，不会出现有折角、不圆顺、无法加点的问题 |
| 2. 智能笔功能在原有的 28 种基础上，另外增加了 26 种新功能，合计有 54 种功能 |
| 3. 图形放缩方式：新版本是用推拉滚轮的方式来实现屏幕的放大和缩小的，同时自动出现屏幕移动的小图标，使用更加方便快捷 |
| 4. 调入底图："调入底图"工具简化底图格式切换，彻底解决了打开底图后电脑变卡变慢的问题，还可以在一个界面上打开多张图片 |
| 5. 任意文字的字体：老版本是宋体，新版本是楷体 |
| 6. 在系统工具栏增加了"模板工具"，"图案工具"，"选用工具"等栏目 |
| 第二部分  推板系统 |
| 1. 增加和减少号型不需要再按"推板展开"，见图 1-3 |

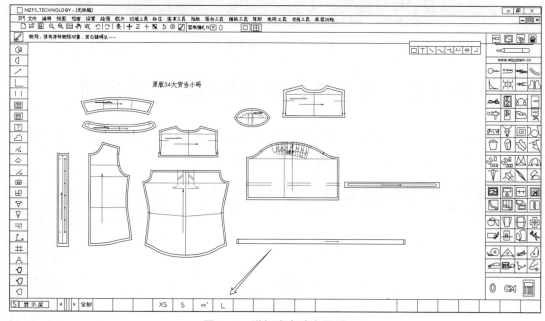

图 1-3  增加或者减少号型

| |
| --- |
| 2. 推板时，裁片内部线和净边线条如果没有完全接上，输入档差后，不会变形 |
| 3. 推板图标工具栏增加了 ▭, ✎, ▭, ▯, ▭, ～, ～ 等多个新工具 |
| 第三部分  排料系统 |
| 1. 增加了超级排料，即睿排 |
| 2. 为了节省时间，还添加了后台排料的功能 |

# 第四节　ET工具的使用规律

　　ET服装CAD最常用的手法是框选和点选，若被选中的要素变成红色，表示要素被激活，一般都会点击右键结束，再进行下一步操作。

　　需要注意的是，通常情况下，框选和点选都不要超过线条的中点。鼠标靠近线条中点时，自动出现的黄点就是中点（极个别的工具例外）。

　　有些工具采用框选和点选都可以，但是有一部分工具框选和点选是有区别的。

　　"依次选择"就是按正确的顺序选择线条。

　　如果把不需要的线条选中了，那么就再选一次，即可恢复到没有选中之前的状态。

　　鼠标滚轮工具组的使用方法是用力向下按鼠标滚轮，就会出现可以自由设置的工具组。

　　在画裁片纱向时，要养成把纱向线箭头朝同一个方向画的习惯，可以统一朝上画，也可以统一朝下画（只有翻领和衣身纱向线方向相反），这样在排料的时候，排料系统会自动识别一件衣服一个方向，简称"一件一向"，见图1-4。

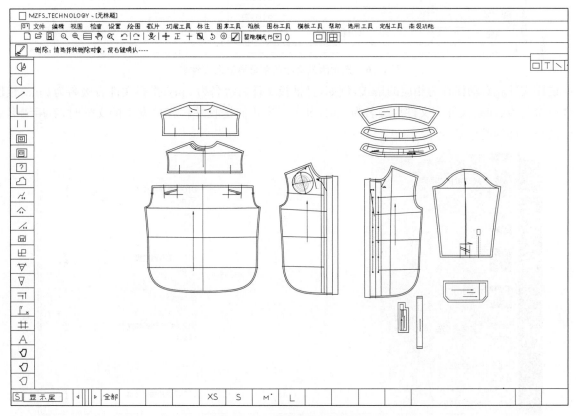

**图1-4　纱向线箭头方向统一**

　　在ET服装CAD界面的上方，有一个工具和功能使用方法提示栏，每选中一个工具和功能，都同步出现文字提示，见图1-5，这种指示对初学者起到很好的帮助作用。

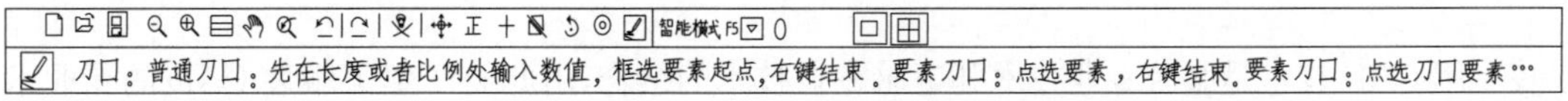

**图1-5　同步出现文字提示**

ET 服装 CAD 保存文件时会自动出现后缀名，用来区别打推文件、读图文件和尺寸表文件等各种不同文件的类型和格式，在保存文件时，要把文件名后面的字母先删除（或者把 * . prj 涂成蓝色以后再输入款号）。

文件名(N)： `* . prj`    输入款号名称后按"保存"按钮，见图 1 - 6。

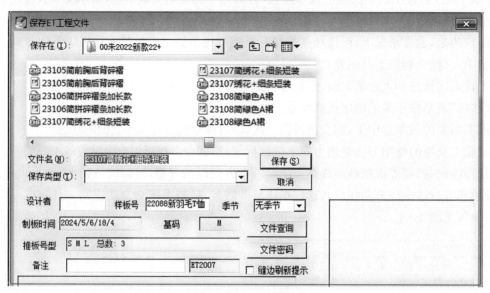

**图 1 - 6   先删除或者涂蓝字母再输入文件名**

这样文件就自动保存为相应的格式，例如，打推板文件后缀名为 . prj；排料文件后缀名为 . pla；读图文件后缀名为 . dgt；尺寸表文件后缀名为 . stf；等等。当我们接收外厂客户发来的文件时，看后缀名就可以区分文件的类型了，见图 1 - 7。

**图 1 - 7   根据后缀名区分文件类型**

**注：**如果直接在后缀名前面输入文件名，或者直接在后缀名后面输入文件名，都是无法保存的。

# 第五节   ET 和服装专业术语解释

服装专用 CAD 技术是服装专业技术和电脑专业技术的结合，由此而产生了服装 CAD 的专业术语，这些专业术语有国内和国外、南方和北方的区别，有的是从外语中音译而来，有的是简称演变而来，还有的是从粤语中演化而来。因此，我们有必要先熟悉这些常用的专业术语，详见表 1 - 2。

表1-2 ET服装CAD专业术语

| 序号 | 术语 | 解释 |
|---|---|---|
| 1 | 打板 | 也称作制板,即服装纸样制作。放码也可以称作推板 |
| 2 | 袖窿 | 也称袖笼,夹圈。由于服装术语各地称呼上有差异和ET软件的已有的方式,本书将会采用多种不同表达方式,它们之间并不矛盾 |
| 3 | 衩 | 也称叉,或者叉位 |
| 4 | 底稿 | 也称底图,或者草图 |
| 5 | 散口 | 也称毛边,指裁片裁剪后,边缘不做任何处理,呈松散状态 |
| 6 | 运返 | 指下摆或者袖口折叠后的效果 |
| 7 | 折边 | 指下摆或者袖口比较宽的缝边,翻折后的裁片边缘也称折光 |
| 8 | 框选 | 按住左键拉框,被框中的要素和线条会显示成其他颜色 |
| 9 | 勾选 | 在选项按钮前面打勾,表示选中了这个选项 |
| 10 | 按下滚轮 | 用力向下按鼠标滚轮,出现滚轮自定义设置 |
| 11 | 选中 | 在选项按钮前面打小黑点,表示选中了这个选项 |
| 12 | 缺省 | 即系统默认状态,意思与"默认"相同。"缺省"最初来源于计算机英文文档中的单词"default","default"有很多意思:违约、缺省、拖欠、默认。由于当时计算机专业方面的英译汉水平不高,于是就把这个词直译成了"缺省" |
| 13 | 原型 | 也称母型,基本型。为了和日本文化式原型裁剪法区别开来,我们多数称为基本型 |
| 14 | 号型 | 服装的码数,其中号指人体的净身高,型指人体的净胸围(或臀围),号型是设置服装尺寸的依据 |
| 15 | 智能模式 | 可以自动找到操作需要位置的一种输入模式 |
| 16 | 纱向线 | 即布纹线 |
| 17 | 翻单 | 也称翻板,指重复的、第二次或者更多次的批量生产 |
| 18 | 唛架 | 即服装裁剪的排料图 |
| 19 | 裁床 | 用来裁剪成匹布料的平台 |
| 20 | 样板号 | 即区别服装款式的编号 |
| 21 | 线框显示 | 以线条的方式显示,是相对于填充彩色显示而言的 |
| 22 | 袖山容量 | 又称袖山容位,或者溶位,吃势 |
| 23 | 高低床 | 指服装为了合理用料而采取的一边层数多、一边层数少的拉布裁剪方式 |
| 24 | 镜像 | 像镜子里面的图像一样,和原图像成对称关系的状态 |
| 25 | 朴 | 即黏合衬。又分无纺朴、针织朴、无胶朴和真丝朴,等等 |
| 26 | 起纽 | 一般泛指卷边时发生扭曲。 |
| 27 | 夹直 | 即肩端点到袖窿底部侧缝点的直线距离 |
| 28 | 后育克 | 也称后覆肩或后担干,指衬衫后肩双层的裁片 |

续表

| 序号 | 术　语 | 解　　　　　释 |
|---|---|---|
| 29 | 克夫 | 也称介英，指衬衫的袖口 |
| 30 | 半围/全围 | 半围指胸围或腰围等部位围度尺寸的一半，全围指整个围度尺寸 |
| 31 | 撞布 | 也称撞色布，指辅助颜色的布料 |
| 32 | 大货 | 指批量生产的产品 |
| 33 | 打枣 | 即打套结 |
| 34 | 均码/不均码 | 均码表示推板时各码档差平均放大或缩小，不均码表示各码非平均的放缩 |
| 35 | 串口 | 也称串口线，指西装领子和驳头缝合的这一段 |
| 36 | 加毛 | 也称加空位，指在裁片四周预留额外间隔 |
| 37 | 归拔 | 归拢和拔开的简称，指拼合裁片时有的部位需要有意地归拢收缩，或者有意用力拉长 |
| 38 | 叠门 | 也称迭门或者搭门 |
| 39 | 风琴位 | 一般指下摆和袖口里布长出来折叠的部分，起到里布有伸缩的作用 |
| 40 | 打横 | 指把裁片旋转 90°，横过来进行裁剪 |
| 41 | 唛架 | 也称唛架图，即排料图 |
| 42 | 翻单 | 指排料生产的第二次或者更多次的生产 |
| 43 | 翻衫 | 指有里布的衣服，缝制到最后，把衣服从袖里布留的洞口处翻过来 |

# 第六节　ET 服装 CAD 软件的安装方法

　　ET 服装 CAD（以下简称 ET）软件安装非常简单，只需要插上密码锁，解压程序压缩包，打开程序文件夹，再把打板推板系统图标 发送到桌面快捷方式，就可以轻松地使用 ET 软件，而推板、读图、排料的切换小图标已经包含在打板界面的右上角 （也可以像传统版本一样，把四个图标都发送到桌面上 ）。

# 第七节　系统基本设置

　　ET 软件安装到电脑上以后，双击左键打开打推板系统图标 ，就可以看到打板界面。打板界面分为，① 工作主界面，② 上方工具条，③ 提示栏，④ 智能笔分类工具条，⑤ 左侧工具条，⑥ 右侧工具条，⑦ 下方工具条，⑧ 系统工具栏。详见图 1-8。

　　初次使用时，需要对打推系统进行基本的设置。点击文件→系统设置，可看到七个基本设置项目：。

　　在这七个项目中，大多数可以选择默认设置，其不会对使用软件有太大的影响。对软件熟练到一定的程度后可以按照自己的爱好和习惯对其中的参数和项目进行适当的设置和更改。例如：

**第一项："工艺参数"**

　　在弹出的"工艺参数"对话框中，如果感觉默认设置中的刀口深度、到刀口宽度和双刀间距太小，可以把数值改大一些，见图 1-9。

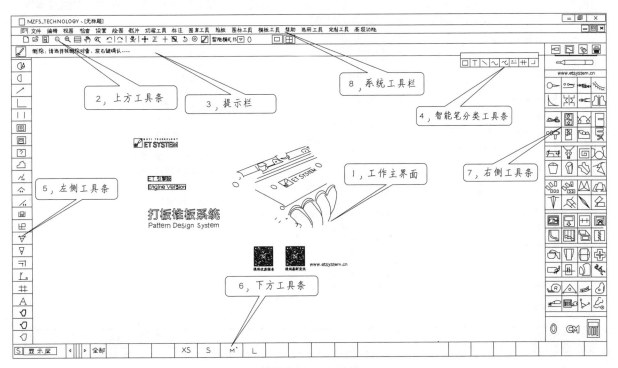

图 1-8 打板界面

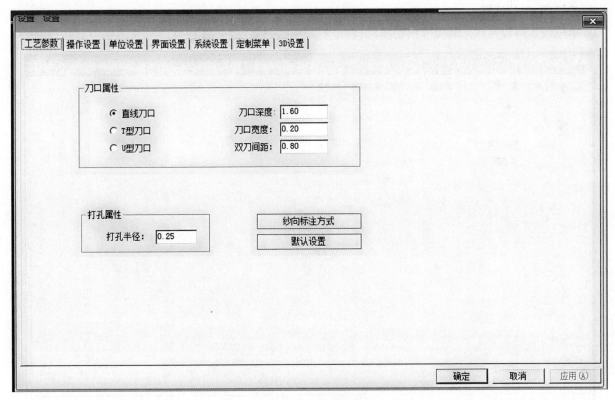

图 1-9 工艺参数

**第二项:操作设置**

在操作设置这个项目中,可以对常用的"反转角宽度""(自动)保存天数""省线加要素刀口""显示要素端点""智能笔只选边"和"滚动移屏模式"进行必要的设置,见图 1-10。

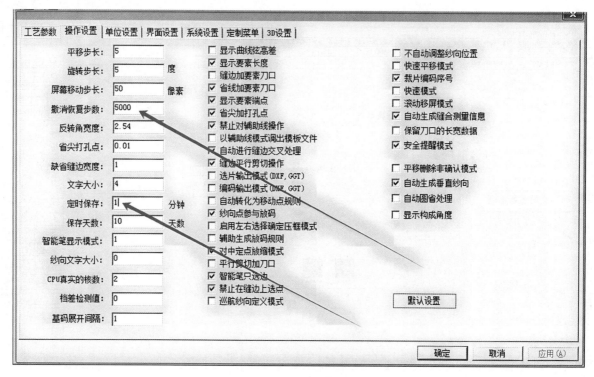

图 1 - 10　操作设置

### 第三项:单位设置

单位设置可以在厘米和英寸间切换,以满足不同板师的要求,见图 1 - 11。

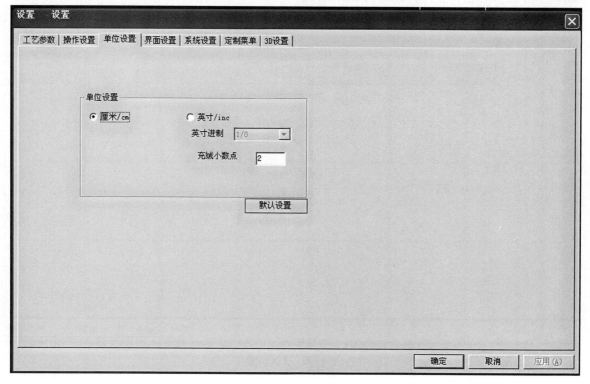

图 1 - 11　单位设置

### 第四项:界面设置

界面设置中可以设置不同要素属性的颜色,另外在光标设置这个栏目里,如果选中了"传统光标",

光标即始终为一个白色小箭头,如果选择"智能光标",则显示彩色的小图标,如果没有特殊的需要,也可以选则"默认设置",见图1-12。

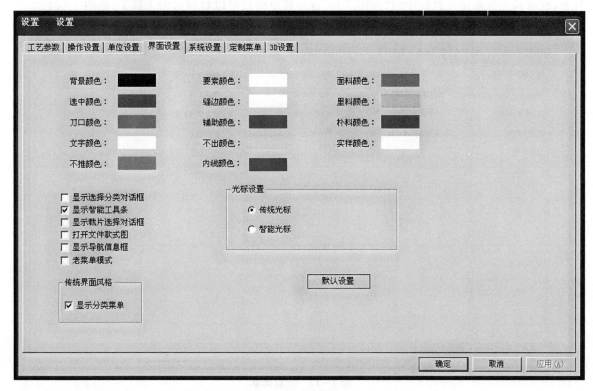

图1-12  界面设置

### 第五项:系统设置

如果没有"默认设置"的选项,可以按照图1-13进行设置。

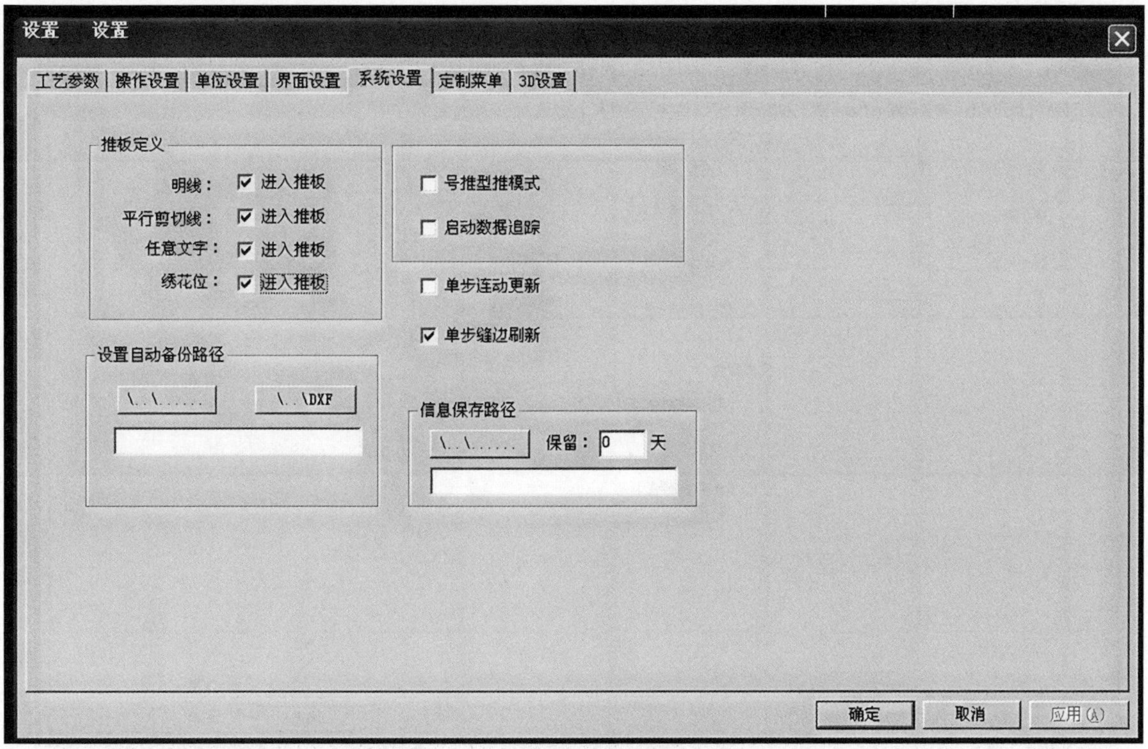

图1-13  系统设置

### 第六项:定制菜单

定制菜单是把不常用的工具收集在一起,如果在某一个工具前面打钩,如"椭圆",然后退出系统,重新打开,在屏幕上方系统工具栏中的"选用工具"这一栏里面就可以看到这个工具了,见图 1－14。

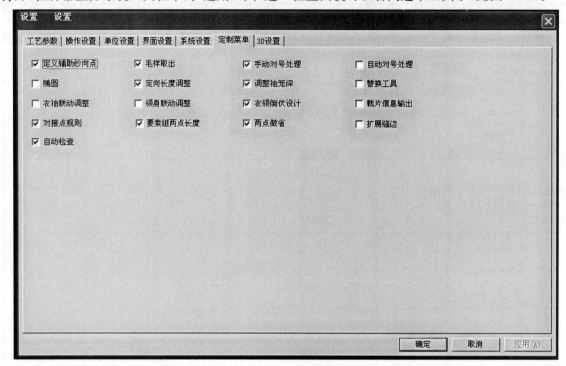

**图 1－14　定制菜单**

**注:**如果有的项目没有能够显示出来,可以把已经选中的项目减少几个,再重新选中新项目,重新打开打推板系统即可显示。

### 第七项:3D

3D 项目的设置见图 1－15。

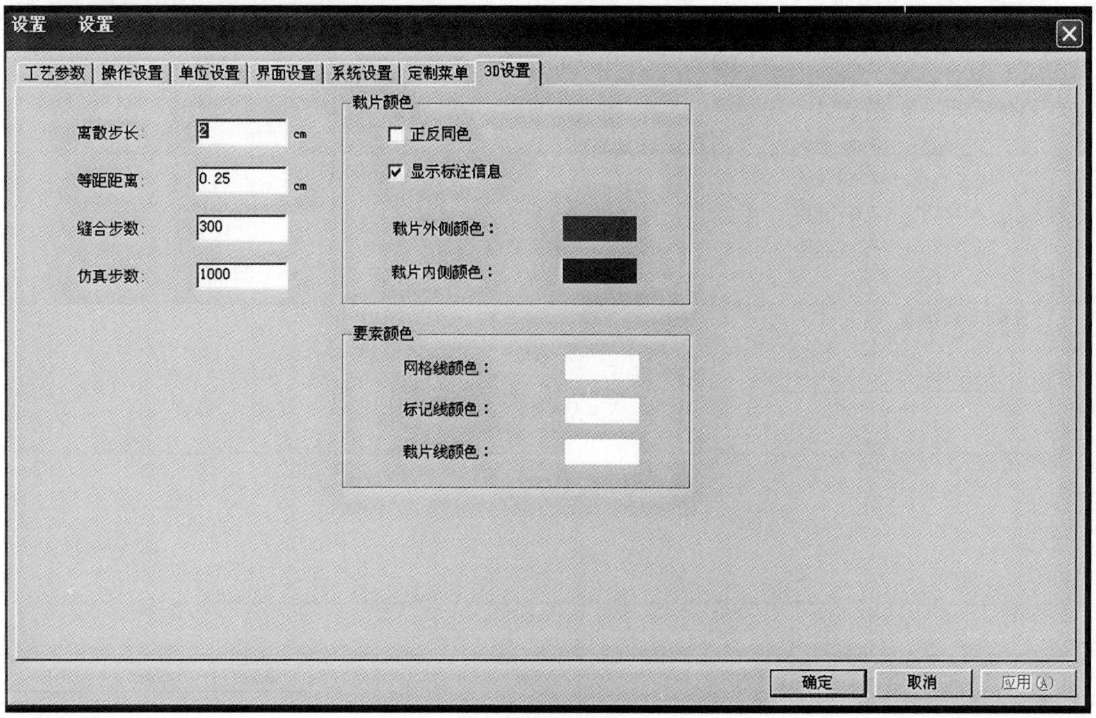

**图 1－15　3D**

# 第二章　ET 服装 CAD 打板技术

## 第一节　打板界面上方工具条

1.  新建文件

用于新建一个空白的工作区，并将当前画面中的内容全部删除。如果当前画面上有图形，选此功能后会弹出防止文件覆盖的提示框，见图 2-1。

**图 2-1　防止文件覆盖的提示框**

本操作会导致当前数据被清除，鼠标左键点击"是"，即创建了一个空白工作区，点击"否"则取消该操作。

**注 1：**怎样防止文件被覆盖

为了防止文件被覆盖，尽量不要在已经打开的文件上新建文件，而是要关闭或者最小化当前的文件，重新双击桌面打推系统 小图标，打开或者新建一个新文件。ET 打推系统可以同时显示和打开多个文件。

**注 2：**怎样给文件起名字

给文件起名字，不要用清一色的英文字母加数字，见图 2-2。这种文件名称没有任何明显特征，当文件数量达成百上千个时，就很难快速找到某个需要的文件了。正确的做法是采用关键词起名法，就是把款式的关键特征写在名字上，见图 2-3。

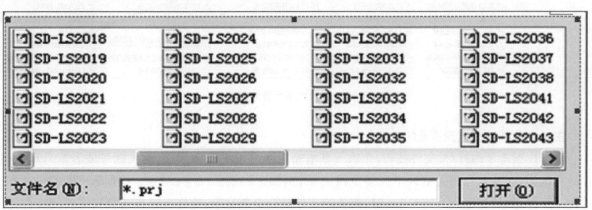

**图 2-2　字母加数字的文件名称**

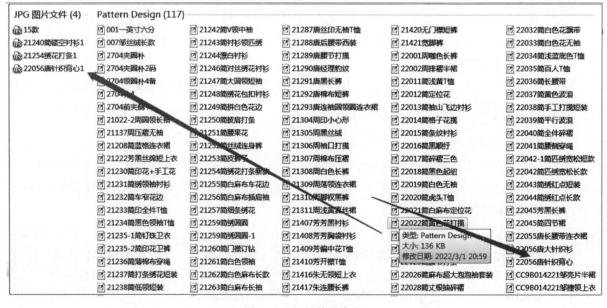

图 2-3　文件名称中写有关键特征

**注3:**怎样设置打开文件时同步看到这款照片

如果需要在打开文件的时候，同步出现这款的照片（或者图片），可以把照片放到和打推文件一起的文件夹里面，图片重命名和打推文件名称相同，可以含有英文、数字和中文，见图 2-4。然后在图片名称后面加一个"1"字，见图 2-5、图 2-6。

图 2-4　把图片重命名

**注4:**怎样快速搜索到需要的文件

快速找到需要的打/推文件技巧：在输入框里输入两个 ＊ 字符号，中间输入款号或者款号里面包含的关键词，注意款号和关键词不完整也没关系，例如 ＊20282＊ 、＊282＊ 、＊绣花＊ 或者 ＊20282绣花＊ 字样，然后按键盘上的 Enter 键，相关的文件就会全部显示，这样可以快速找到需要的文件，见图 2-7。

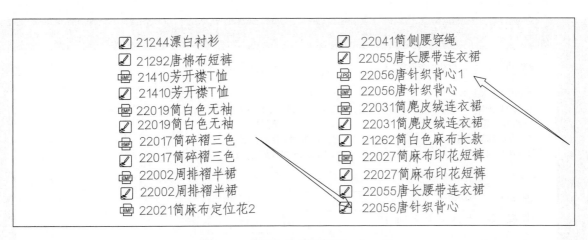

图 2-5　图片名称后面多加一个1字

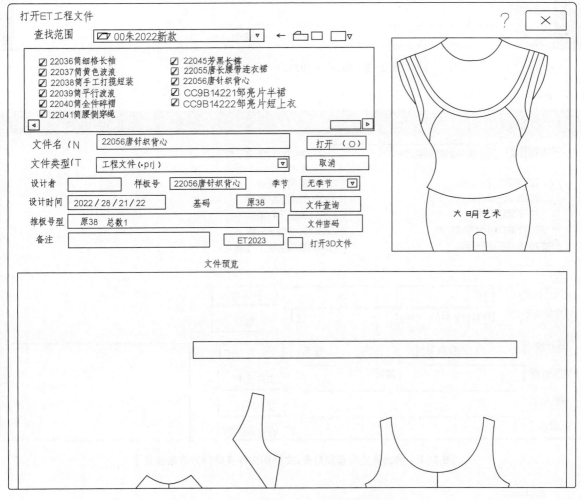

图 2-6　点击文件名,就可以看到这款图片了

在图 2-7 中可以看到,这个窗口只看到文件夹中和 20282 相似的文件,但是如果退出系统后重新打开,还会恢复到原先的窗口中所有打/推文件都显示出来的状态,见图 2-8。排料文件也可以这样起名和搜索。

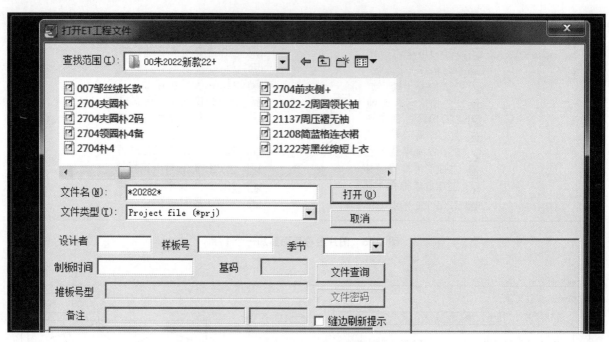

图 2-7 输入"＊20282＊"后点击"确认"键

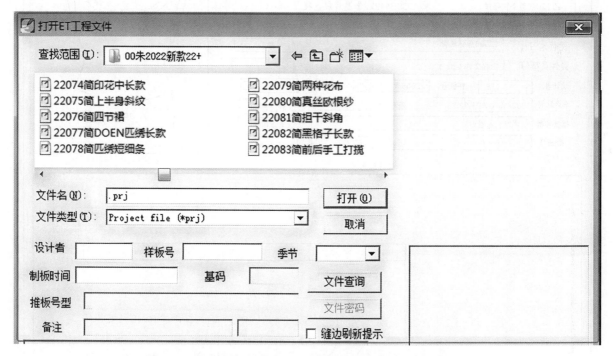

图 2-8 退出系统后重新打开,文件和文件夹排列方式就恢复了

### 2. 打开文件

用于打开一个已有的文件,选此功能后,弹出如图 2-9 所示的对话框。

选择文件名后点击"打开"按钮,文件被打开。文件打开对话框中提供"文件查询"功能,用户输入"设计者""样板号""季节"及"制板时间"后,点击"文件查询"按钮后,查询结果将显示在"文件查询结果"处。要注意的是,"删除查询文件"是指永久删除"文件查询结果"下显示的所有文件,要慎重使用该功能。

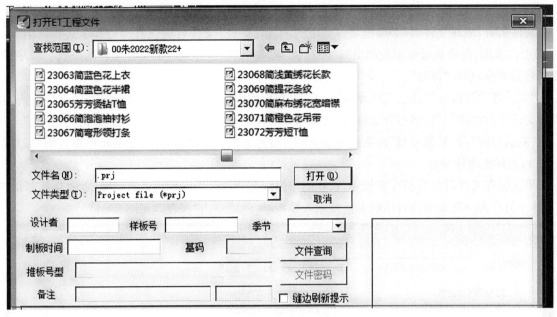

图 2 - 9 打开文件

**3.** 保存文件

可将绘制的纸样文件保存起来,以便后期存档、修改。点击保存文件此工具后,出现如图 2 - 10 所示对话框。

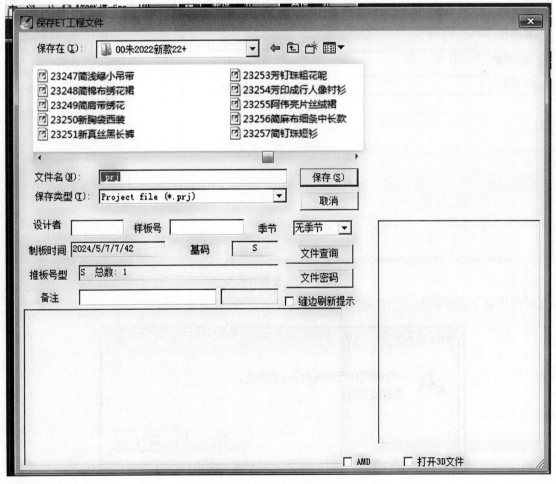

图 2 - 10 保存文件

通常情况下,保存文件只要填写文件名和样板号即可。

在文件名处,填写文件名(必须把文件后缀的 * . prj 删除,文件名应该有编号和款式特征组成,如:0026 圆点连衣裙,而样板号要相应的填写"0026 圆点连衣裙",这样保存的文件会自动按数字顺序排列,方便以后的查找)后按"保存"。

在"设计者""样板号""备注"及"季节"处,填写相应的内容,以备文件查询时使用。"文件密码"功能可以对文件进行加密保存,当打开文件时,必须输入对应的密码,解除密码时,应该点击"另存为"。

而"制板时间"与"基础号型"由系统自动填写。放过码的文件,"号型"处会显示已推放的号型数。

**注 1:**怎样更改样板号

如果在保存文件时没有填写样板号,裁片的布纹线就会显示"no name"的字样,更改样板号的方法是:文件→另存为→在弹出的对话框中重新填入样板号,然后点击"保存",见图 2 - 11。

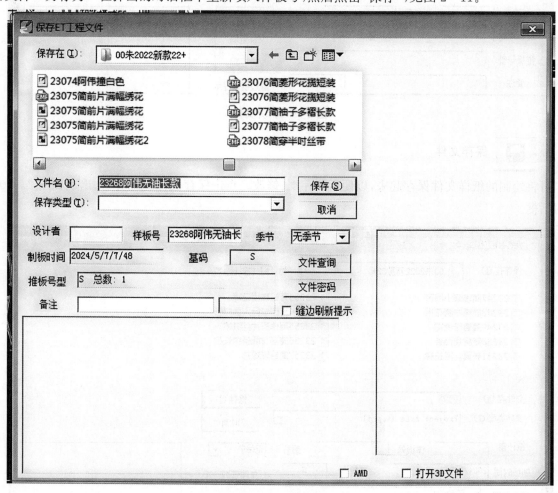

**图 2 - 11 更改样板号**

这时弹出如下的提示框,点击"是"即完成样板号的更改,见图 2 - 12。

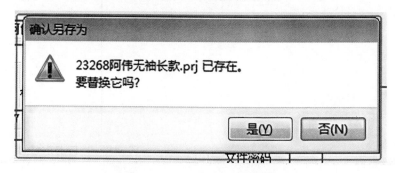

**图 2 - 12 点击"是",完成更改**

**注2**:怎样关闭文件

关闭文件只要点击"缝边刷新",点击"保存",再点击右上角的灰色叉  即可。注意这里有两个

叉，一个红色，一个灰色，如果不继续使用ET了，可以点击上面红色的叉。

如果没有点击"保存"就关闭文件，会出现如图2-13的提示框，按照需要选择"是"或者"否"。

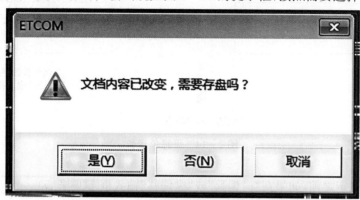

图2-13　关闭文件时的提示框

**4. 🔍 视图放大**

框选需要放大的区域，右键结束即可，这种方法可以把框选中的区域放大到界面的最大限度。

**注1**:点击右键结束，就回到上一步使用的工具。

**注2**:视图放大/缩小的快捷键，新版本的另一种方法是推动鼠标滚轮，注意使用推动滚轮进行视图放大或者缩小时必须先关掉"视图"下拉菜单中的中的"1：1显示"。

**5. 🔍 视图缩小**

整个画面以屏幕中心为基准，：用鼠标每点击一次此功能，画面就缩小一次。可连续操作。

**注**:此功能只是画面的变化，实际图形的尺寸并没有改变。

**6. ▬ 全屏**

可将当前工作区内的所有图形显示在当前画面中，单击即可。

**注**:在按充满视图时，要先关闭显示下拉菜单中的1：1显示，否则无法显示全部的图形。

**7. ✋ 屏幕移动**

按住左键拖动就可以移动屏幕，一直到需要观察的位置。

**8. ↩ ↪ 撤销操作和恢复操作**

用于在"上一步"和"刚才"的两个画面之间进行切换，鼠标单击即可完成操作。

**9. ✖ 删除**

将选中的要素删除。

左键框选要删除的要素（包括图形、文字、刀口、打孔等要素），鼠标右键结束操作。

**10. ✛ 平移(用于平移或复制选中的要素)**

鼠标左键"框选"要移动的要素，点击右键确定；左键拖住，移动要素至所需位置，松开即可。在松开鼠标前，加按Ctrl键，则为平移复制。

**注1:**在"单步长"输入框 单步长 ⌷5⌷ 中输入数值,按小键盘上的数字键 2、4、6、8(2＝下移、4＝左移、6＝右移、8＝上移),则按指定单步长平移要素,见图2-14。

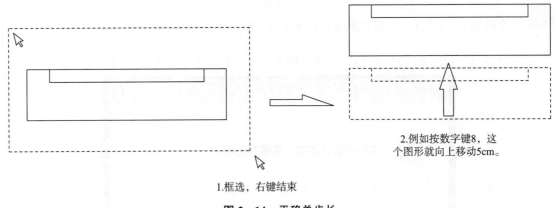

2.例如按数字键8,这个图形就向上移动5cm。

1.框选,右键结束

**图 2-14 平移单步长**

**注2:**在点击右键确定之前,如果在"横偏移"或"纵偏移"输入框 横偏移 50 纵偏移 0 中输入数值,则可以按指定数值进行横向(纵向)平移或复制。

**注3:**平移工具还有一个技巧,就是框选需要平移的要素,点击右键确认,拖动到另外一个图形附近,如果很近的这两个点都变成红色,松开鼠标,这两个图形会对接在一起,见图2-15。这种方法常用于把多个图形或者裁片放在同一个水平线或者垂直线上。

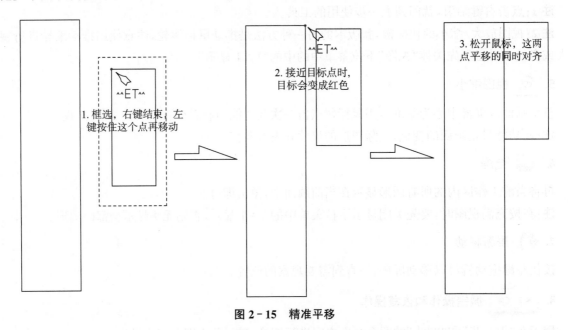

1.框选,右键结束,左键按住这个点再移动

2.接近目标点时,目标会变成红色

3.松开鼠标,这两点平移的同时对齐

**图 2-15 精准平移**

**注4:**如果在使用"平移"的时候,没有看到要素移动的过程,但是当鼠标停下来的时候,要素已经移动了,这是因为有非正常的要素重叠在里面,只要按"安全检测" 🖿 →"清除无效要素" 清除无效要素 即可,见图2-16。

**11.** ⌐正 水平、垂直补正(用于要素做水平或垂直补正)

左键框选参与补正的要素,右键确定;左键点选或者框选补正参考要素,系统自动做垂直补正,见图2-17。

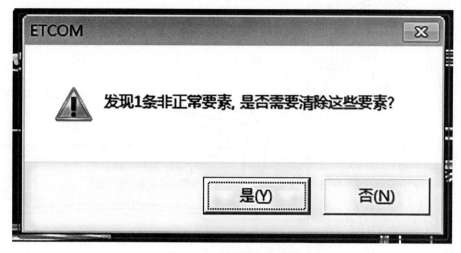

图 2 - 16　清除非正常要素

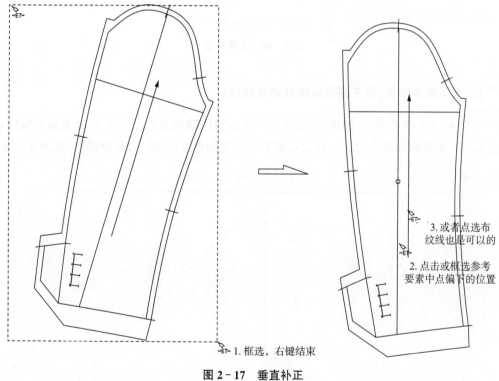

图 2 - 17　垂直补正

如果按 Shift＋补正的参考要素,系统自动做水平补正,见图 2 - 18。

**注 1**:补正框选要素,右键确定后,要注意接下来选中参考要素的位置,垂直补正要点选要素的中点(黄点)偏下的位置,水平补正要点选中点(黄点)偏左的位置。如果超过了黄点,整个图形会翻转,但是都不要在端点上选择。

**注 2**:补正的参考要素,可以是图形中的任何线条,也可以是纱向线。

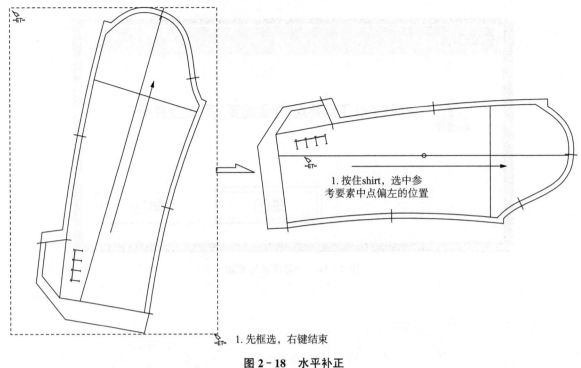

图 2 - 18 水平补正

12.  水平垂直镜像（用于把要素镜像或者翻转）

左键框选要做镜像的要素，右键确定；单击左键指示镜像轴的方向。点 1、点 2 为垂直镜像；点 3、点 4 为水平镜像；45°角镜像为点 5、点 6。在指示最后一点之前按 Ctrl 键，为复制镜像，见图 2 - 19。

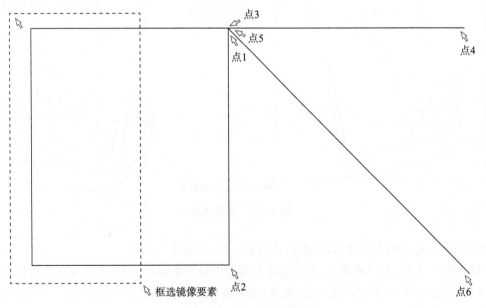

图 2 - 19　水平垂直镜像

注 1：水平垂直镜像可以用来复制出图形的对称的一侧，还可以复制出和原图成对的另一个图形。
注 2：把裁片（或其他图形）翻过来，就是使用水平垂直镜像，而不是其他工具。

**13.** 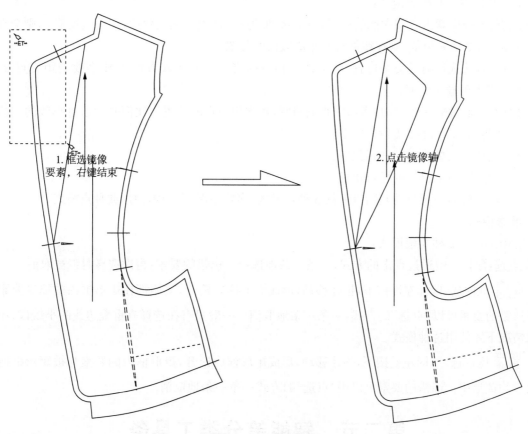 **要素镜像（用于把图形按指定要素做镜像）**

左键框选要做镜像的要素，右键确定；左键点击镜像轴即可。如果在点击镜像轴之前按 Ctrl 键，则为要素镜像复制，见图 2－20。

图 2－20 要素镜像

**注：**水平、垂直镜像和要素镜像的区别是，前者框选右键，单击左键第一个点后，自动出现水平、垂直和 45°斜线的中轴线；后者是中轴线在任意角度下都可以使用。

**14.** 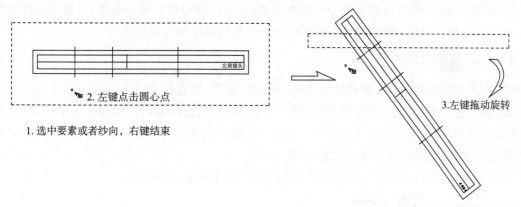 **旋转（用于把图形进行旋转）**

选中此工具，选中要素或者纱向，右键结束，左键点击圆心点，然后再左键拖动旋转，见图 2－21。

图 2－21 旋转

**点模式与要素模式** | 智能模式F5 ▼ | 0 | ◿ |

### 1. 点模式

系统中共提供了 6 种点模式:

① 端点:选择要素中心偏向侧的位置,就会选到端点。此点可输入数值,如输入正值 5,则会在线上找到 5cm 位置;如输入负值,则在线外找到相应数值的位置。

② 交点:直接选择两线交叉位置,就会选到相应的交点。如输入数值 2,则会找到距交点 2cm 位置。交点模式不可输入负值。

③ 比例点:通过输入比例,并指示中心偏向侧,找到相应点的位置。比例必须通过小数的方式来输入,如 1/3 需输入 0.33,1/4 需输入 0.25。

④ 要素点(F4):要素上的任意位置。

⑤ 任意点(F5):屏幕上的任意位置。

⑥ 智能点(F5):系统自动判断以上的 5 种点模式,多数情况下,只需使用此种点模式。

### 2. 要素模式

系统中提供了 3 种要素模式:

① 点选:鼠标左键通过点击的方式,一条一条地选择。选错的要素,再次选择时将被取消。

② ◿ 框内选:鼠标左键按下,拖住移动,形成矩形框后松开,整体都在矩形框内的那些要素将被选中。选错的要素可以"点选"的方式,一条一条地取消。一般只有在选择有重叠边线的小线段、小部件等特殊情况下才使用这种模式。

③ ◺ 压框选:鼠标左键按下,拖住移动,形成矩形框后松开,矩形框内的要素与被矩形框碰到的所有要素均被选中。选错的要素可以用"点选"的方式一条一条地取消。

# 第二节　智能笔分类工具条

### 1. Rectangle ▢ 矩形框

用于画矩形框或者指定尺寸的矩形框,左键点 1,再左键点 2,就画出了一个矩形框,如果先在长度和宽度后面输入指定数字, | 智能模式F5 ▼ | 0 | ◿ | 长度 | 30 | 宽度 | 20 | 则可以画出指定尺寸的矩形框,见图 2-22。

注意矩形框数值的输入位置是不分长度和宽度的,可以随便输在哪个框里,关键是拉框时要注意横、竖方向。如果横向拉框,则矩形框是横向的,纵向拉框矩形框则为纵向的。

### 2. T-Line ⊤ 丁字尺

使用丁字尺画出的线条有三种角度的选择,分别是:水平、垂直和 45°。

鼠标左键单击一下,拉出一条任意直线,按一下 Ctrl 键并松开,就可以切换到丁字尺状态(指直线的方向被控制在水平线、垂直线和 45°线三个方向),再单击左键即可。如果在"长度"输入框中输入数值,则按指定长度作水平线、垂直线、45°线,见图 2-23。

**注**:Ctrl 键为切换键,可以在"任意直线"和"丁字尺"两个功能之间切换。

### 3. Continuous line ◥ 连续线

用于连续画直线线段,可结合智能模式输入框来控制线段的长度,见图 2-24。

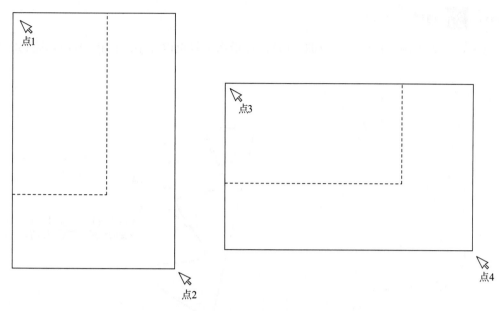

**图 2 - 22　矩形框**

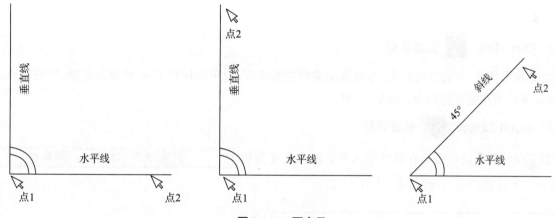

**图 2 - 23　丁字尺**

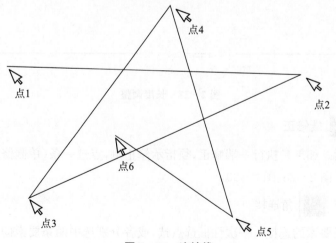

**图 2 - 24　连续线**

### 4. Curve 曲线

用于画曲线，不少于两个特征点形成曲线（特征点指除了起点以外中途停顿的点），见图 2 - 25。

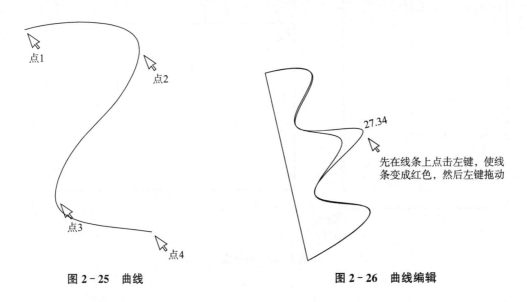

图 2 - 25　曲线

图 2 - 26　曲线编辑

先在线条上点击左键，使线条变成红色，然后左键拖动

### 5. Curve Edit 曲线编辑

左键单击要素，要素变成红色，左键拖动编辑它的弯度，也可以按住 Ctrl 键单击左键，进行加点，按住 Shift 键单击左键进行减点，见图 2 - 26。

### 6. Adjust Length 长度调整

用于调整要素的长度。在长度输入框后输入长度数值，如 30 cm，框选移动端，右键结束，见图 2 - 27。

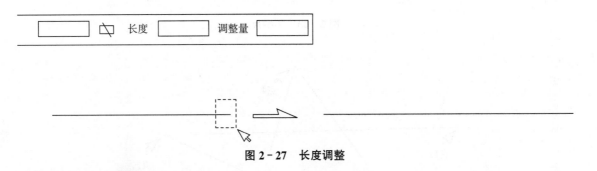

图 2 - 27　长度调整

### 7. End Adjust 端修正

框选被修正的要素。如果是执行一端修正，须指示修正侧，点选一条（单侧修正）或两条（两侧修正）修正要素，右键结束，见图 2 - 28、图 2 - 29。

### 8. Connect Corner 角连接

用于非平行的两条要素的连接。一次性框选点选，或者分别选中两条要素即可，见图 2 - 30。

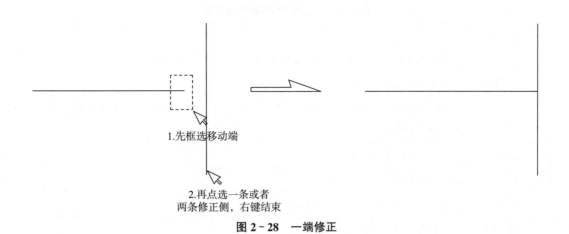

图 2-28　一端修正

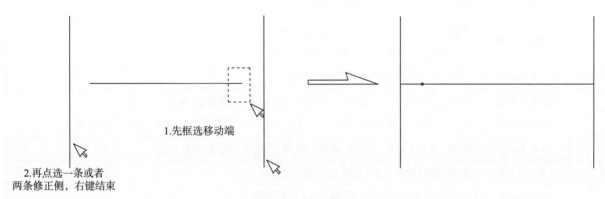

图 2-29　两端修正

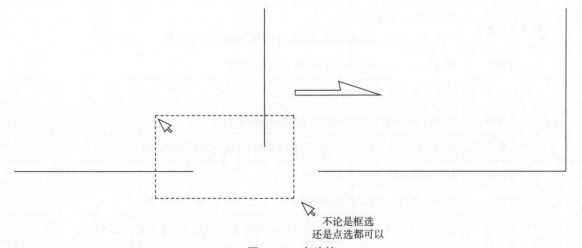

图 2-30　角连接

# 第三节　智能笔 28 种常规功能

## 一、智能笔的 28 种常规功能

智能笔的 28 种常规功能见表 2-1。

表 2-1 智能笔的 28 种常规功能

| 序号 | 名　称 | 用　法 |
|---|---|---|
| 1 | 刀口 | 选择 S1 或 S2，在长度后面输入数值，框选起点端，按 N 键结束 |
| 2 | 直线 | 左键→左键→右键 |
| 3 | 曲线 | 鼠标左键单击、移动、再单击点 2，点 3……（曲线点数大于等于 3），单击右键结束，即可做出一条任意曲线 |
| 4 | 矩形框 | 按住 Shift 键，左键拉框 |
| 5 | 丁字尺 | 笔点击起点，单击 Ctrl 键 |
| 6 | 单边修正 | 框选线条，点选另一个线条，右键 |
| 7 | 双边修正 | 框选线条，点选两端的线条，右键 |
| 8 | 连接角 | 同时框选两个线条（不超过黄点），右键 |
| 9 | 加点/减点 | 加点：线上点右键，按住 Ctrl，点击左键。<br>减点：线上点右键，按住 Shift，点击左键 |
| 10 | 调整和编辑曲线 | 线上点右键，激活线条，左键拖动线条 |
| 11 | 直线变曲线/曲线变直线 | 直线上点击右键，激活线条，适当添加点数量，左键拖动，即变成曲线<br>曲线上点击右键，激活线条，在屏幕上方输入点数量为 2，右键结束，即变成曲线 |
| 12 | 端移动 | 框选一端，不要松开鼠标，按住 Ctrl 键，在需要的位置点击左键 |
| 13 | 删除线条 | 框选线条，松开鼠标，按住 Ctrl 键，右键 |
| 14 | 删除裁片 | 框选整个裁片，松开鼠标，按住 Ctrl 键，右键 |
| 15 | 平行线 | 框选线条，按住 Shift 键，在"长度"输入数值右键或者在需要的位置点击左键 |
| 16 | 测量线条长度 | ①线上点击右键；<br>②点击直线的一端，拉出线条至另外一端，这时会显示长度 |
| 17 | 点打断 | 框选线条，点选另一个线条，按住 Ctrl 键，右键 |
| 18 | 要素合并 | 框选两条线条，按+号键，即完成线条合并 |
| 19 | 线长调整 | 框选一端，在调整量后面输入正数为延长，负数为缩短 |
| 20 | 省道 | 在"长度"后输入省长，"宽度"后输入省量，点击省的位置和方向 |
| 21 | 省折线 | 框选四条省线，在倒向侧点击右键 |
| 22 | 转省 | 框选所有线条，然后点选闭合前要素、闭合后要素，新省线右键 |
| 23 | 群点修正 | 按住 Ctrl 键线上点击右键。左键拖动调整，曲线所有点包括两端点都可移动 |
| 24 | 定长修曲线 | 线上点击右键，在"长度"后输入数值，左键拖动任意某个点，右键结束 |
| 25 | 定义曲线点数 | 线上点击右键，在屏幕上方输入需要的点数，右键结束 |
| 26 | 线上找点 | 在智能模式后面输入数值，就可以找出所需要的点 |
| 27 | 捕捉坐标点 | 鼠标移近图形或线条的某一点时，该点发红，按 Enter 键，弹出"捕捉偏移"对话框，在"横偏"在"纵偏"输入框内输入数值 |
| 28 | 修改裁片属性 | 按住 Shift 键，鼠标在纱向线上点右键，弹出"裁片属性定义"对话框，这时可以修改裁片属性的名称，布料种类，片数和备注等内容 |

鼠标左键单击图标 ，或者用快捷方式按键盘的〈～〉键在任意状态下进入 ET 智能笔作图状态。

如果按住左键在屏幕上拖动一下，出现一个红色虚线框，就进入修改状态了，这时上方提示栏会显示：![多用修改工具] 点击右键，就返回到绘图状态。

### 1. 刀口

选中智能笔工具，屏幕右上角会出现 ⊙ S1　○ S2 ，选择 S1 是单刀口，选择 S2 是双刀口。方法是先选择 S1 或 S2，在长度后面输入刀口数值 ⊙ S1　○ S2 ，框选要素起点端，按 N 键，就会出现需要的刀口，见图 2-31。

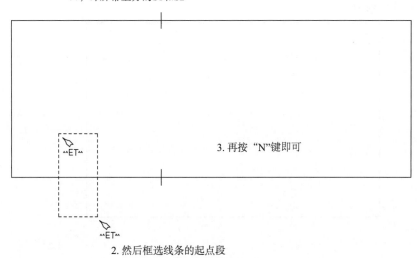

**图 2-31　智能笔加刀口**

### 2. 直线

单击鼠标左键一下，拉出一条直线，再单击左键，单击鼠标右键结束。在长度输入框中 长度 [10] 输入数值如 10，则按指定长度画出直线，见图 2-32。

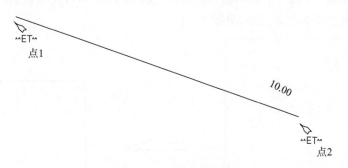

**图 2-32　智能笔画直线**

### 3. 画曲线

左键单击点、移动、再单击点 2、点 3……（曲线点数大于等于 3），单击右键结束，即可做出一条任意曲线。在用智能笔功能绘制曲线时，按 ← BackSpace 键可以退掉前一个曲线点，见图 2-33。

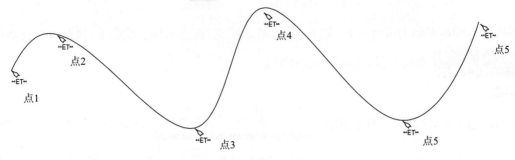

**图 2-33　智能笔画曲线**

### 4. 矩形框

按住 Shift 键，左键点击起点 1，再拉框至点 2 即可，见图 2-34。或者先在屏幕上方输入数值，再画出指定长度和宽度的矩形框。

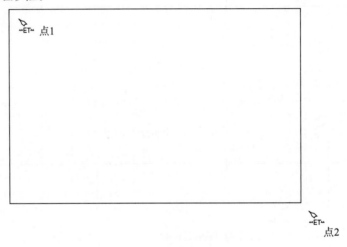

**图 2-34　智能笔画矩形框**

**注 1**：在工作区有图形的情况下，需要按住 Shift 键不放，左键单击一下，移动鼠标拉出矩形，再单击左键确定。

**注 2**：在工作区没有任何图形的情况下，直接按住左键再拖动就可以画出矩形框了。

**注 3**：在长度或者宽度，任选一个后面输入数值，其他各输入框不需要填数值，按住 Shift 键，左键点击起点，再点击终点，就可以画出正方形，见图 2-35。

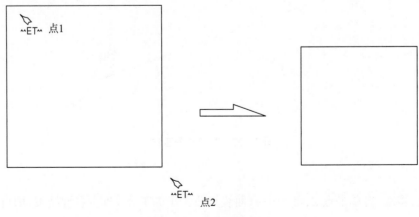

**图 2-35　智能笔画正方形**

**5. 丁字尺**

左键点击起点,然后按一下 Ctrl 键,这时这个线条就只有三种方向选中,分别是,垂直、45°和水平,确定方向后再一次点击左键,然后点击右键结束,见图 2 - 36。

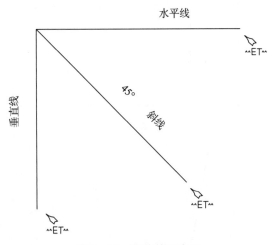

**图 2 - 36　智能笔丁字尺**

**6. 单边修正**

该功能可对一条或数条的线段一端或两端进行修正。

左键框选被修正线段的调整端,允许框选多条线,再点选一条修正侧的线条(该线变为绿色),按右键结束操作,见图 2 - 37。

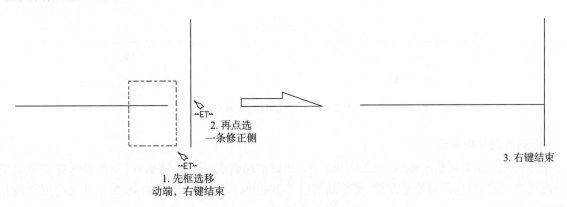

**图 2 - 37　智能笔单侧端修正**

**注 1**:框选时不要超过线的中点(线条中心的黄点)。

**注 2**:平行线不能互相修正。

**7. 双边修正**

左键框选被修正线的需要保留的部分,允许框选多条线,左键分别点选两条修正位置线(点 1 和点 2),按右键结束操作,见图 2 - 38。

**8. 连接角**

可使两条线形成一个夹角,多余的部分会被删除,不足的部分会相互延长。左键框选需要构成角的两条线(不可多于两条)的调整端,按右键结束操作,见图 2 - 39。

**9. 加点/减点**

加点:在"调整曲线"时,按住 Ctrl 键,在需要加点的位置单击左键,可以增加曲线上的点。

减点:在"调整曲线"时,按住 Shift 键,在需要减点的位置单击左键,可以删除曲线上的点,见图 2 - 40。

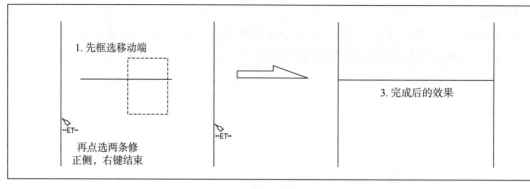

图 2 - 38　智能笔双边修正

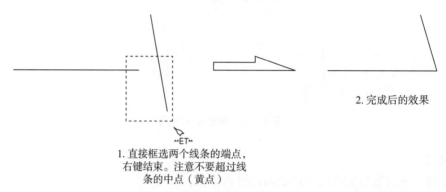

图 2 - 39　智能笔角连接

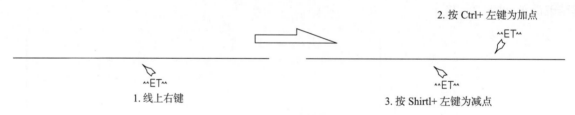

图 2 - 40　智能笔加点/减点

### 10. 调整和编辑曲线

鼠标右键点击要调整的曲线,曲线变成红色,并显示此曲线的长度数据;再用左键选择曲线上要修改的曲线点,拖到目标位置松开左键,调整结束后单击右键结束操作,结合加点/减点功能可以调整和编辑曲线,见图 2 - 41。

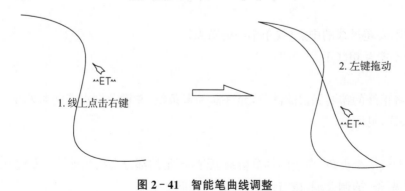

图 2 - 41　智能笔曲线调整

### 11. 直线变曲线/曲线变直线

① 直线变曲线。先线上点击右键,再在上方点"数输入框"输入需要的点数量,右键结束,重新线上

点击右键,拖动线上的红色点,每隔一个红色点拖动一下,直线就变成了曲线,见图 2-42,也可以拖动成弧线。

**图 2-42　智能笔直线变曲线**

② 曲线变直线。先线上右键,在上方点数输入框输入点的数量为 2,鼠标在屏幕上点击左键,由于"两点成一条直线"的原理,曲线就变成直线了,见图 2-43。

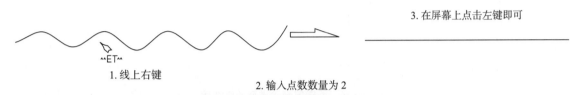

**图 2-43　智能笔曲线变直线**

### 12. 端移动

左键框选移动端,在未松开左键时按住 Ctrl 键,先松开左键再放开 Ctrl 键,右键点击新的位置,见图 2-44。

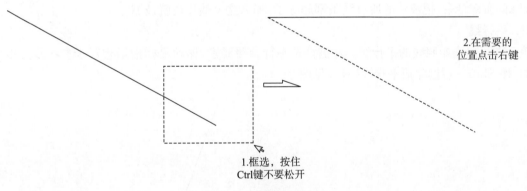

**图 2-44　智能笔端移动**

### 13. 删除线条

左键框选要删除的要素,然后松开鼠标,再按 Ctrl+右键就可以删除线条了,见图 2-45。

**图 2-45　智能笔删除线条**

**注1:**另一种方法是左键框选要删除的要素,按 Delete 键,选中的要素就被删除了。

**注2:**对于文字、裁片、打孔位和其它要素可以用"删除" 工具进行删除。

**注3:**有的线条非常短,或者紧靠着不需要删除的线条,这时可以在线条旁边点击右键,使它激活变

红,左键拖动,使之离开旁边的线条,然后再框选,松开鼠标,再按 Ctrl＋右键就可以删除,见图 2－46。

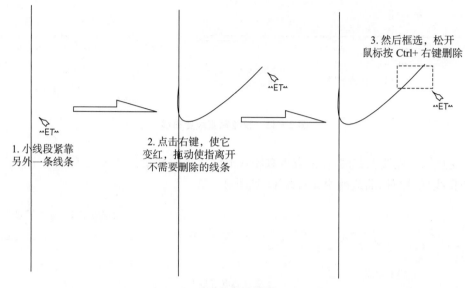

3.然后框选,松开
鼠标按 Ctrl+ 右键删除

^^ET^^

2.点击右键,使它
变红,拖动使指离开
不需要删除的线条

^^ET^^

1.小线段紧靠
另外一条线条

**图 2－46　智能笔删除重叠的小线段**

**注 4:**端移动和删除线条的区别在于端移动是框选后不要松开鼠标,而删除线条是框选后松开鼠标。

**14. 删除裁片**

智能笔删除裁片和智能笔删除线条的操作方法相同。框选这个裁片的所有线条,然后松开鼠标,按住 Ctrl 键,右键结束,把裁片的所有线条都删除了,那么这个裁片也就被删除了。

**15. 平行线**

该功能可以画参照线的平行线。左键框选平行参照要素,移动鼠标指示相对于参照线要做平行线的一侧,按 Shift＋右键完成平行线操作,见图 2－47。

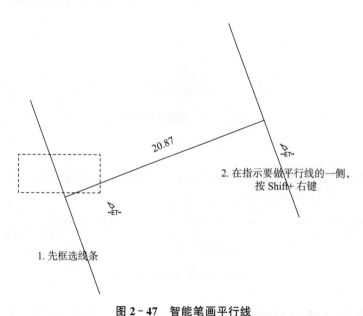

20.87

^^ET^^

2.在指示要做平行线的一侧,
按 Shift+ 右键

^^ET^^

1.先框选线条

**图 2－47　智能笔画平行线**

**注 1:**如果在"长度"输入框 **长度** | 10 | 输入数值,可做指定平行距离的平行线。

**注 2:**如果在"长度"输入框中没有输入数值,移动鼠标到指定一点,按 Shift＋右键就可形成一条通过指定点的平行线。

### 16. 测量线条长度

线上右键；鼠标右键点选要测量的直线或曲线，系统就会弹出该线的长度数值，见图 2－48。

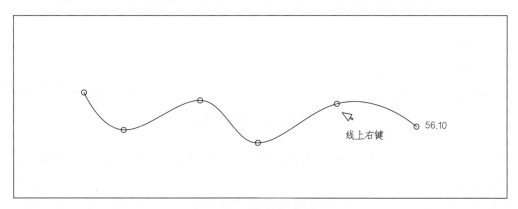

**图 2－48　智能笔测量线条长度**

**注 1:**另一种方法是鼠标左键点击点 1,拉出线条点 2 也可以显示和测量出两点之间的直线长度数值,见图 2－49。

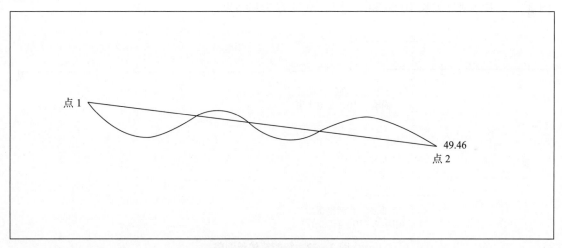

**图 2－49　智能笔测量直线长度**

### 17. 点打断

左键框选要打断的要素,左键再点选参考要素,按 Ctrl＋右键即可。用这种方法还可以同时打断多个要素,也可以打断不相交的要素,见图 2－50。

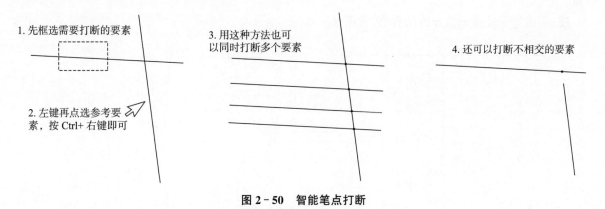

**图 2－50　智能笔点打断**

**18. 要素合并**

该功能可以将两条线段或几条线段连成一条线。左键框选两条或多条要连接的线,在英文输入状态下按 ▒ 键,这时框选两条或多条线段,点击右键结束就成了一条整线,见图 2－51。

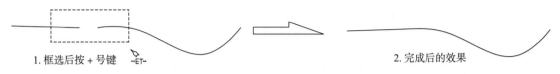

1. 框选后按 + 号键    ~ET~                    2. 完成后的效果

**图 2－51　智能笔要素合并**

注:要素合并与角连接是有区别的,要素合并完成后是一条线,而角连接完成后是两条线。

**19. 线长调整**

鼠标左键框选要素的调整端(不能超过该要素的中点),在"长度"输入框中输入数值为整条线的长度,在"调整量"输入框 长度 0 调整量 10 中输入数值为加长或 长度 0 调整量 -10 减短线的长度(数值加长为正、减短为负),右键结束操作。

图 2－52 中分别是加长 10cm 和减短 10cm 的方法和结果。

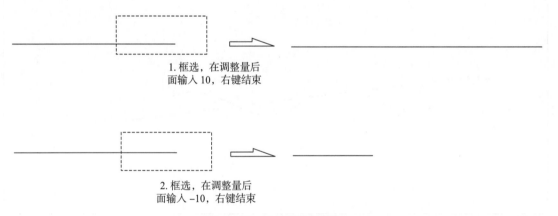

1. 框选,在调整量后
面输入 10,右键结束

2. 框选,在调整量后
面输入 -10,右键结束

**图 2－52　智能笔线长调整**

**20. 省道**

该功能可以在裁片做省部位线上直接做省。"长度"输入框中输入"省长"数据,在"宽度"输入框中输入"省量"数据,左键在要做省的要素线上单击点 1,然后在省的方向再单击左键点 2,即可形成省道。

注:智能笔只能做垂直于线的省道,见图 2－53。

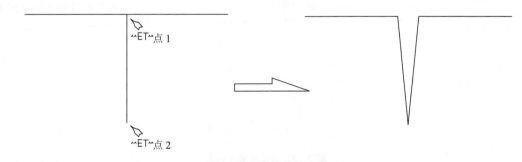

~~ET~~点 1

~~ET~~点 2

**图 2－53　智能笔作省道**

### 21. 省折线

该功能可以为已做好的省道加中心折线。左键框选要做省折线的四条线端点,左键指示省折线的倒向侧,按右键结束操作,见图2-54。

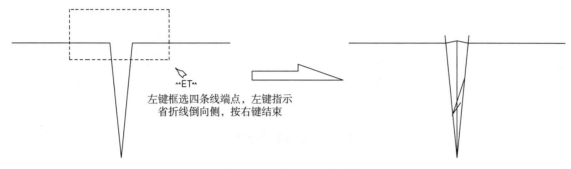

左键框选四条线端点,左键指示
省折线倒向侧,按右键结束

**图 2 - 54　智能笔画省折线**

### 22. 转省

左键框选所有需要参与转省的要素,左键再依次点选省道闭合前要素(点1)、闭合后要素(点2)和新省线(点3),按右键结束操作,见图2-55。

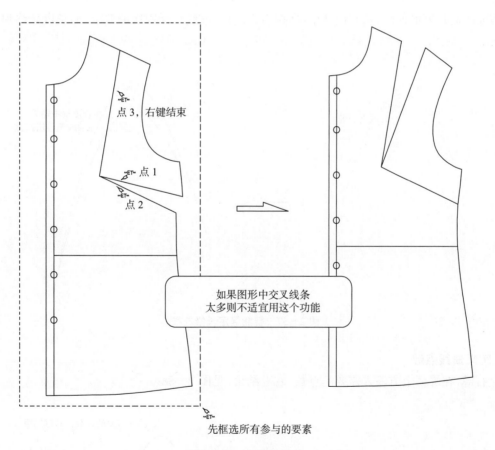

点3,右键结束

点1

点2

如果图形中交叉线条
太多则不适宜用这个功能

先框选所有参与的要素

**图 2 - 55　智能笔转省**

### 23. 群点修正

先按住Ctrl键不放,右键点选要调整的曲线,左键点住某个点拖动,实现所有曲线点列一起调整,调整后按右键结束操作,见图2-56。

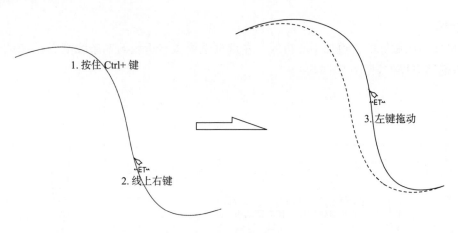

图 2－56　智能笔群点修正

**注**:"调整曲线"与"群点修正"的区别:前者在调整时调整点相邻的两个曲线端点的位置始终固定不变,而后者在调整时,曲线上的所有曲线点列会一起移动。

### 24. 定长修曲线

该功能可用于调整袖山弧线的吃势量。右键点选要修改的曲线,曲线显红色,在"长度"框 长度 45 中输入该线调整后的最终长度数值,左键拖动线上任一点,该线就会在两端点固定的情况下自动调成所需长度的曲线,按右键结束(在按右键之前,该线可无限次的调节,而长度始终保持不变),见图 2－57。

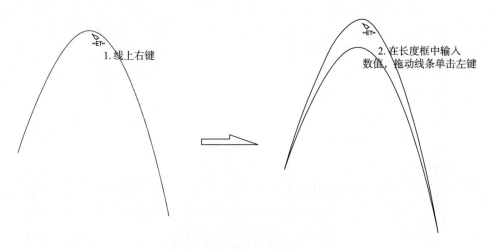

图 2－57　智能笔定长修曲线

### 25. 定义曲线点数

线上右键,在屏幕上方输入需要的点数,右键结束,见图 2－58。

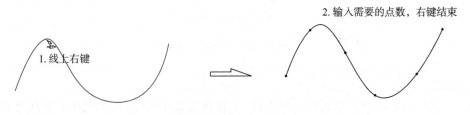

图 2－58　定义曲线点数

### 26. 线上找点

该功能可以在线上找一个相对于端点(交点、刀口)规定距离的点(位置)。首先在"智能模式"框

中输入该距离的数据,当鼠标箭头在线上滑动时,符合该距离数据的线上两点均会变红,见图2-59。

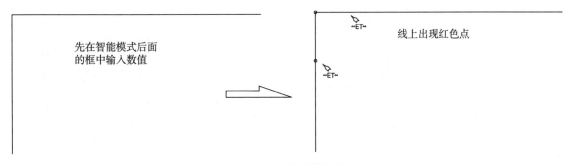

图 2-59　智能笔线上找点

### 27. 捕捉坐标点

以图形或要素中的某一点做为参照点,在图形中"捕捉"另一点。可用于作落肩点、胸高点、下摆起翘点等。

鼠标移近图形或线条的某一点时,该点发红,按 Enter 键,弹出"捕捉偏移"对话框,在"横偏"框中输入-15,在"纵偏"框内输入-5,按"确认"按钮即可。在制图区产生此"偏离"点,可以用来画出肩斜,见图2-60。

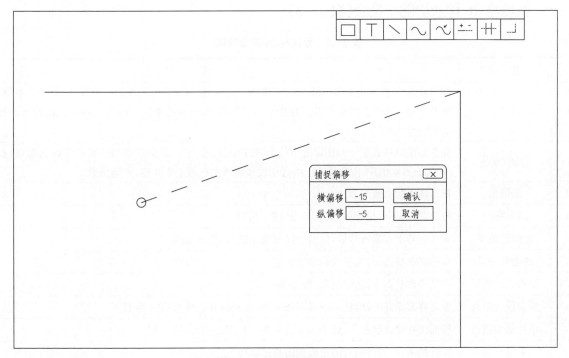

图 2-60　智能笔捕捉坐标点

系统将参照点当作坐标轴的原点,"捕捉偏移"对话框的"横偏"即 X 轴,原点的右边为正值,原点的左边为负值;"纵偏"即 Y 轴,原点上方为正值,原点下方为负值。

### 28. 修改裁片属性

按住 Shift 键,鼠标在纱向线上点右键,弹出"裁片属性定义"对话框,这时可以修改裁片属性的名

称、布料种类、片数和备注等内容,见图2-61。

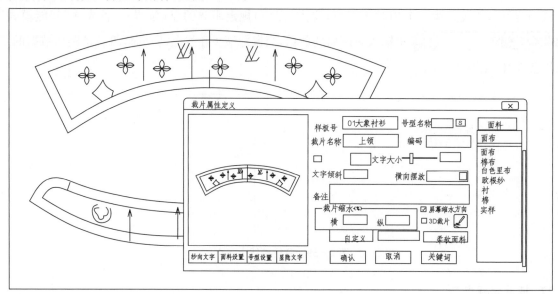

图2-61 修改裁片属性

# 第四节 智能笔26种新功能

## 一、智能笔26种新功能一览表(表2-2)

表2-2 智能笔26种新功能

| 序号 | 名 称 | 用 法 |
|---|---|---|
| 1 | 贴边 | 在笔修改状态下,先按住Shift键,不要松开,然后框选裁片上两条以上的线条,点一下右键,在其中的一条线上按住左键向裁片中心方向拖动,出现贴边线条后,按住Ctrl键,保留原线条,右键结束 |
| 2 | 切线/垂线 | 先在系统属性设置-操作设置中勾上"智能笔只选边"。然后指定切线或者垂线的起点,按Shirt键不要松开,再在弧线上接近切线或垂线的区域点击左键,右键结束 |
| 3 | 做圆角 | 框选两条线后按R键 |
| 4 | 画对称线 | 框选要素,不要松开鼠标,按Shirt键+右键 |
| 5 | 修改缝边宽 | 先在屏幕上方输入数值,然后智能笔选中线条,按K键即可 |
| 6 | 缝边角处理 | 在笔修改状态下,选中线条后按J键 |
| 7 | 要素长度测量 | 在笔修改状态下,选中线条,按M键 |
| 8 | 要素拼合检查 | 在笔修改状态下,框选一条或多条线条,再点选其它线条后按M键 |
| 9 | 单片缝边刷新 | 智能笔在修改状态下,选中一个或者多个封闭的图形,按T键 |
| 10 | 单线打断 | 框选线条,在需要断开的位置点击右键即可 |
| 11 | 复制线条 | 按住A键,在曲线上单击右键,这个线条会被复制,结合平移工具,可以移开其中一条 |
| 12 | 平均减点 | 曲线上点击右键,曲线被激活变成红色,然后按J键,可以平均减点 |
| 13 | 切换折线或曲线 | 左键点击起点,按一下N键,就可以画出折线,再按一下N键,就切换到画曲线 |
| 14 | 提取裁片 | 笔框选封闭外线和内线,在图形内点击右键结束,左键拖动 |
| 15 | 平移线条 | 智能笔框选,在图形外点击右键结束,左键拖动按Ctrl键可以复制 |

续表

| 序号 | 名　称 | 用　法 |
|---|---|---|
| 16 | 裁片平移及复制 | 笔框选裁片,右键结束,左键拖动 |
| 17 | 多功能调整 | 智能笔放在要素上按 Shift 键,点击右键,即弹出"多功能调整"对话框 |
| 18 | 量规 | 在长度输入框后输入数值,点击第一点,拉出斜线,在另外一条线上点击左键,再右键结束 |
| 19 | 双圆规 | 在笔修改状态下,按第一个 Q 键,第二个 Q 键,第三个 Y 键 |
| 20 | 单向省 | 先在屏幕上方的"宽度"后面输入数值,然后鼠标左键在已有省道线靠近开口的位置点击左键,再移开光标在省道另外一边点击左键即可 |
| 21 | 删除刀口 | 不勾选"智能笔只选边"按住 Ctrl 键,再框选刀口,右键结束 |
| 22 | 画箭头 | 画出一条线条,按 A 键,就可以显示出箭头,箭头长度是线条长度的十分之一<br>按一次 A,起点有箭头,按两次,终点有箭头,按三次,两端都有箭头 |
| 23 | 归拔符号 | 智能笔按 Y 键,可以画出"归拢"的符号,操作方法同上面的智能笔<br>画箭头,按 A 键可以画出"拔开"的符号 |
| 24 | 删除二级纱向 | 在不勾选"智能笔只选边"进入笔修改的状态下,先按住 Ctrl 键,再框选二级纱向,右键结束 |
| 25 | 删除任意文字 | 在不勾选"智能笔只选边",进入笔修改的状态下,框选任意文字后按右键,可以删除任意文字。 |
| 26 | 删除裁片 | 框选整个裁片,按住 Ctrl 键,右键结束。 |

**注:**由于版本不同,操作中个别功能不能实现是正常现象,可使用系统工具栏或图标工具来代用,或者更换软件版本即可。

## 二、智能笔 26 种新功能用法

### 1. 贴边

在笔修改的状态下,先按住 Shift 键,不要松开,然后框选裁片上两条以上的线条,点一下右键,在其中的一条线上按住左键向裁片中心方向拖动,出现贴边线条后,按住 Ctrl 键保留原线条,右键结束操作,见图 2 - 62。也可以在长度框后面输入相关数值 长度 4 来控制贴边的宽度。

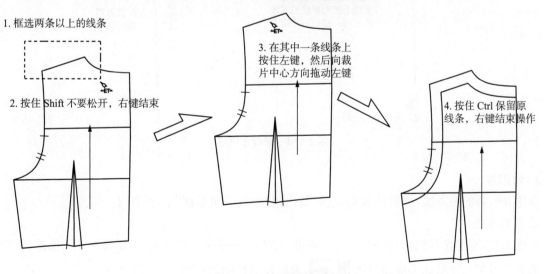

图 2 - 62　智能笔贴边

### 2. 切线/垂线

切线：先在系统属性设置－操作设置中勾上"智能笔只选边"，再指定切线的起点，按住 Shift 键不要松开，在弧线上接近切线的区域点击左键，然后右键结束，这时就形成切线，见图 2－63。

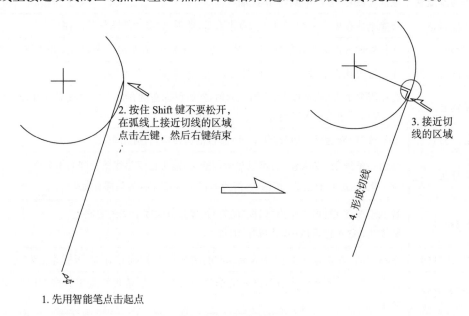

2. 按住 Shift 键不要松开，在弧线上接近切线的区域点击左键，然后右键结束；

3. 接近切线的区域

4. 形成切线

1. 先用智能笔点击起点

**图 2－63 智能笔切线**

垂线也是先指定垂线的起点，然后按住 Shift 键不要松开，在弧线上接近垂线的区域点击左键，然后右键结束，这时就形成垂线，见图 2－64。

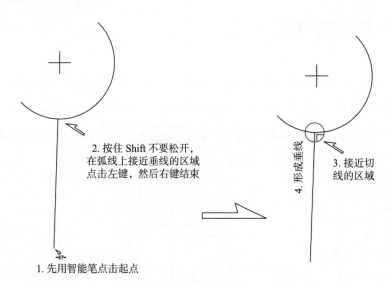

2. 按住 Shift 不要松开，在弧线上接近垂线的区域点击左键，然后右键结束

3. 接近切线的区域

4. 形成垂线

1. 先用智能笔点击起点

**图 2－64 智能笔垂线**

### 3. 做圆角

框选方形角的两条线，然后按 R 键，这时就出现"曲线圆角处理"了，见图 2－65。

### 4. 画对称线

框选要素，不要松开鼠标，按 Shirt 键＋右键，这个线条就变成对称线了（如果松开了鼠标，就变成了智能笔平行线了），这时如果刷新缝边 ▣，就出现对称的另一边了，见图 2－66。

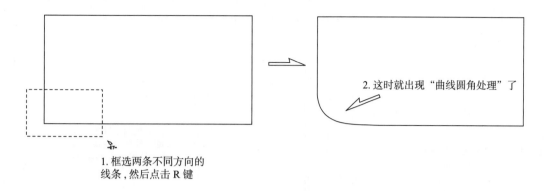

2. 这时就出现"曲线圆角处理"了

1. 框选两条不同方向的
线条,然后点击 R 键

图 2 - 65 智能笔做圆角

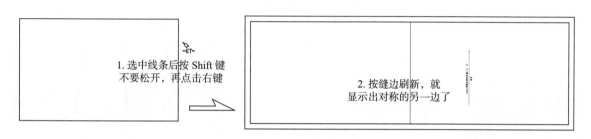

1. 选中线条后按 Shift 键
不要松开,再点击右键

2. 按缝边刷新,就
显示出对称的另一边了

图 2 - 66 智能笔对称线

### 5. 修改缝边宽

先在屏幕上方长度框 长度 3 输入数值,然后智能笔修改状态下框选或点选线条,点击"K"
键即可,见图 2 - 67。

1. 先在屏幕上方长度框输入
数值,然后在修改状态框
选或点选线条

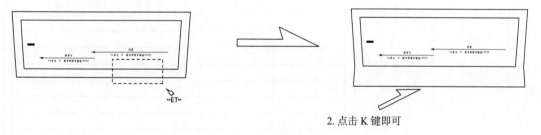

2. 点击 K 键即可

图 2 - 67 智能笔修改缝边宽

### 6. 缝边角处理

智能笔在修改状态下框选或点选线条后按 J 键,缝角就发生变化了,如果缝角不匹配,线条会变粗,
这是系统在提示这里有问题,需要重新检查,见图 2 - 68。这个功能和缝边角处理 的原理和操作
方法相似,两者可以互相参考。

### 7. 要素长度测量

智能笔在修改状态下,框选一条或多条线条,按 M 键,就会显示出要素长度了,见图 2 - 69。

### 8. 要素拼合检查

智能笔在修改状态下,框选一条或多条线条,再点选其他线条后点击 M 键,可以看到它们之间的差
数,即相减的差数,见图 2 - 70。

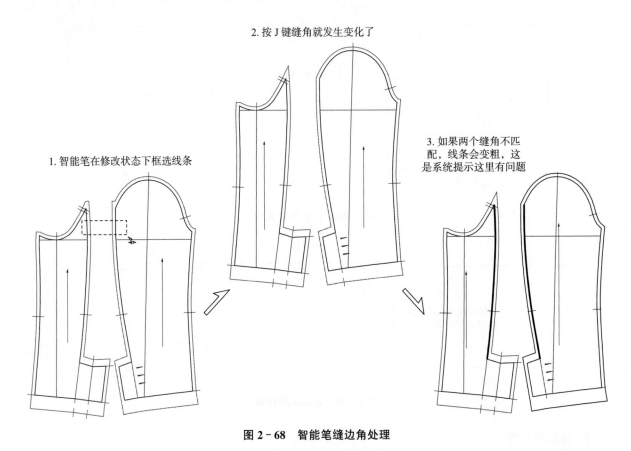

1. 智能笔在修改状态下框选线条

2. 按 J 键缝角就发生变化了

3. 如果两个缝角不匹配，线条会变粗，这是系统提示这里有问题

图 2 - 68　智能笔缝边角处理

| 要素检查 | | | 　 ─ 　 ▢ 　 ✕ |
| 测量值 | 长度1 | 长度2 | 长度3 |
| M | 31.12 | 0.00 | 0.00 |

倍率1 [0.0]　　倍率2 [0.0]

确认　　取消　　ALM命名　　尺寸　　尺寸表命名

保留对话框　　修改　　□ 联动操作　　□ 层间差模式

保留处理数据，用于重要测量数据

图 2 - 69　智能笔要素长度测量

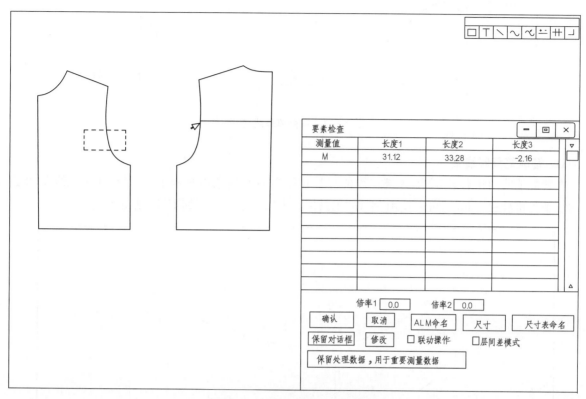

图 2-70 智能笔要素拼合检查

### 9. 单片缝边刷新

智能笔在修改状态下框选一个或者多个封闭的图形,按 T 键,这个(些)图形就刷新了缝边,见图 2-71。

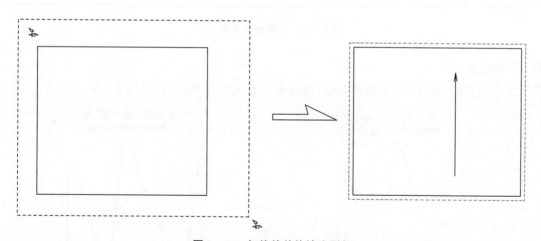

图 2-71 智能笔单片缝边刷新

**注**:全局缝边刷新时,直接按快捷键 Ctrl+S 即可。

### 10. 单线打断

框选线条,在需要打断的部位直接点击右键即可,见图 2-72。

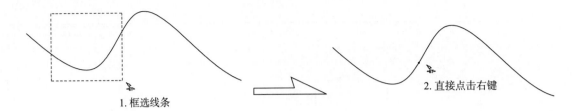

1. 框选线条                    2. 直接点击右键

图 2-72　智能笔单线打断

### 11. 智能笔复制线条

在智能笔绘图状态下，按住 A 键在线条上点击右键，这个线条被复制了，但是要注意原线条和复制出的线条是重叠在一起的，可以使用"平移"工具把其中的一个线条移到别处，见图 2-73。

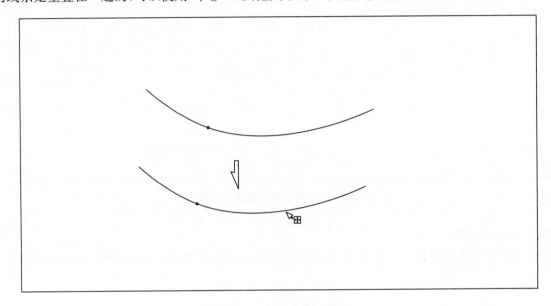

图 2-73　智能笔复制曲线

### 12. 平均减点

曲线上点击右键，曲线被激活变成红色，然后按 J 键，可以平均减点，见图 2-74。

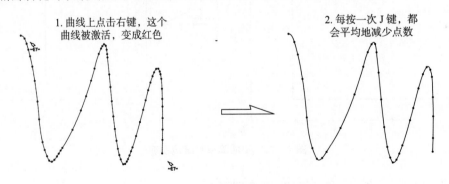

1. 曲线上点击右键，这个曲线被激活，变成红色

2. 每按一次 J 键，都会平均地减少点数

图 2-74　智能笔平均减点

### 13. 切换折线或曲线

按 N 键可以切换折线或曲线，见图 2-75。

### 14. 提取裁片

全部框选已经封闭的图形，在这个图形内部点击右键即可，见图 2-76。

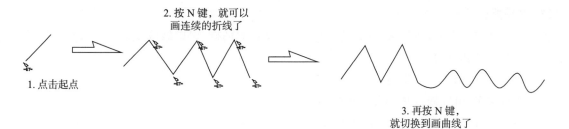

**图 2 - 75　智能笔切换折线和曲线**

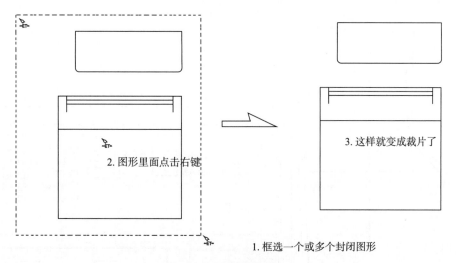

**图 2 - 76　智能笔提取裁片**

### 15. 平移线条

智能笔框选线条,右键结束,左键拖动,见图 2 - 77。

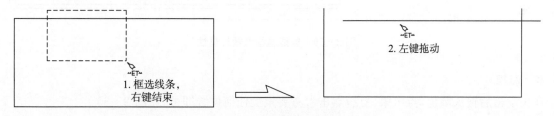

**图 2 - 77　智能笔平移线条**

### 16. 裁片平移及复制

左键框选图形,在图形外点击右键为线条平移。

在已经形成封闭的图形内点击右键为加上缝边后成为裁片再平移,见图 2 - 78。

如果框选裁片的纱向线,右键结束,就可以裁片平移。

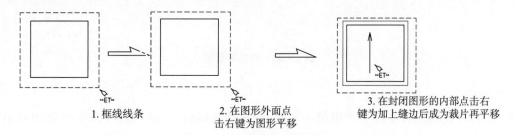

**图 2 - 78　智能笔平移及复制**

### 17. 多功能调整

智能笔在修改状态下，按住 Shirt 键点选线条时，弹出对话框，可以修改线条长度、横纵平移量、曲线点数、线属性、颜色和缝边宽度。

点击刀口，可以修改刀口距离。

点击任意文字，可以修改文字大小和内容。

点击纱向，可以修改裁片属性，见图 2 - 79。

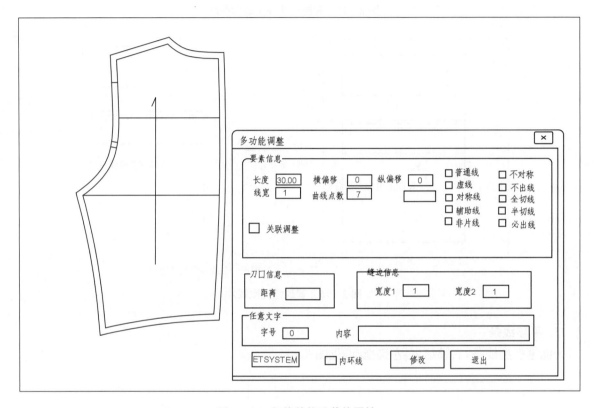

**图 2 - 79　智能笔修改裁片属性**

### 18. 量规

在长度框后输入数值，点击第一点，点击参考要素上任何位置即可，见图 2 - 80。

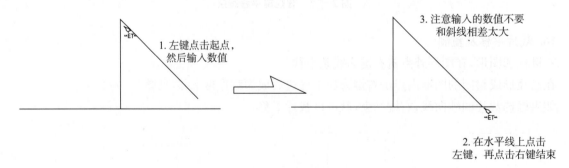

**图 2 - 80　智能笔量规**

### 19. 双圆规

智能笔在修改状态下，按 Q 键出现第一个起点，移动光标到另外的位置，再按 Q 键出现第二个中点，移动光标到第三个位置，再按 Y 键出现第三个顶点，这时出现三角形和相关数值，见图 2 - 81。

也可以预先输入相关两条线的长度数值 
智能模式F5
0
长度
20
调整量
25
。

20.00
25.00

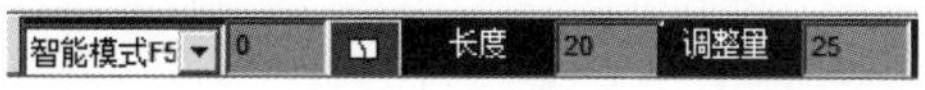

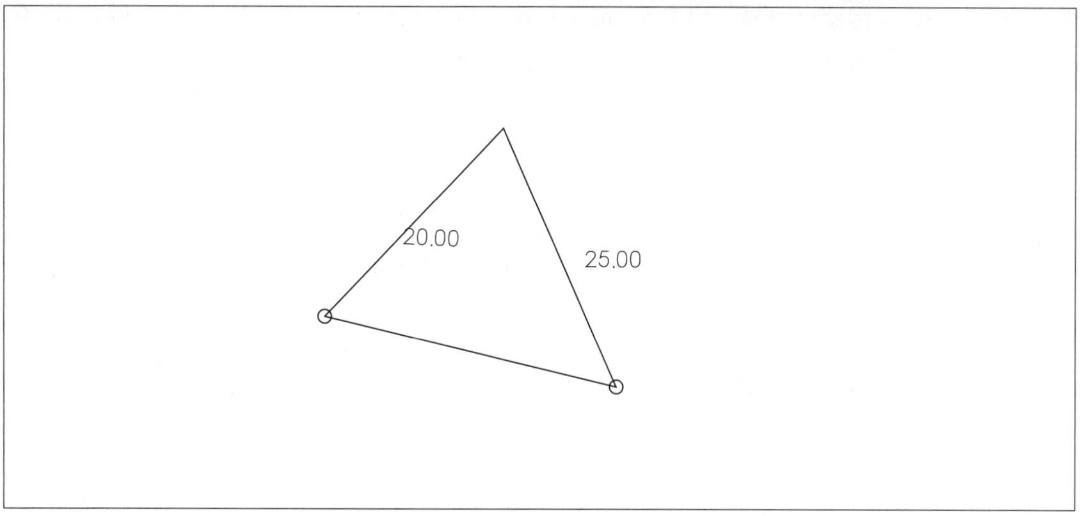

图 2－81 智能笔双圆规

**20. 单向省**

先在屏幕上方的“宽度”后面输入省量，如 3cm，然后鼠标左键在已有省道线靠近开口的位置点击左键，再移开光标在省道另一边点击左键即可；见图 2－82。

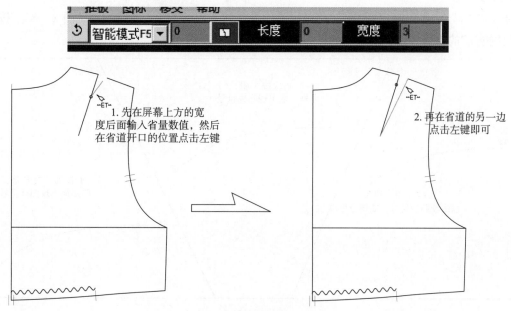

智能模式F5
0
长度
0
宽度
3
1. 先在屏幕上方的宽
度后面输入省量数值，然后
在省道开口的位置点击左键
2. 再在省道的另一边
点击左键即可

图 2－82 智能笔单向省

**21. 删除刀口**

先在“文件”→属性设置→操作设置下拉菜单→去掉“智能笔只选边”前面的勾选符号，先按 Ctrl 键，再框选刀口，右键结束，见图 2－83。

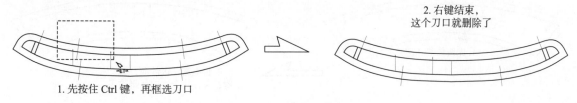

2. 右键结束，
这个刀口就删除了
1. 先按住 Ctrl 键，再框选刀口

图 2－83 智能笔删除刀口

### 22. 画箭头

画出一条线，按 A 键就可以显示出箭头，箭头长度是线条长度的 1/10。按一次 A 键，起点有箭头；按两次 A 键，终点有箭头；按三次 A 键，两端都有箭头，见图 2-84。

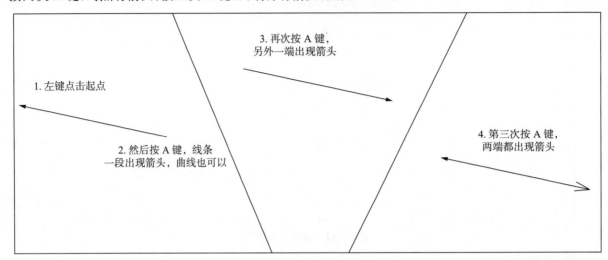

**图 2-84　智能笔画箭头**

### 23. 归拔符号

智能笔按"Y"键，可以画出"归拢"的符号，操作方法同上面的智能笔画箭头，见图 2-85。按"A"键可以画出"拔开"的符号。

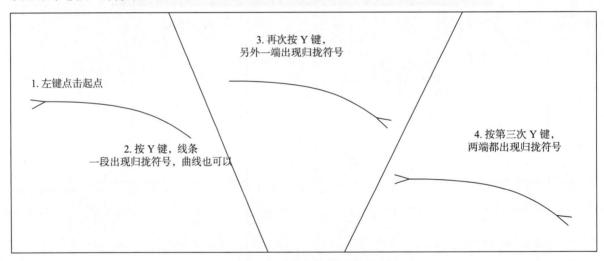

**图 2-85　智能笔画归拔符号**

### 24. 删除二级纱向

先在"文件"→属性设置→操作设置下拉菜单→去掉"智能笔只选边"前面的勾选符号，进入笔修改状态下，然后再按住 Ctrl 键→框选二级纱向线，右键结束，可以删除多级纱向，见图 2-86。

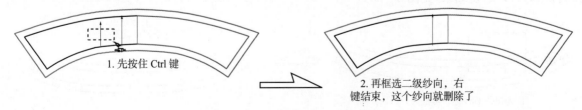

**图 2-86　智能笔删除二级纱向**

**25. 删除任意文字**

不勾选"智能笔只选边" □ **智能笔只选边**，进入笔修改的状态下，框选任意文字后点击右键，可以删除任意文字，见图 2-87。

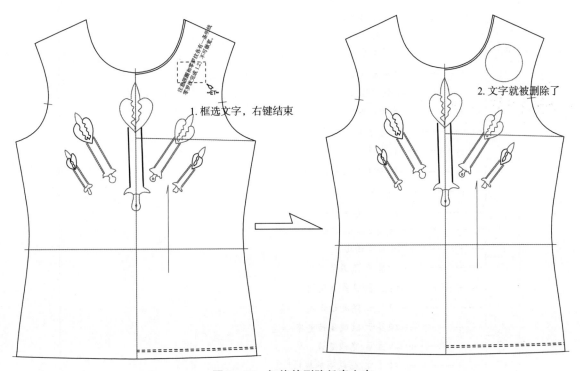

图 2-87　智能笔删除任意文字

**26. 删除裁片**

框选裁片上的所有线条，按住 Ctrl 键不要松开，右键结束，这个裁片就被删除了，见图 2-88。

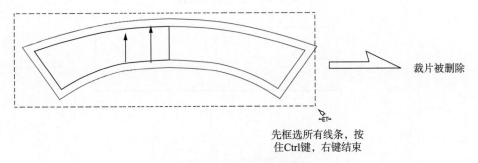

图 2-88　智能笔删除裁片

# 第五节　打板界面左侧图标工具条

打版界面左侧图标工具一共 24 个，见图 2-89。

**1. 刷新参考层**

选中此工具，当前屏幕上的线条变成辅助线和实线重叠的形式，这时可以对实线进行修改，辅助线作为参照，见图 2-90，再点击一次即为关闭。

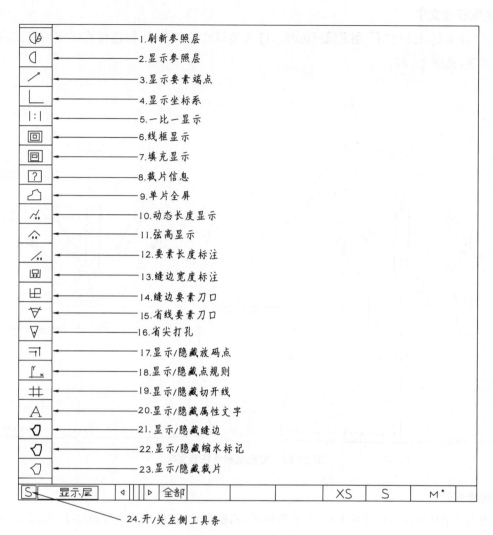

1. 刷新参照层
2. 显示参照层
3. 显示要素端点
4. 显示坐标系
5. 一比一显示
6. 线框显示
7. 填充显示
8. 裁片信息
9. 单片全屏
10. 动态长度显示
11. 弦高显示
12. 要素长度标注
13. 缝边宽度标注
14. 缝边要素刀口
15. 省线要素刀口
16. 省尖打孔
17. 显示/隐藏放码点
18. 显示/隐藏点规则
19. 显示/隐藏切开线
20. 显示/隐藏属性文字
21. 显示/隐藏缝边
22. 显示/隐藏缩水标记
23. 显示/隐藏裁片
24. 开/关左侧工具条

**图 2-89　左边图标工具**

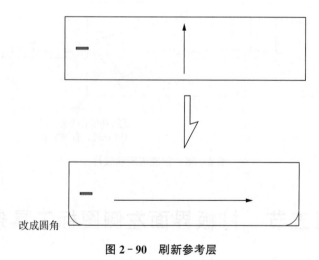

改成圆角

**图 2-90　刷新参考层**

## 2. 显示参照层

使用上一个工具修改完成后，选中此工具，辅助线就被删除，屏幕上留下修改后的结果，见图 2-91，再点击一次即为关闭。

图 2 - 91 显示参考层

### 3. 显示要素端点 

选中此工具,线条端点显示小圆点,见图 2 - 92,再点击一次即为关闭。

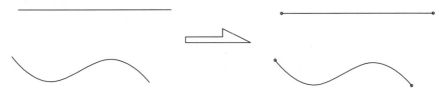

图 2 - 92 显示要素端点

### 4. 显示坐标系 

选中此工具,屏幕中间显示横向和纵向坐标,作为绘图中心区域的参照,防止出现图形之间距离过远,见图 2 - 93,再点击一次即为关闭。

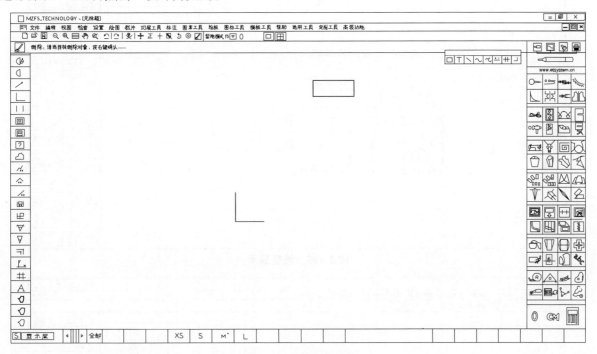

图 2 - 93 显示坐标系

### 5. 一比一显示 

选中此工具,屏幕变成和实际尺寸一样大小的 1:1 显示状态,可以用于把一些小裁片放在屏幕上,直接录入电脑,见图 2 - 94,再点击一次即为关闭。

### 6. 线框显示 

线框显示就是最常用的线条显示方式,见图 2 - 95,再点击一次即为关闭。

### 7. 填充显示 

相对于线框显示,填充显示的裁片内部是有颜色填充的,图 2 - 96,再点击一次即为关闭。

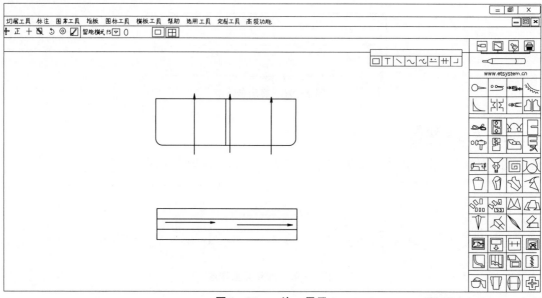

图 2 - 94　一比一显示

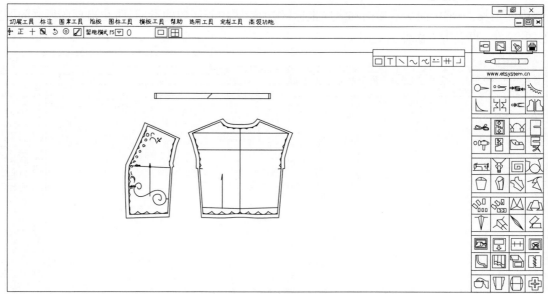

图 2 - 95　线框显示

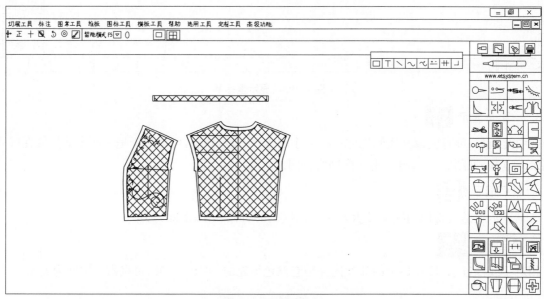

图 2 - 96　填充显示

### 8. 裁片信息

选中裁片信息工具,鼠标移到裁片的边缘线条或者布纹线附近时,会显示这个裁片的相关信息,见图 2-97,再点击一次即为关闭。

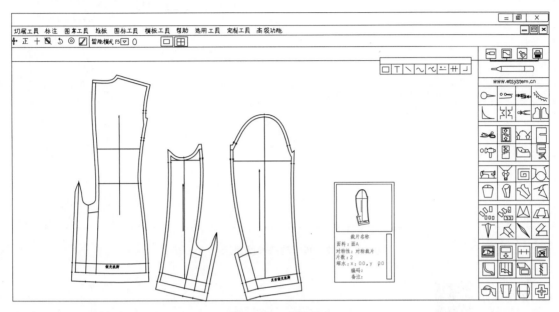

**图 2-97　裁片信息**

### 9. 单片全屏

选中此工具,左键点选某个裁片,可以显示全屏,见图 2-98。

**图 2-98　单片全屏**

### 10. 动态长度显示

选中此工具,用智能笔画线条时,会有动态长度显示,再点击一次即为关闭,见图 2-99。

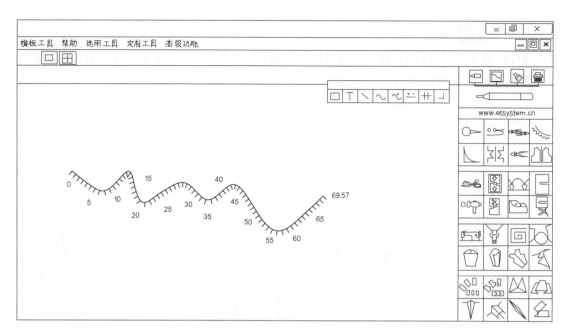

图 2 - 99　动态长度显示

## 11. 弦高显示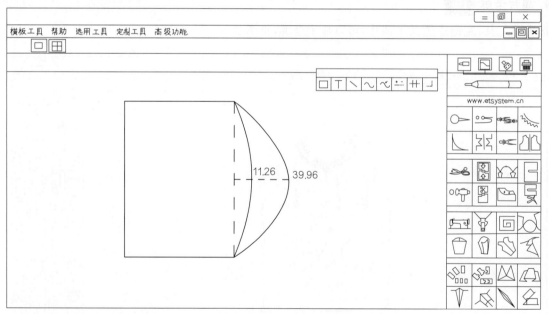

选中此工具,在用智能笔激活并拉动线条时,会有弦高尺寸的显示,见图 2 - 100,再点击一次即为关闭。

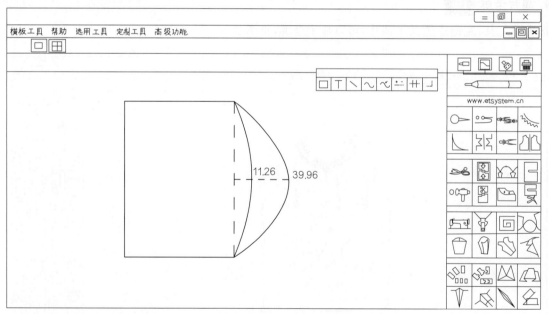

图 2 - 100　弦高显示

## 12. 要素长度标注

选中此工具,会有各线条长度的显示,见图 2 - 101,再点击一次即为关闭。

## 13. 缝边宽度标注

选中此工具,会显示裁片缝边宽度,见图 2 - 102,再点击一次即为关闭。

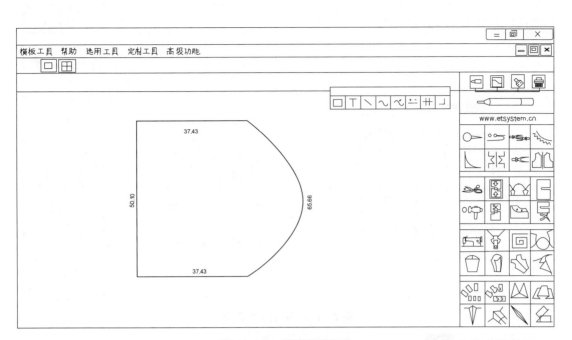

图 2 - 101 要素长度标注

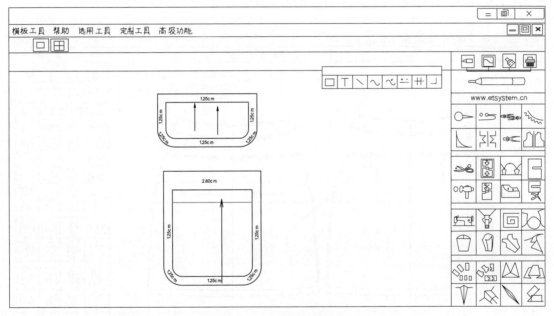

图 2 - 102 缝边宽度标注

### 14. 缝边要素刀口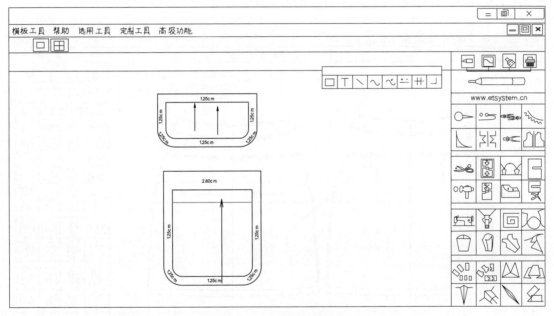

选中此工具,裁片上会出现缝边要素刀口,见图 2 - 103,再点击一次即为关闭。这个工具需要先在"文件"→"系统属性设置"→"操作设置"中勾选"缝边加要素刀口",同时输入缝边宽度。例如 2.5cm,然后选中此工具,再选中"缝边宽度" 工具,在屏幕上方输入缝边宽度数值,不小于2.5cm,框选或点选净线后,右键结束,缝边刀口就显示出来了。

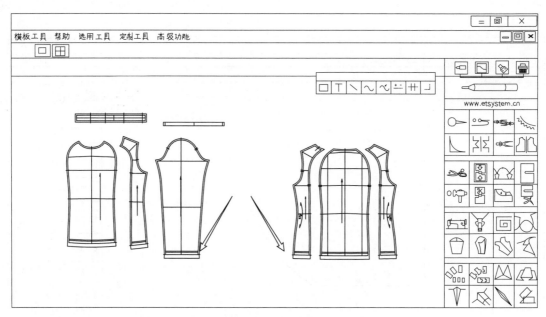

图 2-103　缝边要素刀口

### 15. 省线要素刀口

选中此工具，使用"省折线"时工具，裁片上的省道线会出现要素刀口，见图 2-104。

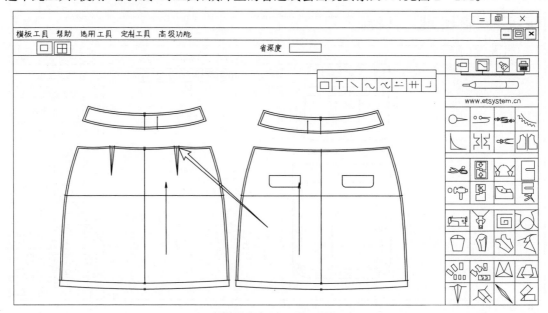

图 2-104　省线要素刀口

### 16. 省尖打孔

选中此工具，使用"省折线"工具时自动在省尖打好孔位标记，也可以在上方"省深度"输入框中输入省线的长度数值，见图 2-105。

在"文件"→"属性设置"→"操作设置"→ 省尖打孔点：│　　│ 里面可以设置打孔位至省尖的距离，见图 2-106。

### 17. 显示/隐藏放码点

点击右上角 这个笔的小图标，就会变成小圆点，即推板的图标，进入推板界面，选中此工具，裁片上会显示出很多放码点，见图 2-107，再点击一次即为关闭。

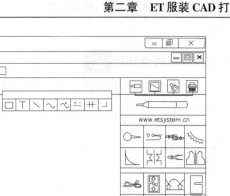

图 2‑105　省尖打孔

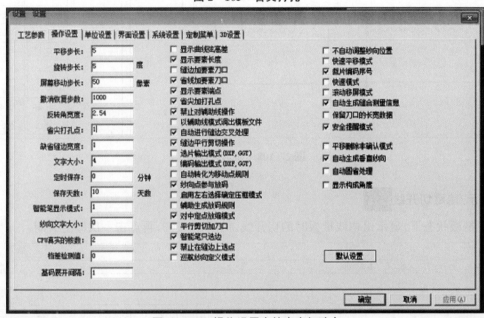

图 2‑106　操作设置中的省尖打孔点

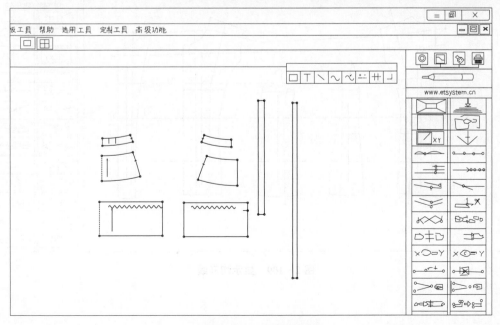

图 2‑107　显示放码点

### 18. 显示/隐藏点规则

同上一工具的用法，选中此工具，裁片放码点上会显示出图标的横方向和纵方向的推板规则，即放码档差数值，见图 2 - 108，再点击一次即为关闭。

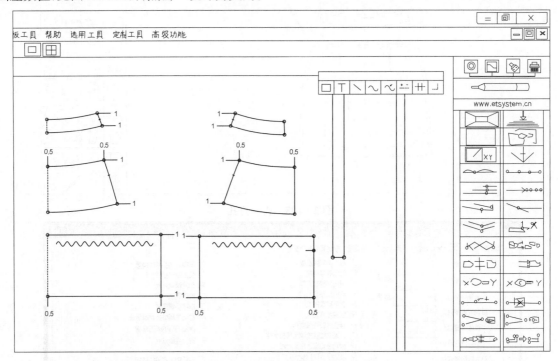

**图 2 - 108　显示点规则**

### 19. 显示/隐藏切开线

用于在推板状态下，显示出切线推板时的切开线，见图 2 - 109，再点击一次即为关闭。

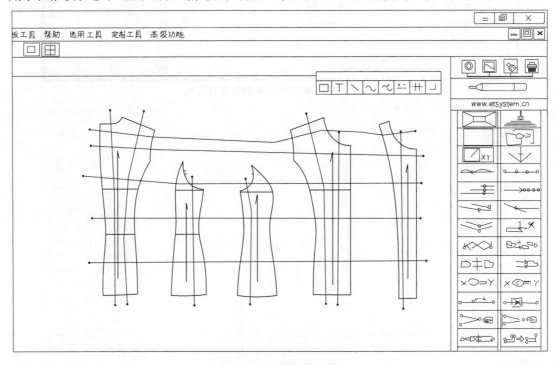

**图 2 - 109　显示切开线**

**20. 显示/隐藏属性文字** A

左键点击某个裁片,可以显示布纹上的文字,见图2-110,再点击一次即为关闭。

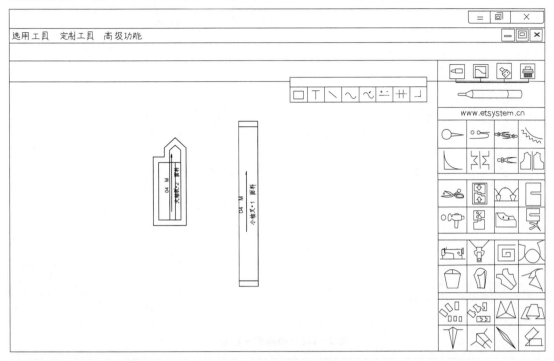

图 2-110　显示属性文字

**21. 显示/隐藏缝边** 

左键点击此工具,可以隐藏所有缝边,见图2-111,再点击一次即为重新显示出缝边。

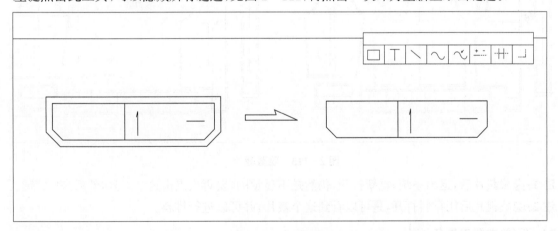

图 2-111　隐藏缝边

**22. 显示/隐藏缩水标记** 

左键点击此工具,可以隐藏所有缩水标记,见图2-112,再点击一次即为重新显示出缩水标记。

**23. 显示/隐藏裁片** 

选中此工具,框选裁片或者裁片的纱向线,右键结束,这个裁片就被隐藏了,见图2-113。按"A"键可以显示出来。

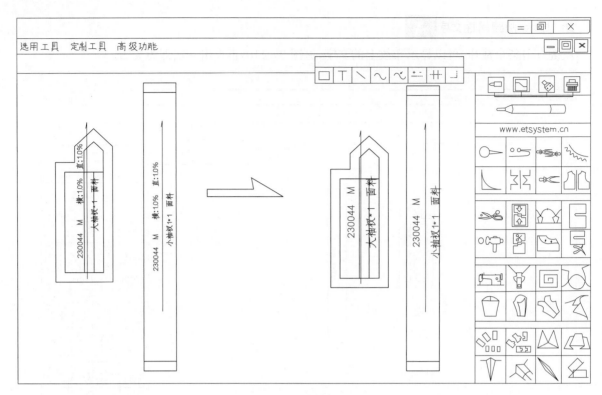

图 2 - 112　隐藏缩水标记

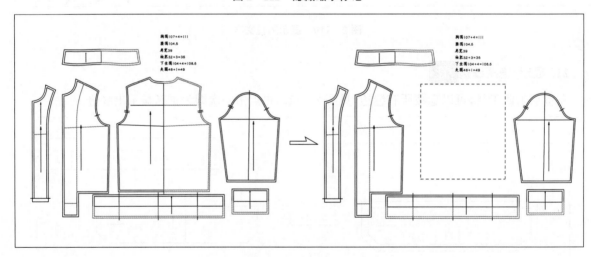

图 2 - 113　隐藏裁片

**注 1**：隐藏裁片后，退出系统，重新打开，仍然是不显示的，要再次点击这个工具，然后按"A"键。

**注 2**：隐藏裁片后用排料打开，是可以看到这个裁片，并可以进行排料。

### 24. 开/关左侧工具条 S

用于显示和关闭左侧工具条。如果界面上已经显示出左侧工具条，鼠标点击一下 S 为关闭，再点击一次则重新显示出来。

# 第六节　打板界面右侧图标工具条

右侧打板推板工具，前面都是每 8 个一组，共 7 组，只有下方最后一组是裁片信息、单位设置、图形面板、计算器，右侧共有 60 个图标工具，见图 2-114。

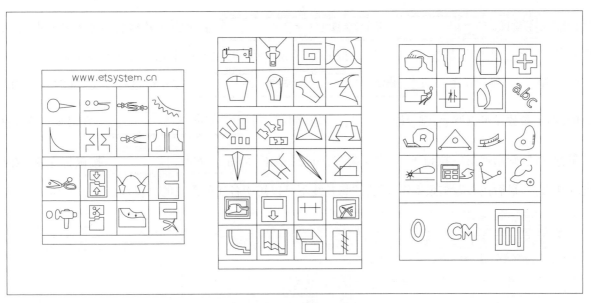

图 2-114　右侧图标工具组

## 一、工艺工具组

**1.** 扣眼（用于在指定位置画等距或不等距扣子扣眼）

（1）画等距扣子扣眼

先输入相关数值 直径 2 个数 7 扣偏离 0.30，再选择等距或者不等距（系统默认等距），然后点击起点，再点击终点，右键生成基线，再点击左键为绿色预览状态，左键点击方向侧可以改变扣眼的方向，按 Ctrl 键可以变成纵向扣眼，见图 2-115。

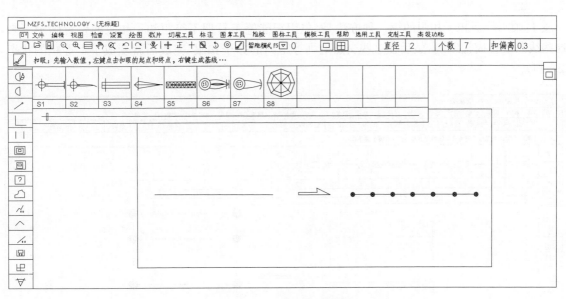

图 2-115　等距扣子扣眼

（2）画不等距扣子扣眼

画不等距扣子扣眼的第一种方法是先选择非等距工作状态 ○ 等距　● 非等距，在"智能模式 F5"

后面输入 智能模式F5▼ 2 和 智能模式F5▼ 14 ,依次输入基线特征点(扣上距、扣下距),鼠标左键点击扣子基准线点 1、点 2,按右键形成基线;再输入框中输入扣子参数,如:扣子直径 1.5cm,第一、二粒扣间距 3cm 直径 1.5 距离 3 ,按左键进行预览,此时扣子为绿色的,扣子参数还可以调整;继续输入第二、三粒扣间距 7cm 距离 7 ,在屏幕任意位置按鼠标左键,则出现第三粒扣子;再输入第三、四粒扣间距 3cm 距离 3 ,按鼠标左键;依照此规律做完,最后按右键结束操作(需要注意基线不可以短于各纽扣距离的总长),见图 2-116。

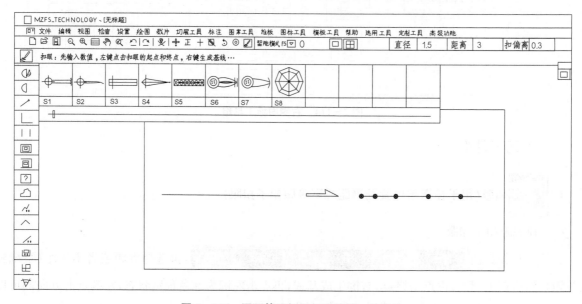

**图 2-116 画不等距扣子扣眼的第一种方法**

**注 1**:画不等距扣子扣眼的第二种方法是,先用智能笔工具把不等距扣子扣眼的位置确定下来,再把这些线条设置成辅助线,然后在这些交点上画等距离的扣子扣眼,完成后就变成了不等距的状态,见图 2-117。

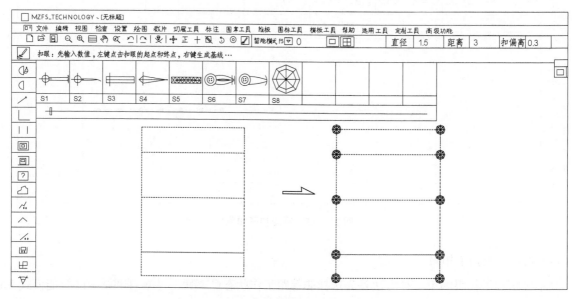

**图 2-117 画不等距扣子扣眼的第二种方法**

**注2：**怎样在曲线上画扣子扣眼。曲线上画扣子扣眼要用左键点击多个点，见图2-118。

图2-118　曲线上画扣子扣眼

扣子扣眼由虚线相连，表示扣子或者扣眼是成组成串的，这样有利于在拉伸和推板时，如果一端发生长度的变化，其他扣子扣眼会自动重新平均等分间距。如果不需要成组成串，可以用"分割扣子扣眼"的工具把它们分开。

**2.** 圆角处理（用于对两条不同方向的要素，做等长或不等长的圆角）

常用于处理袋盖、底摆等。选中此工具，选择  ，鼠标左键"框选"参与圆角

处理的两条要素，拖动鼠标左键，指示圆角半径的大小，松开左键操作结束。

如果在"半径"框 半径 2 中输入圆角半径，则可以按指定半径做圆。

单击Shift键可以做曲线圆角处理，即不等长的圆角处理，见图2-119。

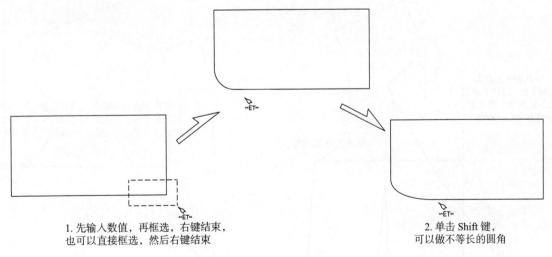

1. 先输入数值，再框选，右键结束，也可以直接框选，然后右键结束

2. 单击Shift键，可以做不等长的圆角

图2-119　圆角处理

**3.** ![图标] **端移动**（用于线条端点移动）

选择"整体或局部"，然后框选线条端点，注意不要超过黄点（中点），右键结束，然后左键拖动到需要的位置再松开鼠标，见图 2 - 120。

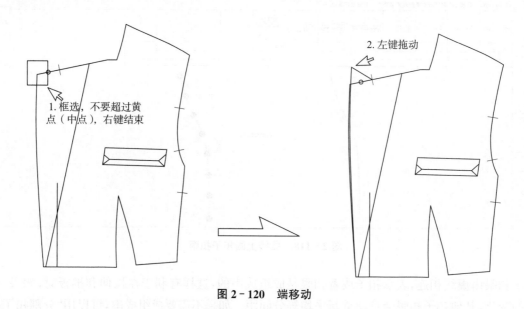

**图 2 - 120　端移动**

**注**：智能笔端移动和图标工具"端移动"的区别。

图标工具"端移动"在框选，右键结束以后，可以用鼠标拖动；而智能笔端移动只能在需要的位置点击右键，不可以用鼠标拖动。

**4.** ![图标] **对称修改**（用于把中轴线两边的要素同步进行修改）

方法是先框选需要修改的要素，然后在中轴线上点击起点和终点，按住 Ctrl 键，再点击起点，可以生成水平、垂直和 45°中轴线，这时进行修改线条形状，完成后按右键结束，可保留两边的线条，见图 2 - 121。

**注**：如果按住 Ctrl 键，可以保留新线条，如果按住 Shift 键，可以保留原始边。

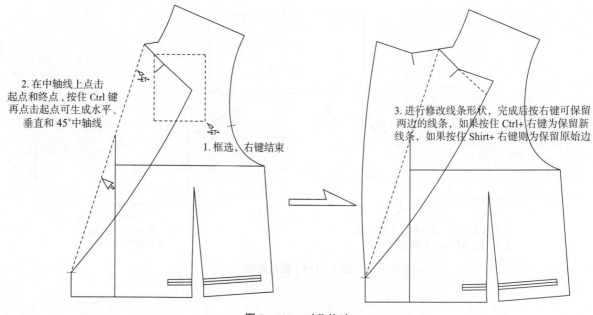

**图 2 - 121　对称修改**

**5.** 双圆规(用于画同时控制两边线条长度的交点)

双圆规顶端的点有三种方式供选择,分别是"无、虚点和打孔", 无 ▼ 打孔 ▼ 虚点 ▼ ,如果是虚点,操作完成后会出现一个红色公共点,按 ESC 键可以删除红点,见图 2 - 122。

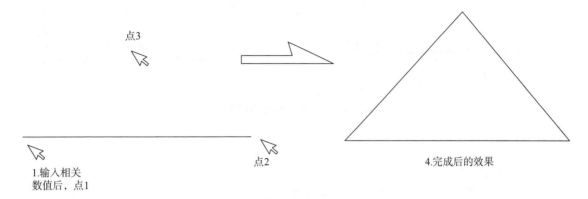

**图 2 - 122 双圆规**

**注:**也可以只输入一个半径数值,然后输入中心高 | 半径1 22.50 | 半径2 0 | 中心高 13 | ,也可以画出双圆规的效果。

**6.** 量规(用于在相关要素上画出指定长度的斜线)

选中此工具,先在屏幕上方输入数值,然后点击起点,再在相关的线条上点击终点,系统会自动画出指定长度的斜线,见图 2 - 123。

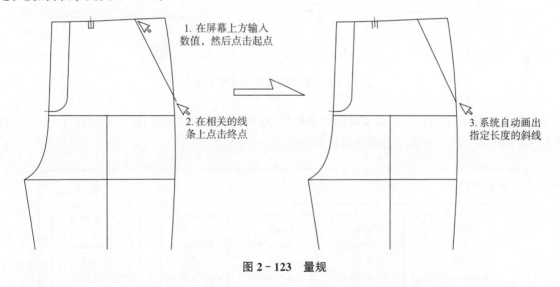

**图 2 - 123 量规**

**7.** 工艺线(用于画明线、波浪线、等分线)

工艺线工具包含明线、波浪线、等分线三种工具,并增加了端修正、不修正、波幅、波宽、捕捉、不捕捉等选项,见图 2 - 124～图 2 - 126。

**8.** 要素属性(用于将裁片上的线条变成自定义属性的特殊线)

选此功能后,弹出"要素属性定义"对话框,鼠标左键选择某一个要素属性按钮后,再用左键"框选"或"点选"要改变属性的要素,按右键结束操作,见图 2 - 127。

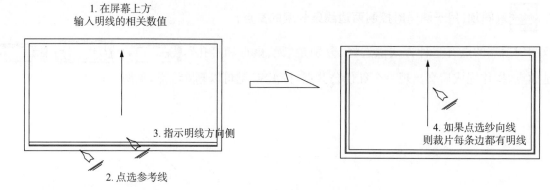

图 2－124　波浪线包含明线工具

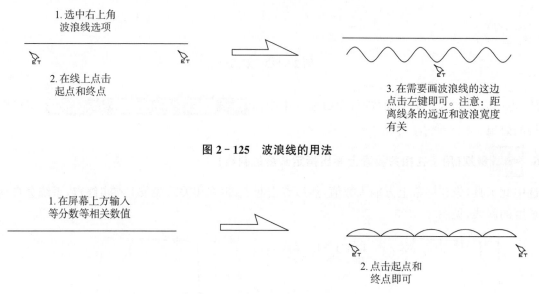

图 2－125　波浪线的用法

图 2－126　波浪线包含等分线工具

首次框选要素时,是进行自定义要素属性的操作,而再次框选该要素时,则是返回操作,即又将它变回原来的普通要素状态。要素属性部分按钮的用法见表 2－3。

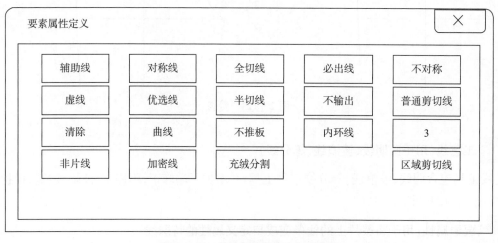

| 辅助线 | 对称线 | 全切线 | 必出线 | 不对称 |
| 虚线 | 优选线 | 半切线 | 不输出 | 普通剪切线 |
| 清除 | 曲线 | 不推板 | 内环线 | 3 |
| 非片线 | 加密线 | 充绒分割 | | 区域剪切线 |

要素属性定义

图 2－127　"要素属性定义"对话框

表2-3　要素属性部分按钮的用法

| | |
|---|---|
| 1. 辅助线 | 用于把线条变成辅助线。如果在"文件菜单"下的"系统属性设置"里的子菜单"操作设置"中,勾选"禁止对辅助线操作" ☑ 禁止对辅助线操作,辅助线就变成了不参与操作仅供参考的线条。如果想把辅助线变成可以操作的线条,只需要重复操作一次即可。如果想删除所有辅助线,可选择"编辑"菜单中的"删除所有辅助线"功能 |
| 2. 对称线 | 将衣片上任何一条直线边变成对称边。在"刷新缝边" 处理后,被对称边会呈现。再次选择对称边,此边变成普通要素,同时虚拟的一边会自动删除,见图2-128<br>注:对称线都是直线,不可以是曲线<br><br>图2-128　对称线 |
| 3. 全切线/半切线 | 全切线和半切线是针对自动切割功能的绘图仪而提供选择的,半切线是半刀切割,便于折叠硬纸 |
| 4. 必出线 | 指输出中,不勾选"工艺线"栏时裁片的内部线,如果是必出线,就会打印出来,如果是普通内线,就不会被打印出来 |
| 5. 不对称 | 可以把裁片中不需要对称的要素设置成不会对称的状态 |
| 6. 虚线 | 用于虚线和实线的切换 |
| 7. 优选线 | 用于当两条线条完全重叠时,优选线会优选被选中 |
| 8. 普通剪切线 | 用于画出棉衣的绗线位置。先输入等距离数值,再选中基线。刷新缝边后可看到效果,见图2-129<br><br>图2-129　普通剪切线 |

| 9. 区域剪切线 | 仅仅在裁片内某个闭合图形中做剪切线,而普通剪切线是对整个裁片起作用的,见图2-130<br>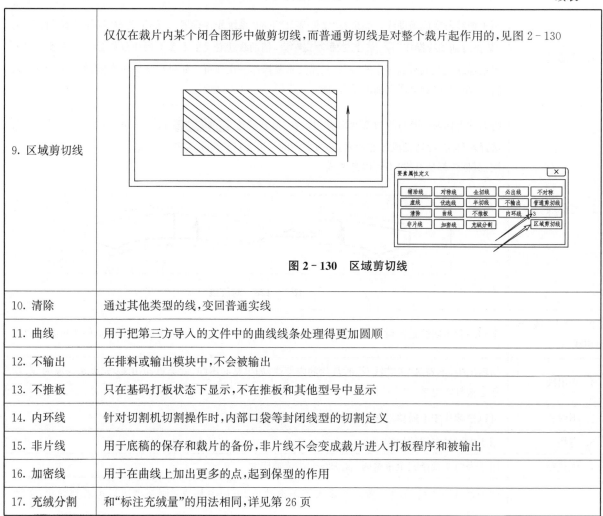<br>图2-130　区域剪切线 |
|---|---|
| 10. 清除 | 通过其他类型的线,变回普通实线 |
| 11. 曲线 | 用于把第三方导入的文件中的曲线线条处理得更加圆顺 |
| 12. 不输出 | 在排料或输出模块中,不会被输出 |
| 13. 不推板 | 只在基码打板状态下显示,不在推板和其他型号中显示 |
| 14. 内环线 | 针对切割机切割操作时,内部口袋等封闭线型的切割定义 |
| 15. 非片线 | 用于底稿的保存和裁片的备份,非片线不会变成裁片进入打板程序和被输出 |
| 16. 加密线 | 用于在曲线上加出更多的点,起到保型的作用 |
| 17. 充绒分割 | 和"标注充绒量"的用法相同,详见第26页 |

## 二、刀口工具组

**1. ✂ 点打断**(用于将指定的要素按指定点打断)

左键点选或者框选需要打断的线,再在需要打断位置点击左键即可,见图2-131。

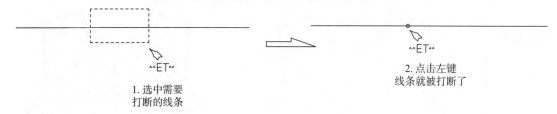

图2-131　点打断

**2. 🔧 打孔**(用于画出打孔标志)

选中打孔工具,在屏幕上方选中打孔的类型"全切或者普通" ⦿ 全切　◉ 普通,然后选择打孔的图

形,可在"智能模式F5,横向和纵向" 智能模式F5 ▾ | 0 | ⬆ | 横向 | 0 | 纵向 | 0 | 框中

输入相关数值。

按 Shift＋左键框选打孔点,在做好的打孔位上点击左键还可以修改打孔的类型,右键确认修改,见图 2－132。

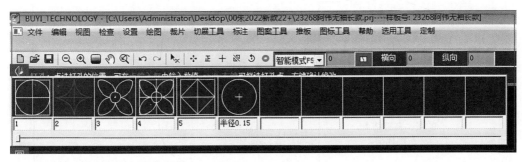

图 2－132　打孔

**3.** 形状对接及复制(用于将所选的图形按指定的两点对接起来)

形状对接及复制主要用于裤腰,西装领、插肩袖、前后衣片的对接。

左键框选需要对接的线条,按右键确定;左键点选对接前的起点 1 和终点 2,左键再点选对接后的起点 3 和终点 4 即可,见图 2－133。

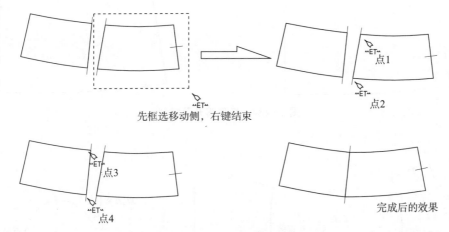

先框选移动侧,右键结束

点1

点2

点3

点4

完成后的效果

图 2－133　形状对接及复制

**注 1**:在鼠标指示第 4 点之前按 Ctrl 键,为形状对接"复制"功能。

**注 2**:该工具与"平移"工具的区别是它可以在任何角度上进行对接。

**注 3**: 的功能比较强大,可以用于对接式转省、检查线条是否圆顺、拼合裁片、精确放置口袋位等诸多用途。

**4.** 纸形剪开及复制(用于沿衣片中的某条分割线将衣片剪开)

左键框选需要剪开的要素,按右键确定选择。单击左键选择剪开线点 1,按右键确定。左键按住要剪开的裁片,拖动到目标位置,松开即可,见图 2－134。

左键松开前按 Ctrl 键,为复制功能。

**5.** 袖对刀(用于一片袖和两枚袖打刀口)

使用方法是,左键依次框选或者点左键选前袖窿,右键结束再依次选择前袖山,右键结束;接着选择后袖窿,右键结束;最后选择后袖山,右键结束,见图 2－135。

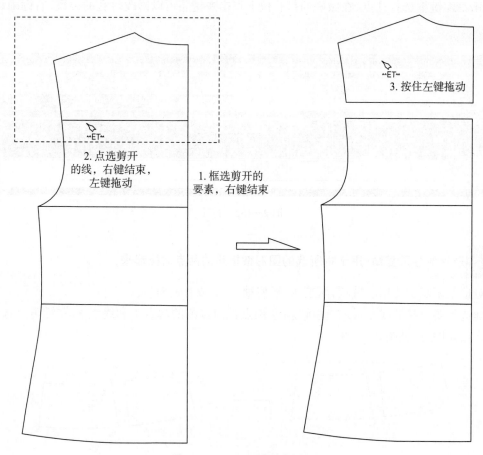

2. 点选剪开
的线，右键结束，
左键拖动

1. 框选剪开的
要素，右键结束

3. 按住左键拖动

图 2 - 134　纸形剪开及复制

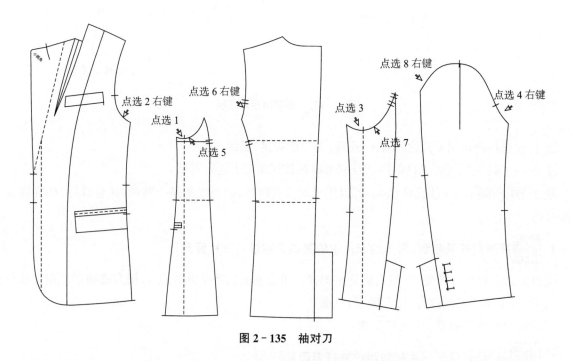

点选 2 右键

点选 1

点选 5

点选 6 右键

点选 3

点选 7

点选 8 右键

点选 4 右键

图 2 - 135　袖对刀

　　在弹出的袖对刀对话框的"刀口 1"和"刀口 2"各输入整数 10（如果袖窿和袖山下半部分的线条不够长，也可以输入 8 或者 13 等其他数字），按确定即可，见图 2 - 136。

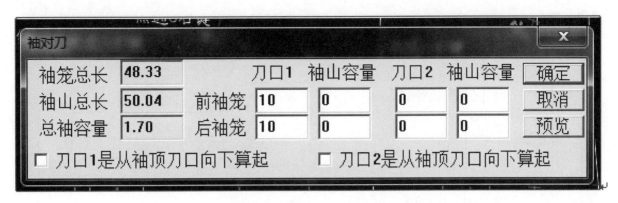

图 2 - 136　弹出"袖对刀"对话框

**注 1**：袖山顶端线条不可以打断，而袖底线条必须打断。

**注 2**：一片袖也可以使用袖对刀工具。

"袖对刀"工具既可以用于西装袖，即"两枚袖"的上面打刀口，也可以用于"一片袖"，就是衬衫袖上快速打刀口。具体方法也是选中袖对刀工具后，依次点击前袖窿，右键结束（注意袖山不需要打断，）；再点击前袖山，右键结束；再点击后袖窿，右键结束；最后点击后袖山，右键结束。这时弹出"袖对"对话框，见图 2 - 137。

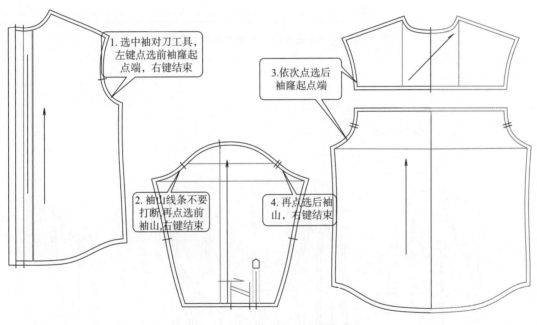

图 2 - 137　一片袖也可以用袖对刀

然后在这个对话框中输入相关数值，通常只需要在"刀口 1"下面的输入框中输入两个整数 10，再按确认"按钮"即可，见图 2 - 136。至于"袖山容位"和"刀口 2"，可以不用输入，默认为 0 即可，见图 2 - 138。

**注 3**：善于运用袖对刀，推板时刀口会自动放码。

有时候我们接收到其它公司发来的 ET 文件，当看到一片袖或者两枚袖袖山的端点有个小圆点，还看到袖山下半部分刀口显示有档差，就知道这是由于还没有正确掌握"袖对刀"这个工具的用法，见图 2 - 139。

袖山顶端不需要打断，但是袖底线条一定要打断，然后选中"袖对刀"工具后，依次点击前袖窿，右键结束，再点击前袖山，右键结束，再点击后袖窿，右键结束，最后点击后袖山，右键结束。

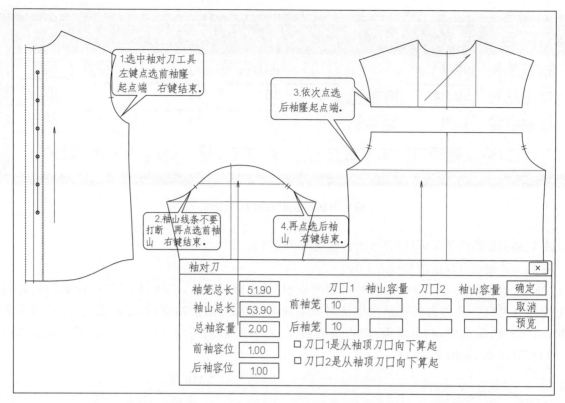

图 2－138　一般在刀口 1 下面输入两个整数 10

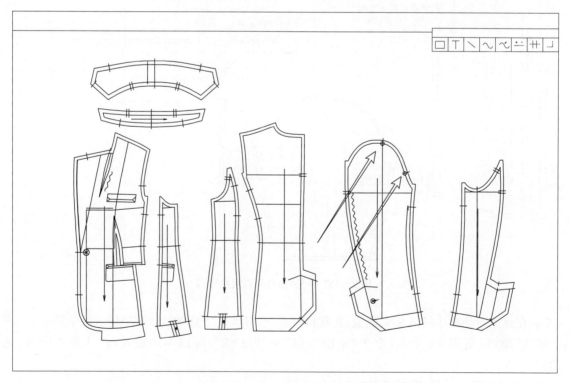

图 2－139　袖山有小圆点，刀口有栏差均表示没有正确使用"袖对刀"

　　然后在弹出的"袖对刀"对话框中输入相关数值，通常输入两个整数 10，再按确认按钮即可，见图 2－138。这样操作的优势是，一方面打刀口快捷，同时自动分配前、后袖山的吃势量，且无误差；另一方面放码的时候比较方便，只需要在袖山顶端和袖肥两头输入档差，而刀口位置就不需要输入档差了，通常会自动保持起点端通码的状态见图 2－139。

但是在实际工作中,我们发现,如果经过多次平移和双文档拷贝后,刀口档差会出现变化,为了保险起见,还是应该细心检查,确认每个码都没有问题后,再进行下一步排料的工作。

注 4:西装前片(或后片)分左右时,怎样使用袖对刀?

在实际工作中,图 2 - 140 这款西装左前片有胸袋,右前片没有胸袋,打板的时候,左前片和右前片是分开的,那么使用袖对刀工具的时候,只需要先完成一边的袖对刀,然后再打另一边的袖对刀,也就是重复操作一次袖对刀即可,见图 2 - 140。

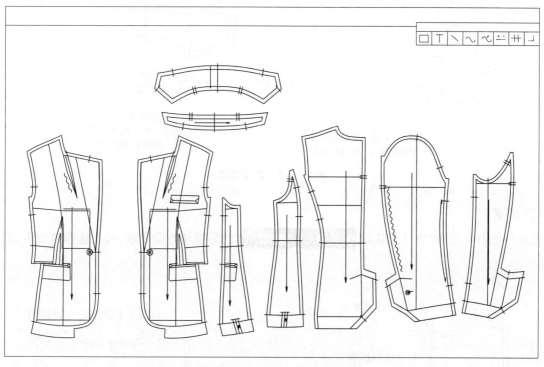

图 2 - 140　前片分左右时,使用袖对刀的方法

**6.** 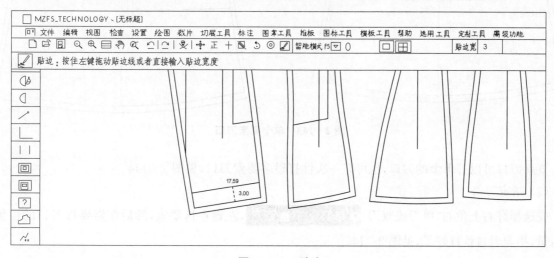 贴边(用于画出与净边平行的贴边线)

使用方法:输入贴边宽度,选择参与贴边操作的要素,点击右键,注意鼠标指示的方向侧,出现贴边线以后,按任意键结束即可,也可以不输入数值,而是用左键拖动贴边线,见图 2 - 141。

图 2 - 141　贴边

**7.** 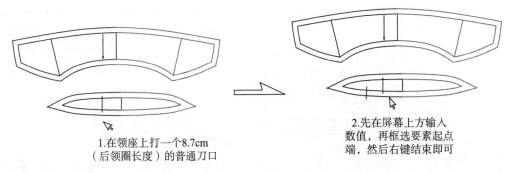 **刀口**

（1）普通刀口

先在屏幕上方的长度或者比例处输入数值，选择好右上角的"单刀或双刀" ⦿ 单刀　⦿ 双刀，然后框选要素起点端，右键结束，见图 2-142。

1.在领座上打一个8.7cm
（后领圈长度）的普通刀口

2.先在屏幕上方输入
数值，再框选要素起点
端，然后右键结束即可

**图 2-142　普通刀口**

（2）要素刀口

先选择好右上角的"单刀或双刀" ⦿ 单刀　⦿ 双刀，然后框选方向要素，再点选参考要素，右键结束，见图 2-143。

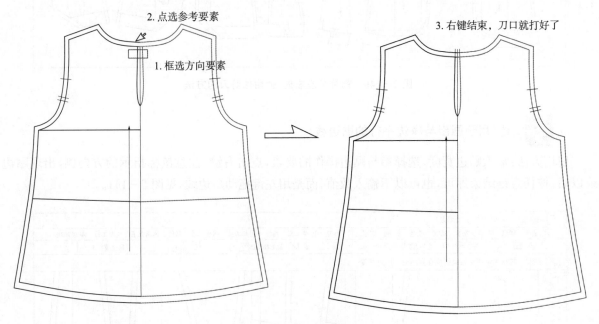

2.点选参考要素

1.框选方向要素

3.右键结束，刀口就打好了

**图 2-143　单个要素刀口**

要素刀口可以打单个的刀口，也可以一次性打很多要素刀口，见图 2-144。

（3）指定刀口

先选择好右上角的"单刀或双刀" ⦿ 单刀　⦿ 双刀，左键点选要素，然后在需要打刀口的位置点击右键，指定刀口就打好了，见图 2-145。

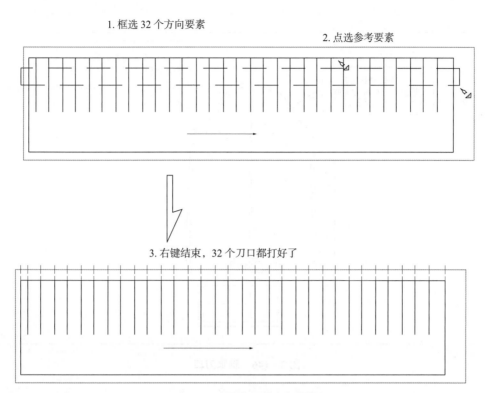

图2-144  一次性打很多个要素刀口

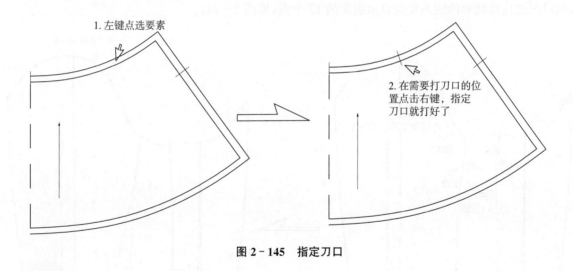

图2-145  指定刀口

**8.** ![删除刀口图标] 删除刀口(用于删除和修改刀口)

框选刀口,按键盘上的Del键,可以删除刀口;如果框选指定刀口,再按住Ctrl键可以旋转刀口的角度,见图2-146。

## 三、缝合、袖子工具组

**1.** ![接角圆顺图标] 接角圆顺(用于把线条对接并调节顺畅)

(1)新版本中的"接角圆顺"工具除了保留原来的使用功能外,还增加了继续调整的功能,即在调整结束后,如果还需要继续调整,则按下Ctrl键,重新框选任何一条要素,就会回到调整状态,可以重新调整,按右键结束。

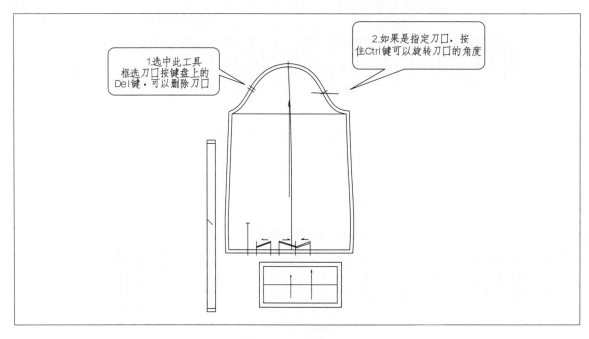

图 2-146　删除刀口

（2）新版本中的接角圆顺工具，在指示被圆顺的曲线前，如果先选择"合并线"，并输入节点数，如12，然后再选接角圆顺的线条就会显示指定的 12 个点，见图 2-147。

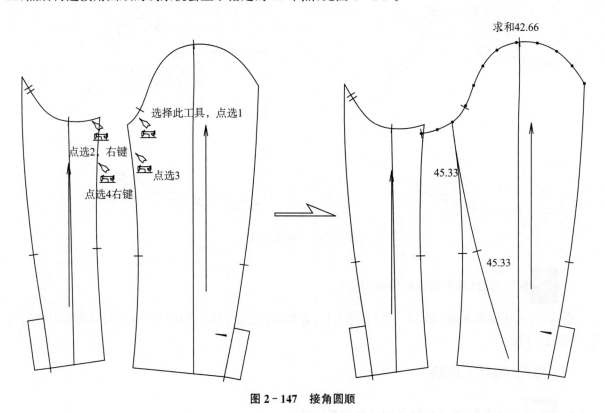

图 2-147　接角圆顺

（3）新版本中的接角圆顺工具，在出现调整状态的情况下，左键按住缝合线拖动，可以移动和改变缝合线的位置，右键结束，见图 2-148。

仿真效果见图 2-149。

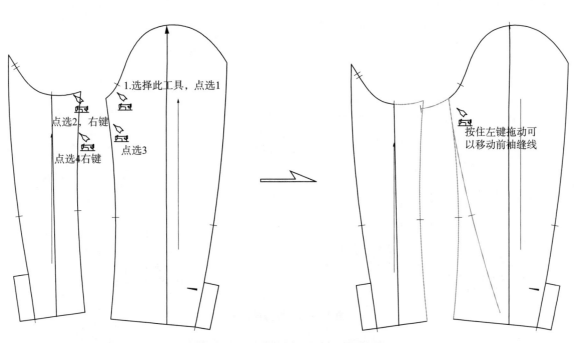

图 2-148　移动和改变缝合线的位置

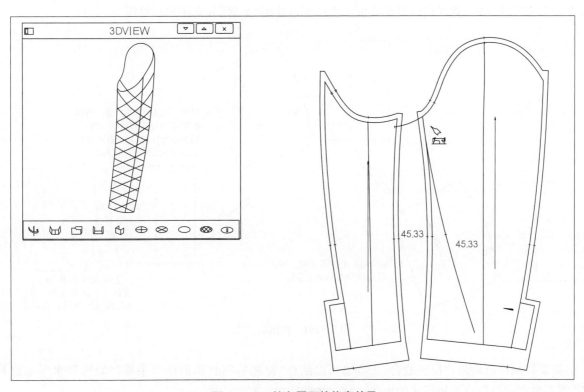

图 2-149　接角圆顺的仿真效果

**2. 拉链缝合(用于把要素像拉链一样缝合起来)**

　　选择此工具后,可以按屏幕左上角提示操作,先依次选择固定侧要素,右键结束,再框选移动侧裁片或者布纹线,右键结束,然后依次选择移动对合要素,右键结束,最后把鼠标移到固定要素的起点端,这时候就可以像拉链一样进行滑动缝合了,见图 2-150。

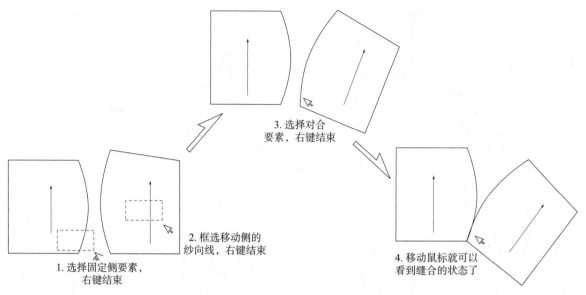

3.选择对合
要素，右键结束

2.框选移动侧的
纱向线，右键结束

1.选择固定侧要素，
右键结束

4.移动鼠标就可以
看到缝合的状态了

**图 2－150　拉链缝合 1**

这时按 A 或 S 键可以看到缝合点的微动情况,按 D 键或 F 键可以看到移动侧这一边的微动情况,按 N 键为打刀口,按 Q 键为确定当前的位置后退出,最后按 Alt＋H 键分离裁片(按 Alt＋H 键分离裁片是针对裁片操作的,如果仅仅是在线框上操作可以使用"平移"分离图形),见图 2－151。

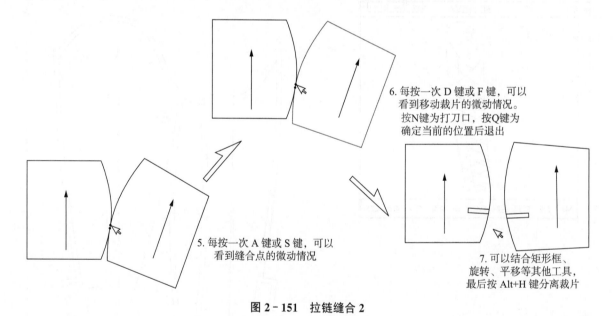

6.每按一次 D 键或 F 键,可以
看到移动裁片的微动情况。
按N键为打刀口,按Q键为
确定当前的位置后退出

5.每按一次 A 键或 S 键,可以
看到缝合点的微动情况

7.可以结合矩形框、
旋转、平移等其他工具,
最后按 Alt+H 键分离裁片

**图 2－151　拉链缝合 2**

需要特别注意的是,"拉链缝合"工具也可以结合"智能笔"和"矩形框""平移""旋转""水平垂直补正"等工具完成口袋位置和形状的操作,总之要随机应变,不拘一格。

**3. ▣ 螺旋(用于画螺旋形波浪边)**

螺旋操作在老版本的基础上增加了内边长度、外边长度、起始角度、内径调整等直接形成裁片的控制和选项,见图 2－152。

**4. ◢ 综合袖调整(用于把袖山和袖窿组合在一起进行调整,并查看效果)**

先把衣身和袖子的裁片,按照图 2－153 所示的位置和方向进行摆放,袖山顶端的线条要打断,然后

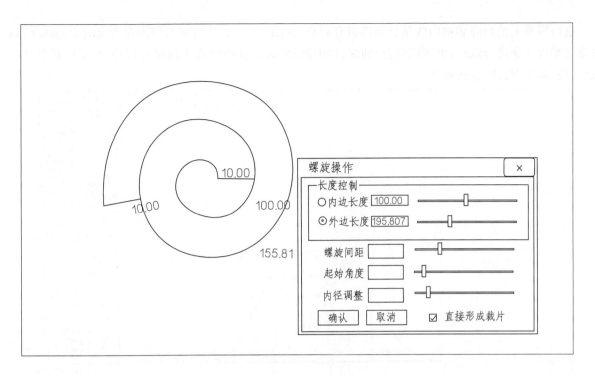

**图 2 - 152 螺旋**

选中此工具，屏幕右下角出现一个"袖窿、袖山调整"对话框。

具体操作如下：左键选择依次前袖窿线点 1 和点 2，右键结束过渡到下一步。

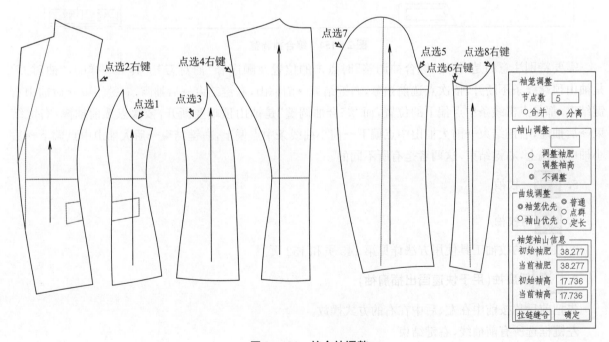

**图 2 - 153 综合袖调整**

左键依次选择后袖窿线点 3 和点 4，右键结束过渡到下一步。

左键依次点选大袖前袖点 5，小袖前袖点 6，右键结束过渡到下一步。

左键依次点选大袖后袖点 7，小袖后袖点 8。

这时屏幕上的袖窿和袖山线条就会都拼合起来，见图 2 - 154，然后就可以用左键拖动袖山线条，或者拖动袖窿线条进行调整，也可以结合"袖窿、袖山调整"对话框中的选项按钮进行综合调整，调整结束以后，按"确定"按钮，完成操作。

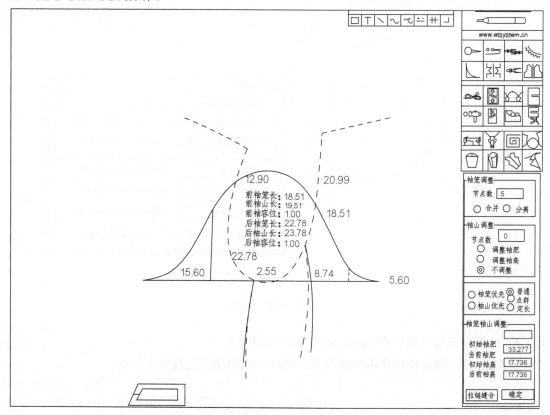

**图 2 - 154　综合袖调整**

需要特别注意的是，使用"综合袖调整"时点击的位置及顺序和"袖对刀"工具不一样的，"袖对刀"是袖山顶端线条不断开，依次点选前袖窿，右键结束→前袖山，右键结束→后袖窿，右键结束→后袖山右键结束，都是点击线条中点偏下的位置，而"综合袖调整"是袖山顶端要断开，依次点选前袖窿，右键结束→后袖窿，右键结束→前大袖山中点偏下→前小袖线条中点偏上，右键结束→后大袖山中点偏下→后小袖中点偏上，右键结束，这两者是有所不同的。

**5. 一枚袖**

**6. 两枚袖**

一枚袖和两枚袖工具使用方法详见第 145 页和 152 页。

**7. 插肩袖（用于快速画出插肩袖）**

先把前后片按前中在左、后中在右的方式摆放。

左键框选所有前袖线，右键结束。

左键框选所有后袖线，右键结束。

左键点选 1 前袖窿线，右键结束。

注意：在线条底部点选，不要超过中点（黄点）。

下面几步的操作也是这样：

左键点选 2 后袖窿线，右键结束。

左键点选 3 前袖分割线，右键结束。

左键点选 4 后袖分割线,右键结束。

在屏幕空白位置点选 5 袖山基线,弹出"插肩袖"对话框,拉动袖型调节滑动条,输入袖肥数值进行调节,见图 2－155、图 2－156。

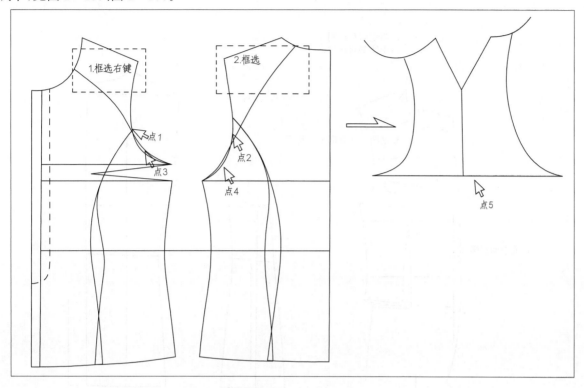

**图 2－155　插肩袖**

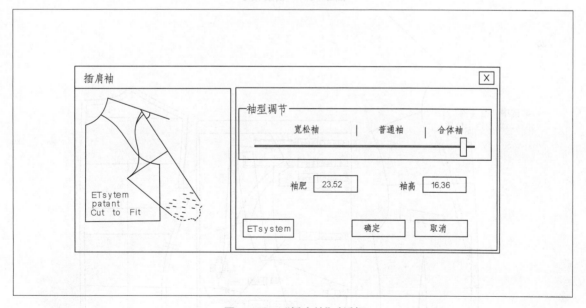

**图 2－156　"插肩袖"对话框**

**8.** 西装领(用于快速画出西装领)

首先,裁片的摆放必须是前中朝左。

前后领口线必须是一整条线,同时要保留后中线也对接显示在前片上,且驳头处连接完好,串口线与驳头线必须相交。

左键点击西装驳头线，弹出如下调整框，输入所需要的参数。
再按"OK"按钮，直接生成西装领，后领直线自动生成对称线，见图 2－157、图 2－158。

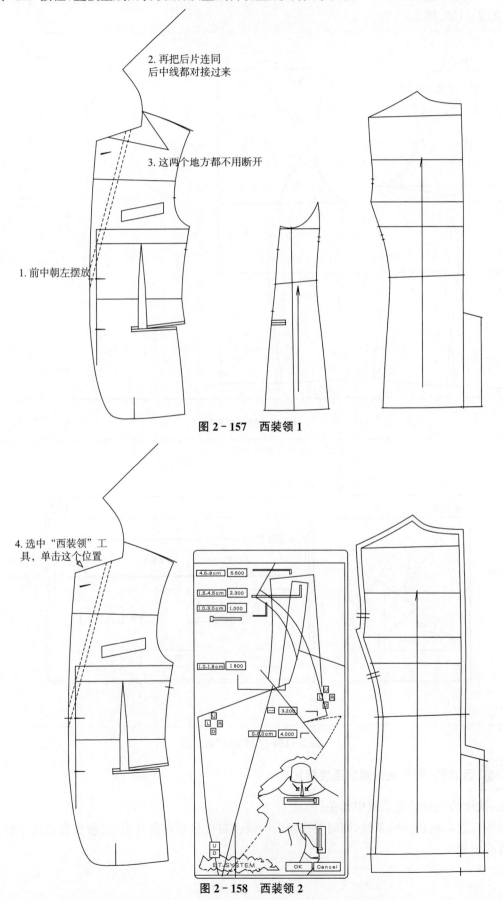

图 2－157　西装领 1

图 2－158　西装领 2

### 四、切展，省道工具组

**1.** 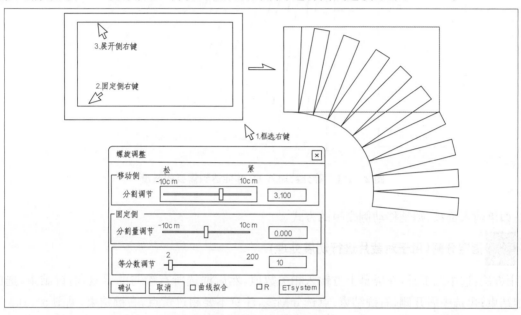 固定等分割（用于将裁片按自定义的等分量及等分数进行切展分割处理）

先在"分割量"和"等分数"框 分割量 |1| 等分数 |10| 中输入数值，鼠标左键"框选"参与分割的要素，按右键确定；左键点击固定侧要素的起点端点 1，再点击展开侧要素的起点端点 2，按右键确定弹出"螺旋调整"对话框，可以用滑标调整切展量和等分数，满意时按"确定"按钮结束操作，在按右键弹出对话框之前，加按 Ctrl 键，则可以自动对切展后的裁片进行曲线连接，见图 2-159。

图 2-159 固定等分割

**注 1：** 固定等分割工具分成 10 等份时，等分数要输入 11 等分数 |11| 。因为一个矩形框如果分成 10 等份，实际上却只有 9 个分割线，而两边的线条是边缘线，如果希望下端加入的是 50cm，等分数输入默认为 10，分割量为 5，完成后只增加了 $5×9＝45cm$，并没有达到我们想需要的尺寸，见图 2-160。因此，在等分数后面输入 11，分割量 |5| 等分数 |11| 就可以达到预想的尺寸了，见图 2-161。

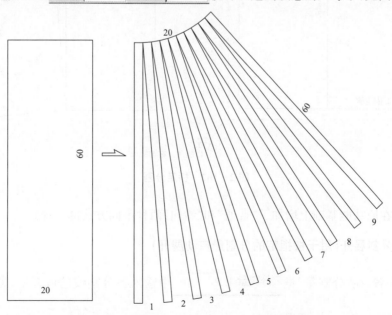

图 2-160 默认 10 等分，却只有 9 条分割线展开

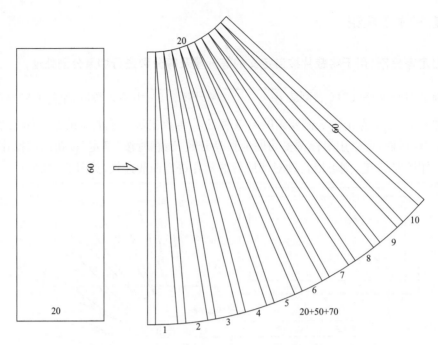

图 2–161　等分数输入 11,才能达到需要的长度

注:如果输入负数,则是移动侧变短的方式。

**2.** 指定分割(用于对裁片进行切展处理)

使用方法:选中此工具,在屏幕上方输入相关数值,然后框选所有参与的要素,右键结束;选中固定侧,右键结束;再选中展开侧,右键结束;点选分割线,注意不要超过黄点,右键结束,见图 5–162。

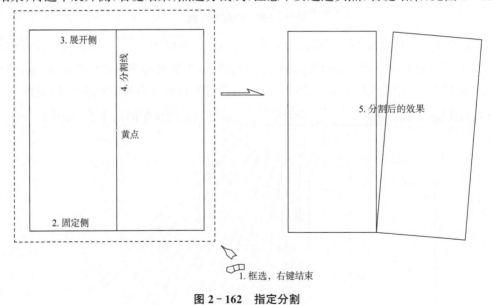

图 2–162　指定分割

注:指定分割在原功能基础上增加了"普通"和"纱向"两种不同方式的选择。

**3.** 多边分割展开(用于按指定的分割量自动展开)

常用于画后肩省,在"分割量"框 分割量 1.2 中输入各分割线的展开量,先打断相关联的线条,左键框选参与展开的要素,按右键确定;左键点选基线要素,点 1,右键结束,再从左向右依次点选分割要素,点 2,按右键结束操作,见图 2 - 163。

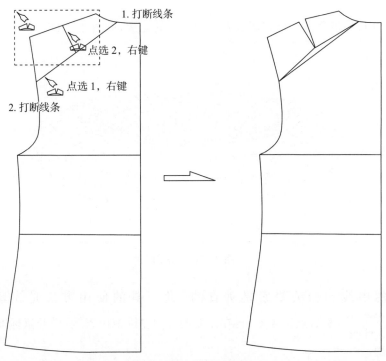

图 2 - 163　多边分割展开

**4.** ▲ 衣褶(用于做活褶)

使用方法:选中此工具,先输入上褶量和下褶量相关数值,框选所有要素,右键结束;左键点选褶线条,一条或者多条都可以,右键结束;在倒向侧点击左键,这时会出现绿色的预览状态,此时可以更改数值和倒向,确定无误后按右键完成,见图 2 - 164。

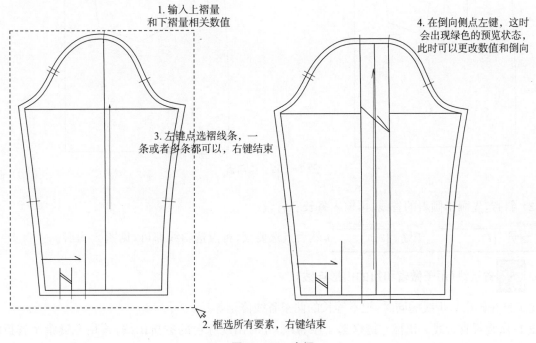

图 2 - 164　衣褶

**5.** 省道（用于画法向省和斜省）

（1）法向省

法向，在几何学中，是指垂直一个斜面或者一个曲面的元素，见图 2 – 165。

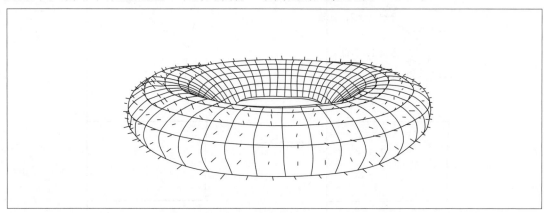

**图 2 – 165　法向**

法向省指省的中线和相关要素是垂直的。此工具的使用方法是先输入省长和省量 省长 7 省量 2 ，然后点选要素，再在需要的方向左键拖出省线，松开鼠标即可，见图 2 – 166。

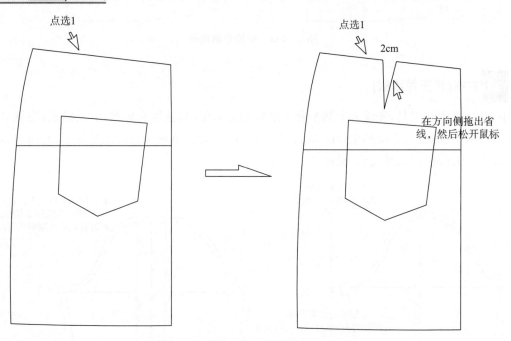

**图 2 – 166　法向省**

（2）斜省，先画出倾斜的省线，再输入省长和省量

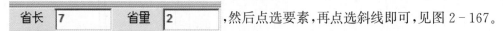，然后点选要素，再点选斜线即可，见图 2 – 167。

**6.** 省折线（用于做省和褶的山形连线）

此工具在画出省折线的同时，把不等长的两条省线修至等长。

**注 1：** 做常规省折线。鼠标左键框选 4 条省线，此时出现绿色的省折山线，再用左键指示省折线的倒向侧方向，按左键操作结束（按右键取消本操作），见图 2 – 168。

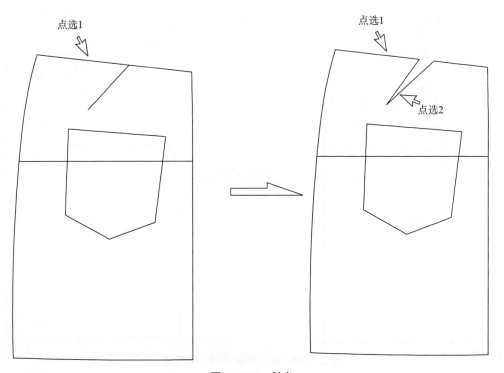

**图 2 - 167　斜省**

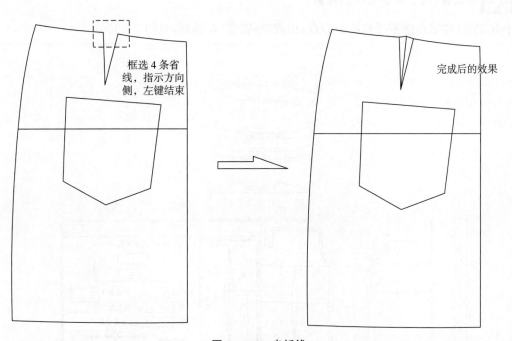

**图 2 - 168　省折线**

**注 2:** 做活褶深线和活褶折线,上述操作时如果在"省深度"框 省深度 4 中输入数值,则为活褶功能,做出指定深度的活褶,然后画出省(褶)符号和省(褶)方向箭头。

分别点 1,点 2,点 3,按住 Ctrl 键点 4,再点击倒向侧。

做没有省尖的省折线,方法是选取省折线工具,按下 Ctrl 键后依次点选需闭合的线,再点省线后点左键结束,右键取消。

或者在按点 4 的时候再按住 Ctrl 键也结果相同,见图 2 - 169。

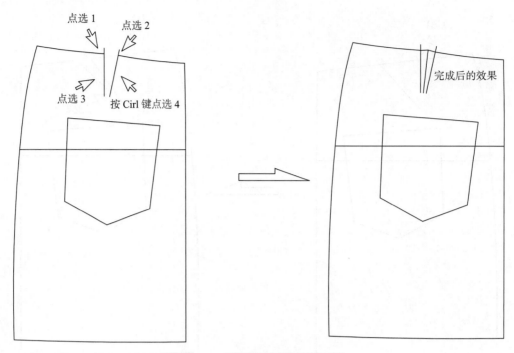

图 2-169  做活褶深线和活褶折线

**7.** 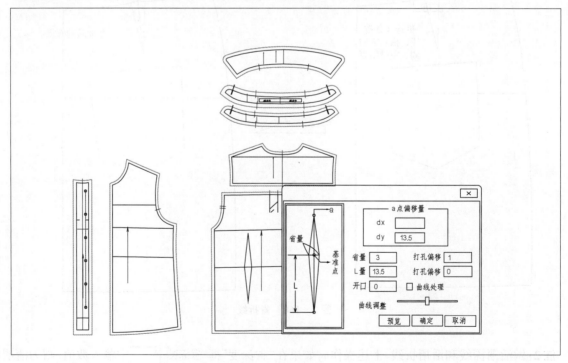 **枣弧省**(用于画枣弧形的腰省)

选中此工具,左键点选枣弧省的中心点,出现"枣弧省"对话框,见图 2-170。

图 2-170  枣弧省

输入相关参数,其中"dx"可以输入横向的省右半部分的长度数值;

"dy"可以输入纵向的省上半部的分长度数值;

"打孔偏移"表示省量处的打孔偏移量;

"L 量"表示横省左半部分(或直省下半部分)的长度;

"开口"表示下省未封闭的量；

"曲线处理"表示对省线进行弧线处理，在空框打勾后，用鼠标左键拉动曲线调整滑杆，调整上省线内、外弧度；

左键点击"预览"键，可以预览做省情况，点击"确认"键完成操作。

**8.** ![icon] **转省(用于省位转移)**

（1）直接通过BP点转省

用鼠标左键框选需要参与转省的线，按右键确定选择；左键依次点击省道转移闭合前的省线点1、闭合后的省线点2和新省线点3，按右键结束操作，见图2－171。

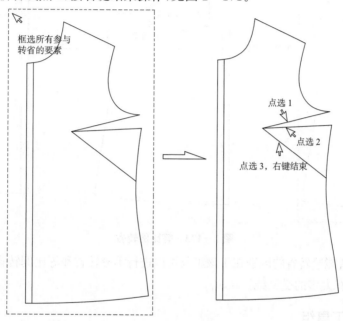

图 2－171　通过 BP 点转省

（2）等分转省

先在"等分数"框 等分数 2 中输入等分数，左键框选所有需要参与转省的线，按右键确定选择；左键依次点击省道转移闭合前的省线点1、闭合后的省线点2和新省线点3，按右键结束操作，见图2－172。

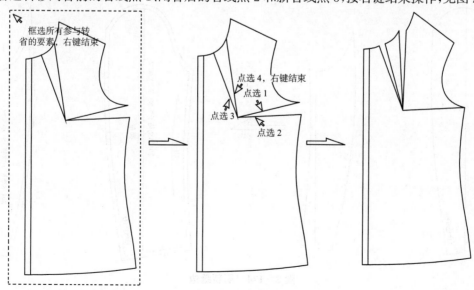

图 2－172　等分转省

（3）等比例转省

用左键框选所有需要参与转省的线，按右键结束；左键依次点击省道转移闭合前的省线点 1、闭合后的省线点 2，左键再框选新省线和框 3 按右键结束操作，见图 2 - 173。

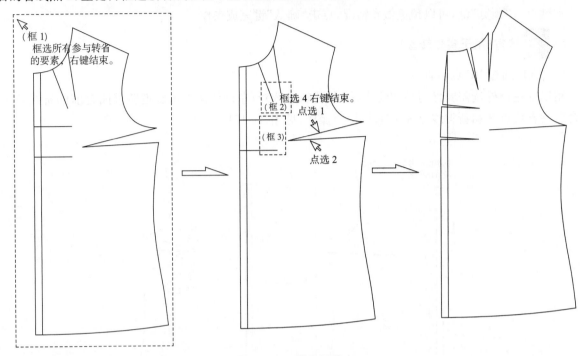

**图 2 - 173　等比例转省**

**注 1**：转省工具与智能笔转省的区别在于该工具可以进行等分转省和等比例转省，而智能笔则不能。

**注 2**：裁片内不要有太多的交叉线。

## 五、缝边、缝角工具组

**1.** ![icon] **缝边刷新**（用于衣片上的净线被改动后，把缝边自动更新）

选中此工具，屏幕上所有衣片的缝边自动更新。此工具仅限于结构没被破坏的衣片，即衣片必须是一个完全封闭的图形。缝边的宽度可以在"系统属性设置"中的"缺省缝边宽度"加以自定义设置，见图 2 - 174。

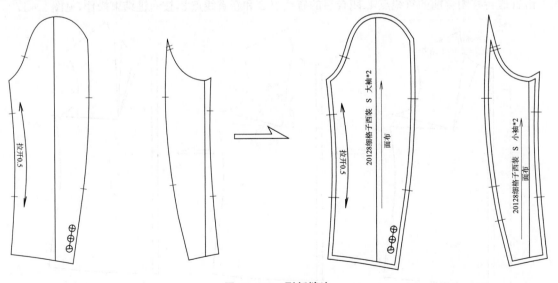

**图 2 - 174　刷新缝边**

**2.** 修改缝边（调整衣片局部缝边的宽度）

在"缝边宽"1框 缝边宽1 2.5  缝边宽2 0 中输入数值，鼠标左键框选要修改宽度的边，按右键结束操作，见图2-175。

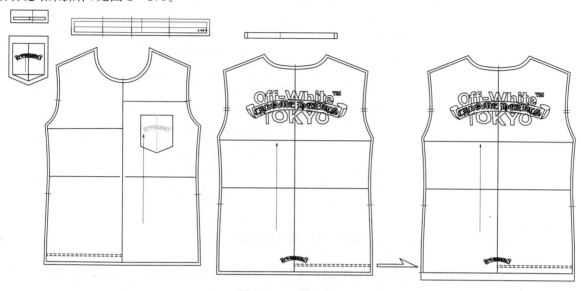

**图2-175  缝边修改**

当只在"缝边宽1"处输入数值，则系统默认一条要素加等距的缝边。当"缝边宽1"与"缝边宽2"都输入数值，如 缝边宽1 1  缝边宽2 2.5 ，则可在一条要素上加渐变的缝边。每次修改只能修改一条要素。缝边宽度在指定宽度以上，自动变成反转角，见图2-176。

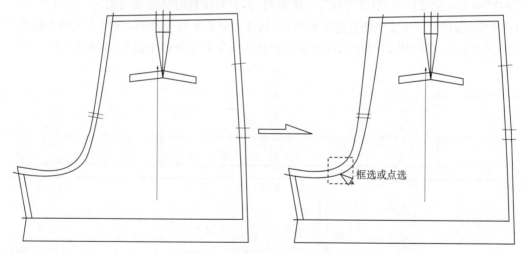

框选或点选

**图2-176  缝边宽1和缝边宽2**

**3.** 裁片属性定义（用于填写裁片的内容、更改纱向线位置及箭头方向）

只有加过缝边的衣片才能加属性文字；鼠标左键点击输入纱向两点（点1、点2），弹出"裁片属性定义"对话框，见图2-177。

填入相关信息后，按"确定"按钮，此时裁片上的纱向线变成绿色，裁片上将显示属性文字信息（一般在纱向上部显示样板号、号型名、备注和缩水，在纱向的下部显示裁片名、裁片数和面料）。

如果裁片纱向上的信息不全时裁片的纱向为红色。系统生成的纱向允许有三个方向：水平、垂直及45°斜角；右键再次点选纱向时，可以修改裁片属性。按Shift＋左键；可以产生多纱向，按Shift＋右键，

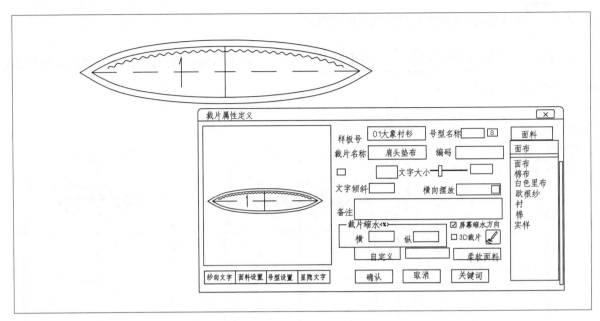

图 2－177　裁片属性定义

可以删除增加的纱向。另外左键点击纱向起始两点的先后顺序和长度，直接关系到纱向的箭头方向和纱向的长度。

**注 1：**"样板号"只能在"文件保存"时设置，而"号型名"一般是系统默认的基码号型。在"设置"菜单的下拉菜单中，有"设置布料名称"的功能，可以自定义布料名称。

**注 2：**如果勾选"对称裁片"选择框，系统自动将"裁片数"设置为 2，反之则"裁片数"为 1。凡是双数的"对称裁片"前面一定要打勾，单数的裁片不需要打勾，否则排料时会出现问题。

**注 3：**"文字倾斜"可以将文字任意角度倾斜，使属性文字不平行于纱向，常用于比较小的裁片上，如果裁片属性文字太小，可以使文字倾斜，这样就可以放大文字而不会超出裁片，见图 2－178。

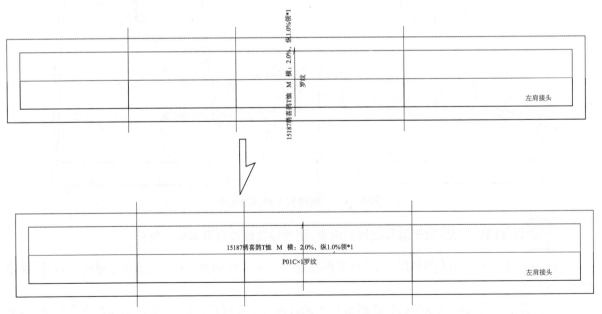

图 2－178　放大和改变文字角度

**注 4：**使用"裁片属性定义"时按住 Ctrl 键可自定义布纹线的方向。

**注 5**："裁片属性定义"功能中 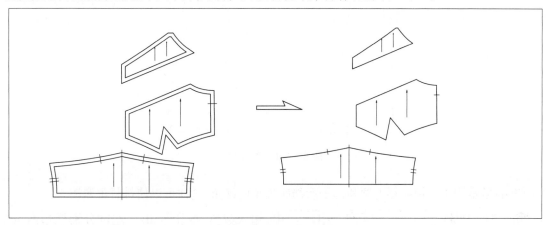 拖动轴时,可即时看到文字放缩的预览。

**注 6**:此工具还可以更改纱向线的位置、长度、角度和纱向线箭头方向。

**注 7**:纱向线箭头方向根据个人的习惯,统一向上或者统一向下都可以,便于批量时自动识别裁片方向。需要注意的是,翻领的领子纱向和衣身的纱向是相反的。

**4.** ⊠ **删除缝边**(将衣片上的缝边删除)

左键框选需要删除缝边的衣片的纱向符号,按右键结束操作,见图 2 - 179。

图 2 - 179　删除缝边

**5.** └ **缝边角处理**(用于将缝边中的指定边变成指定角处理)

① 延长角:指顺延出去的缝角。

左键点选一条边,按右键结束操作,见图 2 - 180。

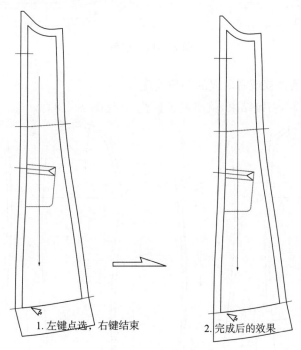

1. 左键点选,右键结束　　　2. 完成后的效果

图 2 - 180　延长角

② 反转角:为"延长角"的反向操作,常常用于下摆折边反转产生的缝角。

左键框选一条边,按右键结束操作,见图 2 - 181。

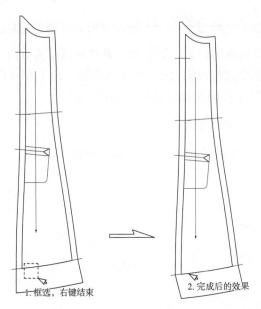

图 2-181  翻转角

③ 切角：常常用于去掉衬衫上领和裤子后裆底尖角的缝角，这样可以使排料更紧凑。

在"切量"框 切量1 1.5    切量2 1    中，输入数值，按住 Shift＋左键分别框选两条要素。先框的一边为"切量 1"，后框的一边为"切量 2"，见图 2-182。

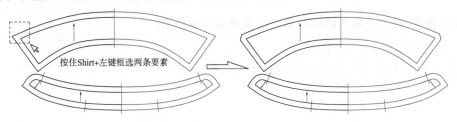

图 2-182  切角

④ 折叠角：常用于西装袖衩或者后衩的斜角处理。

左键框选两条同片要素，右键结束，就出现了折叠角，见图 2-183。

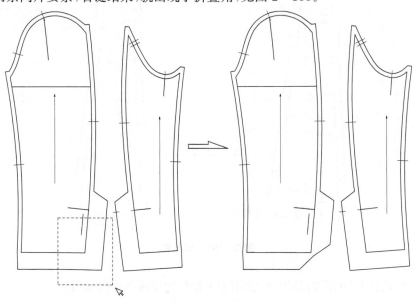

图 2-183  折叠角

⑤ 直角：常用于有封闭里布的西装袖缝上端和公主缝上端的缝角处理。

左键分别点选两条要素,点 1、点 2,见图 2 - 184。

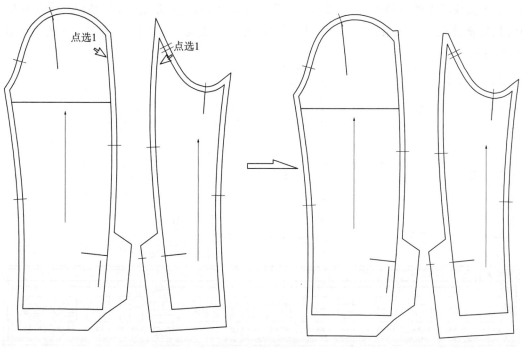

图 2 - 184　直角

⑥ 延长反转角：常用于没有里布的西装袖缝上端和公主缝上端的缝角处理。

左键分别框选两条要素框选 1、框选 2,右键结束即可,见图 2 - 185。

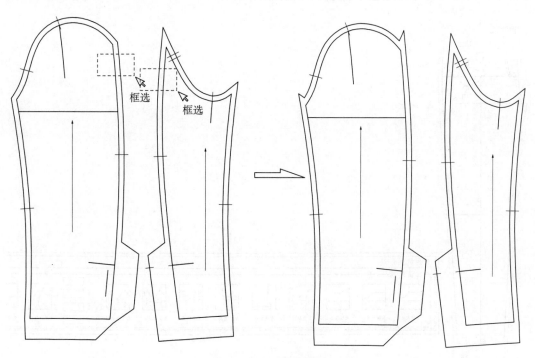

图 2 - 185　延长翻转角

**6.** 专用缝角处理（用于特殊缝角的处理）

此功能一共 13 个缝边与角处理方式。

前三个为曲线段差的三种方式，常用与开衩部位的处理，只是转角处分别为斜角、圆角和反翘的方式。用法是先把开衩处的线条打断，然后刷新缝边，再选中曲线段差工具后，框选开衩处，点击右键结束，见图 2-186。

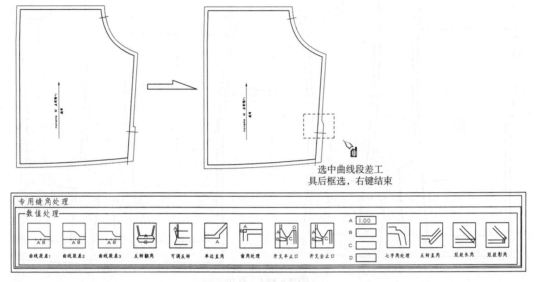

**图 2-186 三种曲线段差**

第四个为反转翻角，简称翻转，常用于裤脚口缝边翻转处理。用法是在 A 和 B 输入框中先输入数值，注意两个数值的和要与总缝边的宽度相等，见图 2-187。

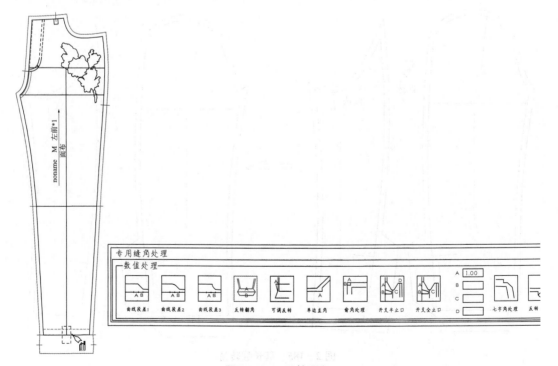

**图 2-187 反转翻角**

第五个为可调反转,输入正数则增加松量,也可以输入负数以减少松量,见图2-188。

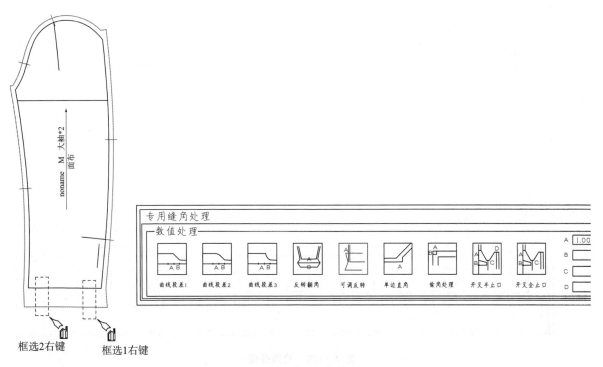

框选2右键　　框选1右键

**图2-188　可调反转**

第六个为单边直角,可以把尖角处理成直角,常用于斜插袋缝角,领座尖角也可以用在控制公主缝和两枚袖缝角的长度的控制,见图2-189。

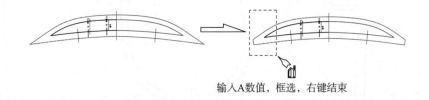

输入A数值,框选,右键结束

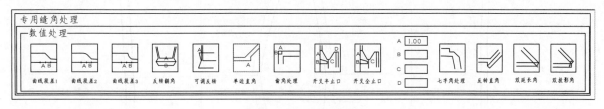

**图2-189　单边直角**

第七个为偷角处理,常用于风琴立体口袋的处理和比较厚的牛仔布款式中减去布角。用法是先输入数值,然后框选缝角处,点击右键结束,见图2-190。

后面6个为比较少见的用法。在实际工作中,如果遇到比较特殊的缝角,即本工具未包含的形状,可以用智能笔直接画出来,刷新后把缝边设为0即可,见图2-191。

**7. ▣ 提取裁片(用于在底稿上提取出裁片)**

此工具有"有(推板)规则"和"无规则"两种类型可以选择。裁片提取完成后,按下Shift键,再右键会弹出"裁片属性定义"对话框,见图2-192。

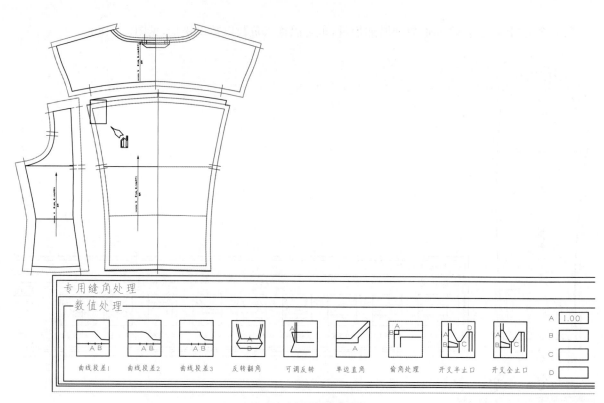

图 2-190 偷角处理

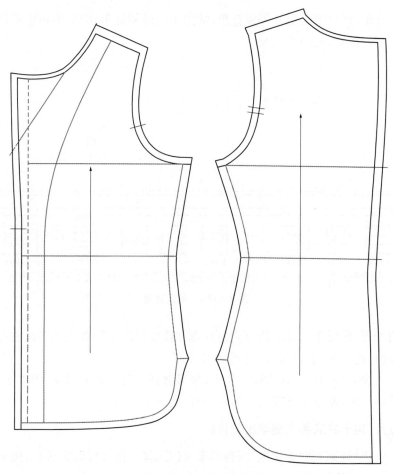

图 2-191 特殊缝角

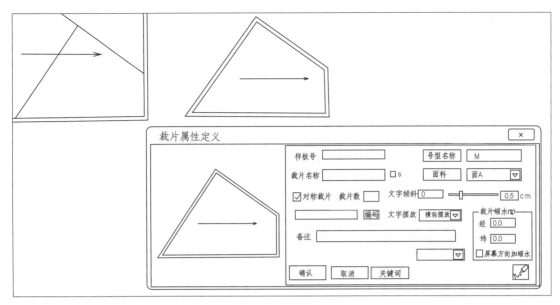

图 2-192 提取裁片

**8.** 裁片合并(用于把两个裁片合并成一个裁片)

首先确认两个图形已经成为裁片了,然后左键点击拼合要素的起点端,左键再点击对接要素的起点端,这个拼合就完成了,即点击两次左键即可。这个工具操作比较简单,并且对要素的形状和长度也没有限制,见图 2-193。

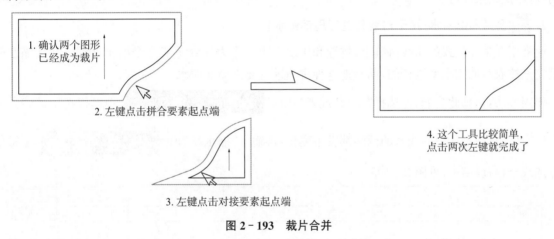

图 2-193 裁片合并

## 六、缩水、文字工具组

**1.** 缩水操作(用于给指定的要素或衣片加入横向及纵向的缩水量)

在"横缩水""纵缩水"框 | 横缩水% 2 | 纵缩水% 3 | 溶位量 0 | 中输入数值,加大裁片尺寸取正值,缩小裁片尺寸取负值。左键框选需要加缩水的要素或裁片,按右键结束操作,如图 2-194所示此例中横向缩水 2%,纵向缩水 3%。

横向及纵向的缩水都是相对于屏幕来说的,因此,在做缩水操作前要用"水平垂直补正"的功能将裁片纱向补正后再进行缩水处理。

加好缩水的裁片,如果需要清除缩水,只要重新选中缩水工具,不输入任何数值,系统默认为0,再重新框选裁片或者纱向线,右键结束即可。

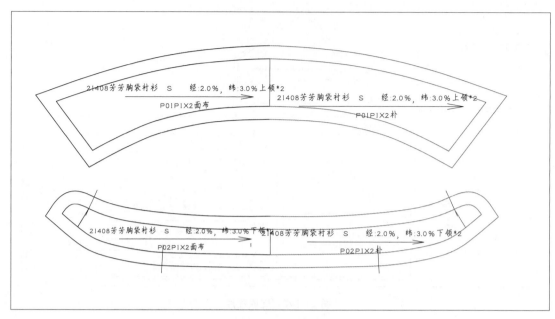

图 2-194　缩水操作

加过缩水的底稿（即没有布纹线和缝边的线框形式的图形）如果需要清除缩水，可输入之前缩水率的负数，重新框选，右键结束即可。

加好缩水的裁片，如果需要改变缩水率，只要重新选中缩水工具，输入新数值，再重新框选裁片或者纱向线，右键结束即可。

**2. 要素局部缩水（用于对线条进行局部缩水）**

通常用在牛仔款式的压线拼缝上，拼缝和压线产生的张力导致不能完全缩水，因此，在加缩水时并不是完全按衣身的缩水率进行的，而是把这种拼缝进行要素局部缩水。

使用方法：选择此功能，先选择"单向"或者"双向" ◎单向 ○双向 ，单向仅选中的线条的一端发生变化，双向是选中的线条的两端都发生变化，再输入"缩水率"值 缩水量% 1 ，左键框选或点选线条，右键结束，见图 2-195。

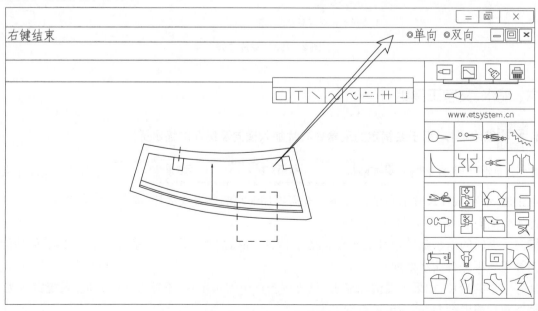

图 2-195　要素局部缩水

**3.** ⊞ **局部缩水**（用于裁片的某个区域缩水量的调整）

先在屏幕上方的"缩水量％"框或者在"调整量"框中输入数值 | 缩水量％ 0 | 调整量 0 | ，再在屏幕

上方单向和双向处选择类型 | ⊙单向 | ○双向 | ，鼠标左键点选要素上下拖动至满意位置后，左键确

定，如果是纵向则先按下 Shift 键，点选要素上下拖动至满意位置后，左键确定，见图 2-196、图 2-197。

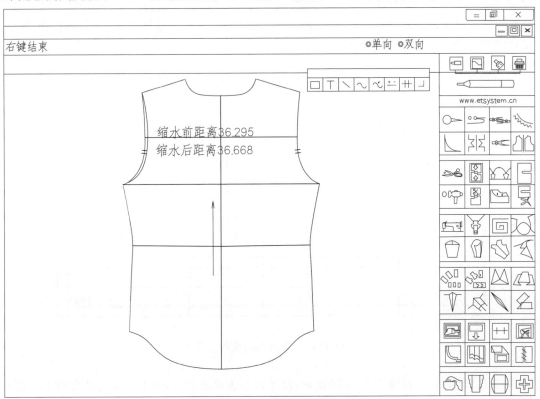

**图 2-196　点选要素上下拖动**

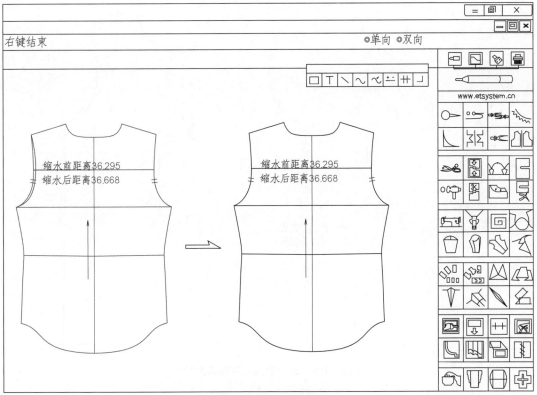

**图 2-197　左键确定**

**4.** 比例变换(用于改变图形的尺寸)

可以按指定尺寸改动横方向和纵方向，也可以动态显示横纵方向同步改变尺寸。

例如：图 2‐198 是一个 T 恤衫的罗纹领圈条，已知它的长度是 41cm，如果现在需要加长 1.5cm，并且领圈条上的刀口位置也要求按比例同步变化，可以用 41＋1.5＝42.5cm，然后再除以原长度数值 41cm，约等于 1.036cm，选中比例变化，在横方向框 横比例 1.036 纵比例 1 填入 1.036，框选裁片，右键结束，这时再测量新裁片，已经变成 40.5cm 的长度了，并且刀口位置也按比例发生了变化(如果是改短，就用小的数值除以当前较大的数值进行操作即可)。

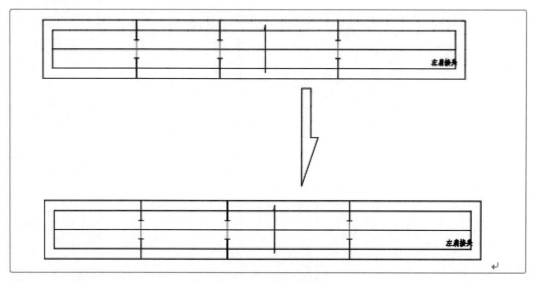

**图 2‐198 比例变换改变裁片尺寸**

也可以直接框选图形，右键结束，左键拖动，向下向右为动态放大，向上向左为动态缩小。进行放缩操作，常用于绣花和印花图案的处理，见图 2‐199。

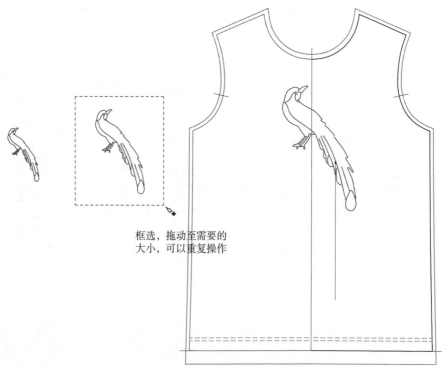

框选，拖动至需要的
大小，可以重复操作

**图 2‐199 比例变换改变图案尺寸**

**5.** 　裁片拉伸(用于将裁片上的指定部位拉长或减短)

选中此工具,左键框选参与拉伸的要素,按右键弹出图 2 - 200 对话框。

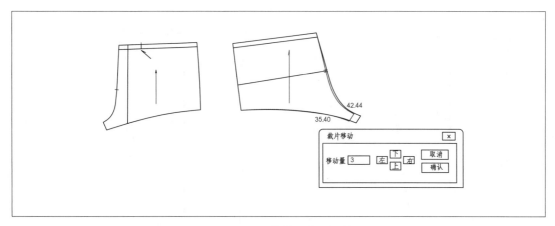

图 2 - 200　"裁片移动"对话框

在移动量处填入数值后,左键选择要移动的方向,系统会出现绿色的裁片拉伸情况预览,移动完毕,按"确认"键,见图 2 - 201。

注意,裁片拉伸一点要一次性框注要素的端点。没有框住端点不会起作用。

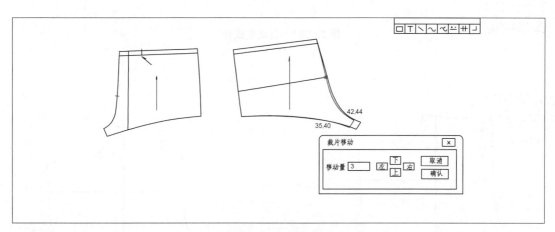

图 2 - 201　裁片拉伸

**6.** 　自动生成朴(用于自动生成贴边的衬纸样)

选中此工具,在屏幕上方输入数值,左键框选基础边,也可以按住 Shift 键多选基础边,右键结束,见图 2 - 202。

**7.** 　变形缝合(用于通过曲线拼合,使之产生切展和省量转移)

选中此功能,点选 1 长度固定侧要素起点端,点选 2 展开侧起点端,点选 3 参考要素起点端,结束操作,见图 2 - 203。

**8.** 　任意文字(用于填写文字标注)

在裁片上的任意位置,标注说明文字。

左键指示文字的位置及方向点 1、点 2,弹出如图 2 - 204"文字输入"对话框。

输入"文字内容"及"字高"后,按"确认"键,见图 2 - 205。

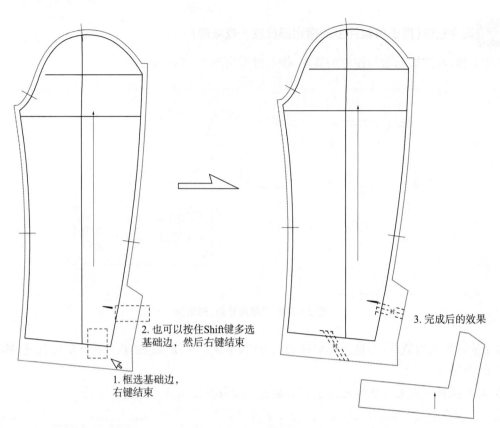

1. 框选基础边，
右键结束

2. 也可以按住Shift键多选
基础边，然后右键结束

3. 完成后的效果

图 2－202　自动生成朴

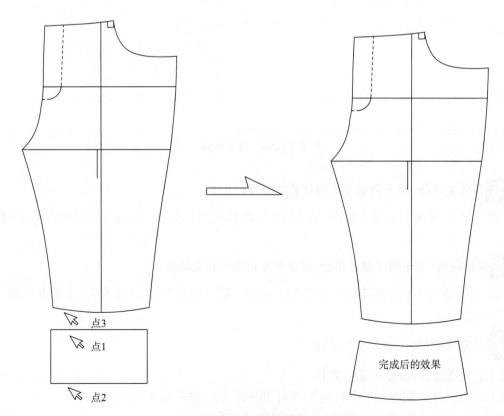

点3

点1

点2

完成后的效果

图 2－203　变形缝合

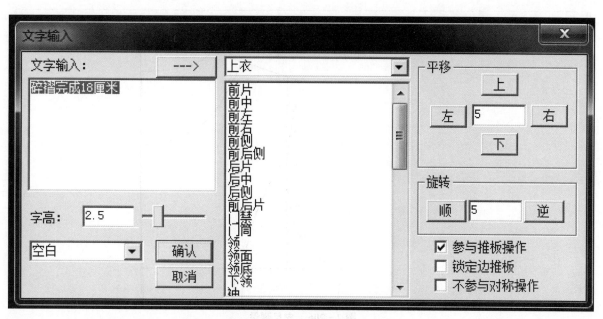

图 2-204 "文字输入"对话框

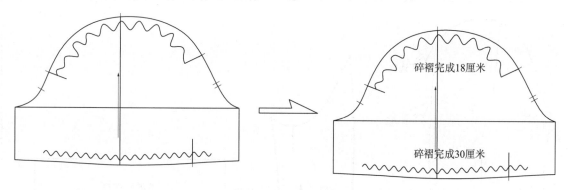

图 2-205 任意文字

**注 1**："参与推板操作"选择框表示文字可以在除基础码外的其他码上出现。

**注 2**："锁定边推板"选择框表示文字与最近边产生关联，使其按最近边有规则摆放，但文字需靠近要锁定的边，并尽量与此条边保持平行。

**注 3**：写完文字后，再点击该文字，可以直接修改文字相关的内容。

## 七、测量工具组

**1. 皮尺测量**(用于按皮尺的显示方式测量选中要素)

左键选择被测量要素的始点侧，系统显示出测量结果，左键再次选择为关掉皮尺。快捷键"F8"可以关掉所有皮尺显示，见图 2-206。

**2. 两点测量**(用于测量两点长度)

通过指示两点，测量出两点间的长度及横向、纵向的偏离量。

左键指示要素上两点位置，点 1、点 2，即可显示测量数值，其中"Y"表示纵偏离量，"X"表示横偏离量，见图 2-207。

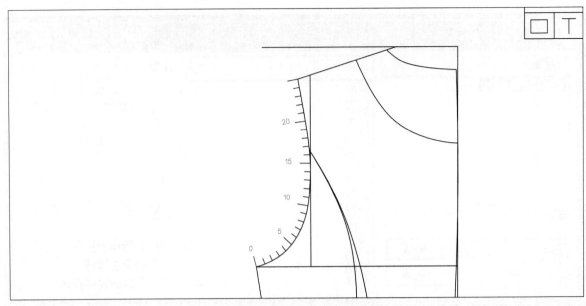

图 2 - 206    皮尺测量

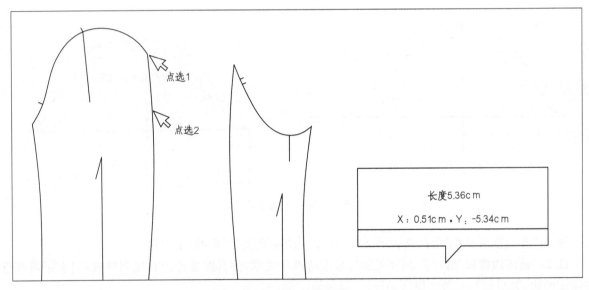

图 2 - 207    两点测量

如果点选点 1 和点选 2 的位置是有刀口的，交叉的或者是线条的端点则弹出"要素检查"对话框显示出这两点之间长度测量数值，同时显示横偏离量和纵偏移量数值，在需要测量领宽、领深、袖山高和袖宽等纵、横数据的情况下，用"两点测量"工具可以一次完成，见图 2 - 208。

**3.** ✎ **要素上两点拼合测量（用于测量曲线的长度）**

通过指示要素及要素上的两点位置，测量出两点间的长度。常用于要素上两个刀口的间距。

左键框选或点选测量要素，左键点击起点和终点，如果单纯地测量两点之间的距离，就点击右键，在屏幕空白处点击左键后，再次点击右键，这时出现测量值，当选择其他工具时测量值自动消失。如果是放过码的文件，会弹出"要素上两点长度测量"对话框，能测出全码档差，见图 2 - 209。

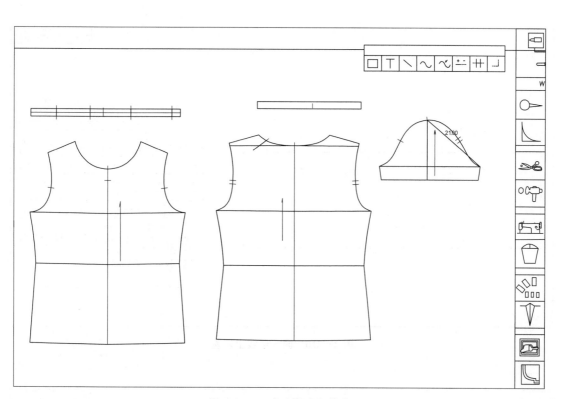

图 2 - 208  点击起点和终点

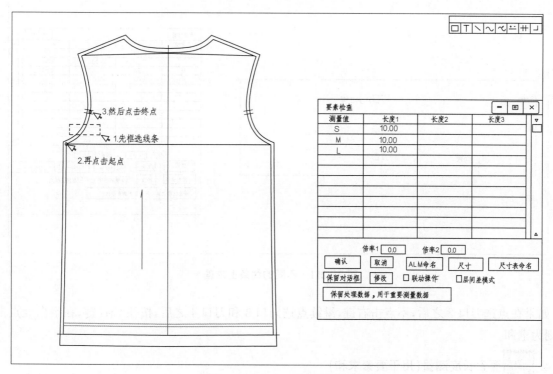

图 2 - 209  要素上两点拼合测量

**注1：** 新版本的这个工具，可以在同一条线或不同的线条上的某一段求差、求和。

选中此工具，点选第一根线条，这根线条变成红色，点选刀口 1 和刀口 2，右键结束，然后再点选第二根线条，这根线条变成绿色，点选刀口 3 和刀口 4，右键结束，弹出"要素检查"对话框，见图 2 - 210。

**注2：** 在不同一根线条上也可以这样操作，而得到差数，见图 2 - 211。

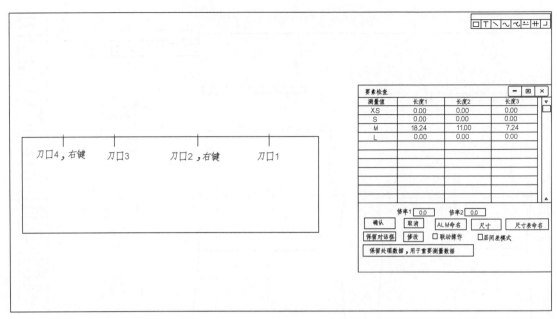

图 2 - 210　同一条线上求差

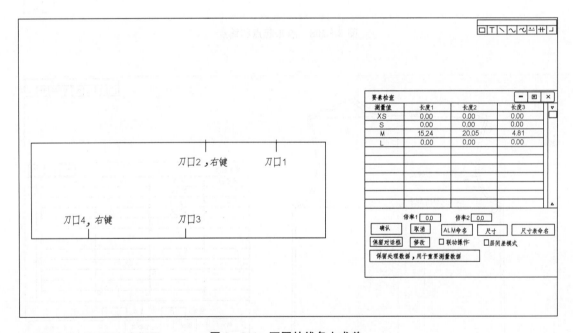

图 2 - 211　不同的线条上求差

　　如果在点选刀口 2 之后,不点击右键,继续点选刀口 3 和刀口 4 之后,按住 Ctrl 键,在空白处点击右键,则为求和。

### 4. 要素长度测量(用于要素求和)

可以测量一条要素的长度或测量几条要素的长度和。

　　左键点选或框选要测量的要素 1 和要素 2,按右键弹出"要素检查"对话框,如果是放过码的文件,能测出全码档差,见图 2 - 212。

　　**注 1**:测量出线长后如果要直接修改线长,可以在对话框的"要素长度"处填入新的数值,左键点击"修改"按钮,则可以修改线长,如勾选"联动操作",则与它连接的那条线也随之修改。

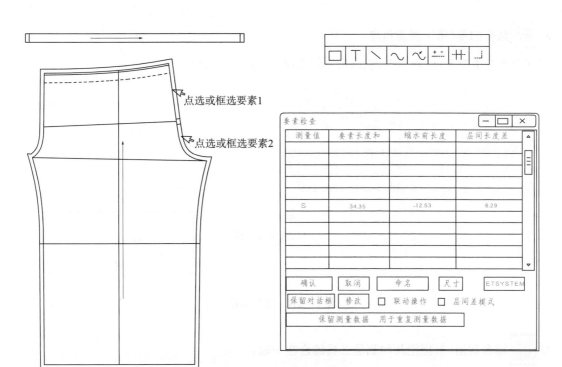

图 2 - 212　要素长度测量

**注 2**：如果在推板状态下测量，要使用点选，不可以使用框选，因为点选是显示这个线条每个号型的长度，而框选是显示这个线条所有号型的相加总和。

**5.** 拼合检查(用于要素求差)

左键点选第一组要素 1，按右键结束；左键点选第二组要素 2，按右键弹出"要素检查"对话框，这个对话框中的"长度 1"表示第一组要素的长度和、"长度 2"表示第二组要素的长度和、"长度 3"表示两组要素的长度差。另外，该工具还能进行多条要素求和的操作，在左键选中多条要素后，按<Ctrl+右键>即可。

查看完毕，按"确认"按钮后退出。

测量出线长后，如果要直接修改线长，可以在对话框的"要素长度"处填入新的数值，左键点击"修改"按钮，则可以修改线长，如勾选"联动操作"，则与它连接的那条线也随之修改，见图 2 - 213。

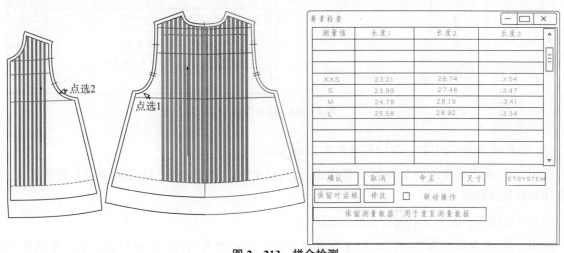

图 2 - 213　拼合检测

**6.** 角度测量（用于测量角度）

左键选择两条要素，松开左键，就出现测量角度值，见图2－214。

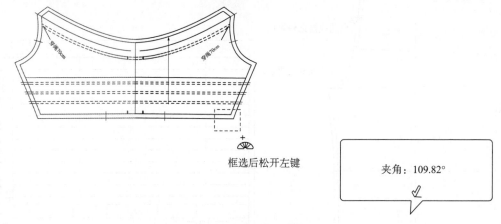

框选后松开左键

夹角：109.82°

**图 2－214　角度测量**

**7.** 综合测量（是指把几种测量工具综合在一起）

（1）测量单个线条长度，即 要素长度测量

例如，图2－215中测量领圈线条 AB 之间的长度。选中"综合测量"工具，左键点击线条，右键结束，在弹出的"要素检查"对话框中就可以看到这个线段的长度了，见图2－215。

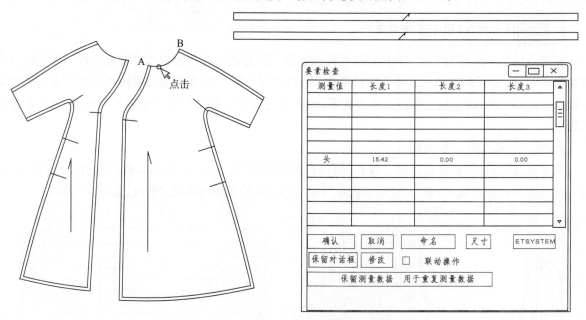

**图 2－215　综合测量**

（2）测量线条两点的横向/纵向偏移数值，即 两点测量

使用方法：点击线条的两个端点，无需点击右键，自动弹出"要素检查"对话框，就可以看到相关的长度和横纵向偏移数值了。

（3）测量线条的求和，即 要素长度测量

使用方法：先左键点击第一个线条，右键结束，弹出"要素检查"对话框，然后点击第二个线条，按住Shirt＋右键，就可以看到"要素检查"对话框中的数值变成了两个线条相加之和了。

（4）求差，即■拼合检查

使用方法：先左键击第一个线条，右键结束弹出"要素检查"对话框，然后点击第二个线条，按住 Ctrl ＋右键，就可以看到"要素检查"对话框中的数值变成了两个线条相减之差了。

**8.** ▨ **安全检测**（也称综合检测，用于对要素、缝边等信息进行检测）

选中此工具，就弹出"综合检测"对话框，这个对话框有很多按钮，凡是黑色的按钮，都可以点击一下，如点击"清除无效要素"按钮可以清除重叠的或者多余的线条，见图 2－216。

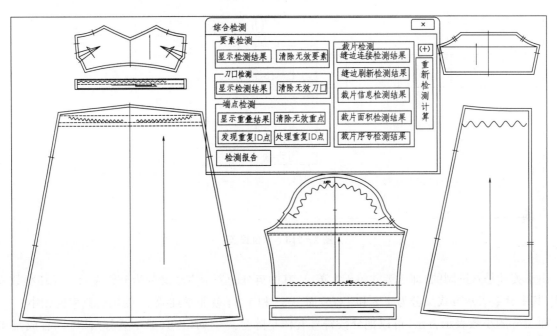

**图 2－216　安全检测**

## 八、图形面板工具组

**1.** ▨ **裁片信息**（用于查看当前裁片的相关信息）

点击此工具，可以看到当前款式裁片的片数、面积等相关信息，见图 2－217。

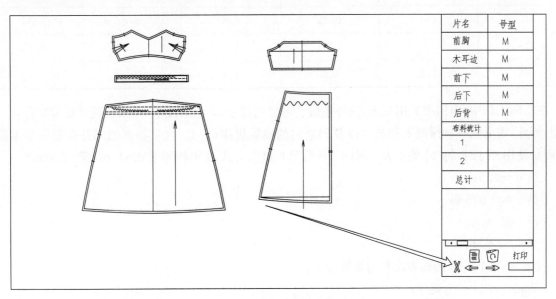

**图 2－217　裁片信息**

**2. 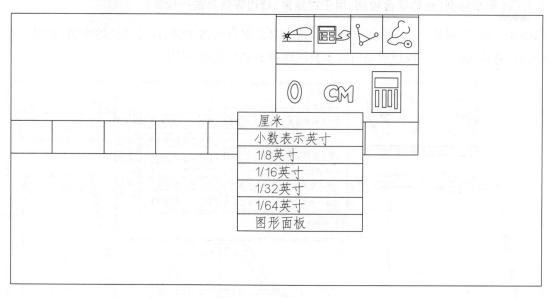 单位与图形面板（用于单位切换和图形面板切换）**

左键点击此工具，为不同单位之间的切换，主要是厘米和英寸的切换，见图 2－218。

图 2－218　单位设置

由于英寸是八进制的，即 1 英寸等于 8 英分，其中英分的表示方法又分为分数表示方式和小数表示方式，其中分数表示方式又分为 1/8 和 1/16，而 1/32 和 1/64 就非常细微了，使用的概率比较小。

而英分的小数表示方法，可以把分数符号看作是除号。例如，1/8（即 1 英分）就可以看成是 1 除以 8，等于 0.125，即 1 英分用小数表示就可以写作 0.125，同样的原理，其它常用英分的小数表示法见表 2－4。

表 2－4　英分的小数表示法

| 分数 | 简化后 | 小数 | | 简化后 | |
| --- | --- | --- | --- | --- | --- |
| 1/8 | | 0.125 | 5/8 | | 0.625 |
| 2/8 | 1/4 | 0.25 | 6/8 | 3/4 | 0.75 |
| 3/8 | | 0.375 | 7/8 | | 0.875 |
| 4/8 | 1/2 | 0.5 | 8/8 | 1 | 1 |

在实际工作中，内销服装用厘米，而外贸服装习惯用英寸，有些情况下，厘米和英寸常常结合在一起使用，因此，需要熟练掌握厘米和英寸以及码之间的换算规律（注意：这里提到的码并非服装号型的码数，而是使用英寸时，每 36 英寸为 1 码的一种计算长度的方式，1 码约等于 0.914m，即 91.4cm）。

1 英寸≈2.54cm；

1 英寸≈0.028 码；

1 码≈91.4cm；

1 米≈40 英寸；

例如，幅宽 145cm 的棉布布料可换算如下：

145cm÷2.54≈57 英寸；

57 英寸×0.028≈1.596 码;

60 英寸＝152.4cm,计算方法是 60 英寸乘以 2.54≈152.4cm

500 码＝457m,计算方法是 500 码乘以 0.914≈457 米;

500m＝547 码,计算方法是 500m 除以 0.914≈547 码;

右键点击单位与图形面板 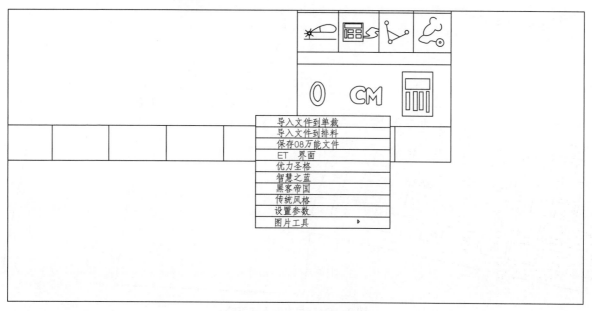（CM图标）,可实现不同的版本界面之间的切换,见图 2－219。

图 2－219　单位与图形面板

**3.** （计算器图标）**计算器(用于使用计算器)**

选中此工具,显示计算器,见图 2－220。

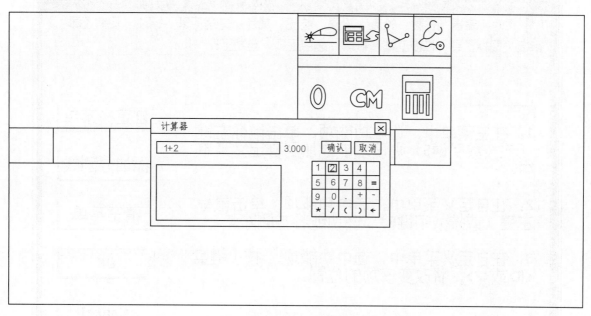

图 2－220　计算器

# 第七节　滚轮工具组

和前面固定的图标工具组不同的是,滚轮工具组不是确定不变的,而是根据个人爱好进行添加或者减去的,使用的时候,如图 2-221 所示用力向下按鼠标滚轮,界面上就显示出工具组了,这是一种非常方便快捷的设置方式。

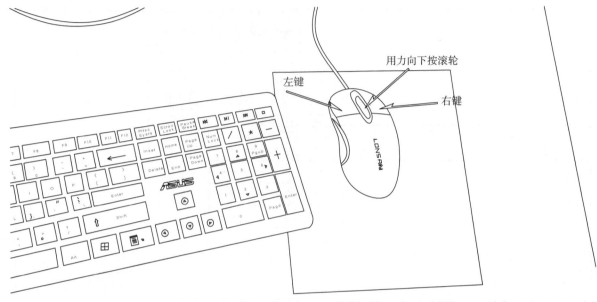

图 2-221　用力向下按滚轮

点击系统工具栏中的帮助,再点击下拉列表中的"自定义快捷菜单",就弹出"自定义快捷菜单"对话框,见图 2-222。

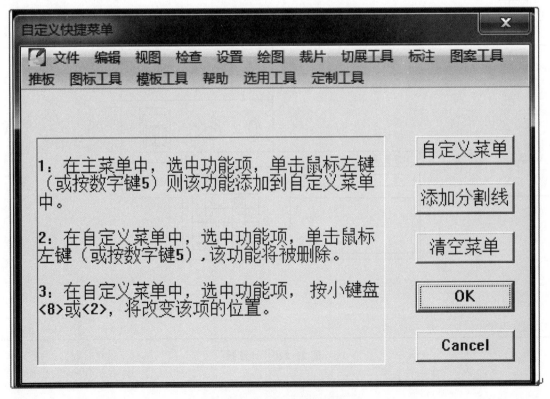

图 2-222　自定义快捷菜单

添加滚轮工具的方法：在主菜单中，选中功能项，点击左键（或按数字键 5），该功能就添加到自定义菜单中。

删除滚轮工具的方法：在自定义菜单中，选中功能项，点击左键（或按数字键 5），该功能就被删除了。

改变滚轮工具位置的方法：在自定义菜单中，选中功能项，按小键盘中的 8 或者 2，就可以改变工具的所在位置了。

如果滚轮工具添加得太多，新的工具就无法再添加了，这时会有提示，使用者就把已有的工具删除几个，然后再添加即可。

常用滚轮工具名称及所在的系统栏位置见表 2－4。

表 2－4　常用滚轮工具名称和所在的系统栏位置

| 工具名称 | 在系统栏的位置 | 所在的页数 |
| --- | --- | --- |
| 1. 设置辅助线 | 编辑 | 详第 67 页 |
| 2. 平移 | 编辑 | 详第 17 页 |
| 3. 旋转 | 图标工具 | 详第 21 页 |
| 4. 删除辅助线 | 编辑 | 详第 224 页 |
| 5. 指定刀口 | 定制工具 | 详第 286 页 |
| 6. 1∶1 显示 | 视图 | 详第 130 页 |
| 7. 显示误差修正 | 视图 | 详第 130 页 |
| 8. 双文档拷贝 | 编辑 | 详第 229 页 |
| 9. 调入底图 | 图案工具 | 详第 127 页 |
| 10. 切图至 Office | 图案工具 | 详第 130 页 |
| 11. 关闭底图 | 打板六/图标工具 | 详第 128 页 |
| 12. 虚线实线 | 选用工具 | 详第 67 页 |
| 13. 一枚袖 | 裁片 | 详第 145 页 |
| 14. 变更颜色 | 设置 | 详第 246 页 |
| 15. 更改线宽 | 设置 | 详第 247 页 |
| 16. 保存为 2008 万能版文件 | 高级功能 | 详第 288 页 |

# 第八节　打板快捷键

ET 服装 CAD 软件的打板快捷键列表内容比较多，见图 2‑223～图 2‑225，大家可以根据自己的喜好来选用。

**图 2‑223　快捷键 1**

**图 2‑224　快捷键 2**

**图 2 - 225　快捷键 3**

# 第九节　ET 打板工具变通妙用

在学习了以上的智能笔工具、图标工具和滚轮工具后,我们就可以实际绘制大多数服装纸样了。

一种 CAD 技术,应该是越简易操作越好,工具越少越好,而不是工具越多越好。如果学习了一个星期工具使用方法,却不能独立完成一个款式,这无疑是不利于使用和推广的。但是又不能因为简单易学就降低了档次,ET 系统将这两者巧妙地结合在一起,做到了见效快、功能强。但是深入学习下去就会发现,其中的有启发、有价值的内容特别多。

如果还希望学习和运用 ET 工具的更多奥妙,第四章的系统菜单工具功能将会更深入、更详细地阐述其他用法。

**1. 善于灵活地使用打板工具**

在实际工作中,各种工具之间有时是可以代用的,同一个目标我们可以用不同的方法、不同的工具来实现。例如,画一个省道的图形,"省道"工具并不是唯一的选择,我们也可以用"智能笔省道""指定分割""掰开省""形状对接及复制""旋转""衣褶"等,都可以达到相同的目的。总之,在实际工作中,我们要善于灵活地使用工具,巧妙地解决各种问题。

第一种方法:省道。

选中"省道"工具,先输入省长和省量数值,再在起点上点击左键,然后拖动线条,松开鼠标即可,智能笔省道也是这样操作,见图 2 - 226。

第二种方法:指定分割。

选择"指定分割"工具输入分割量,框选使用参与要素,右键结束,点选固定侧,右键结束,点选展开侧,右键结束,点选分割线,右键结束,见图 2 - 227。

第三种方法;掰开省。

选中"掰开省"工具，先在屏幕上方输入省量，然后左键框选所有要素，右键结束，左键点选省尖，接着点选省线，在点选基线，同时就点选了方向侧，最后点选转折点结束操作，见图 2－228。

第四种方法：旋转。

先把线条打断，把线段 AB 延长 3cm，选中"旋转"工具，框选移动侧，右键，指示圆心点，再按住左键拖动到延长线的端点上，然后再把移动侧的两个点连接起来，见图 2－229。

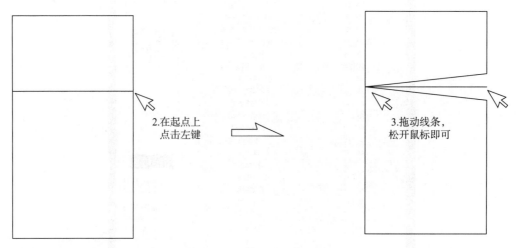

1.输入省长和
省量的数值

2.在起点上
点击左键

3.拖动线条，
松开鼠标即可

**图 2－226　第一种方法：省道**

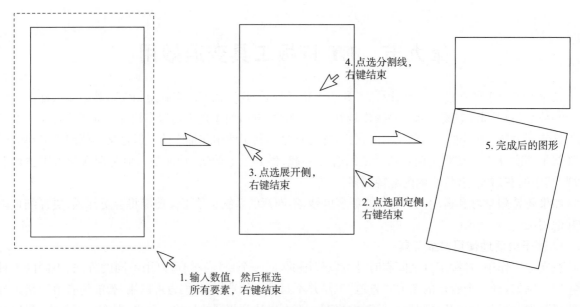

4.点选分割线，
右键结束

3.点选展开侧，
右键结束

5.完成后的图形

2.点选固定侧，
右键结束

1.输入数值，然后框选
所有要素，右键结束

**图 2－227　第二种方法：指定分割**

第五种方法：衣褶。

选中"衣褶"工具输入分割量 | 上褶量 | 1.5 | 下褶量 | 0 | 褶深度 |，框选使用参与要素，右键结束，点选分割线，右键结束，左键指示倒向侧完成了分割操作，图 2－230。

**2. 删除多余重叠的小线段的五种方法**

同样的原理，删除多余重叠的小线段也有多种方法。

第一种方法：安全检测。

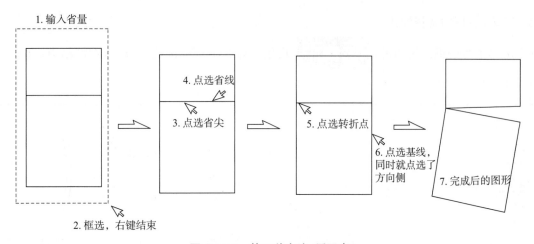

**图 2-228 第三种方法：掰开省**

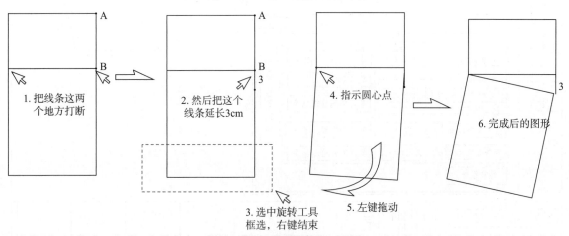

**图 2-229 第四种方法：旋转**

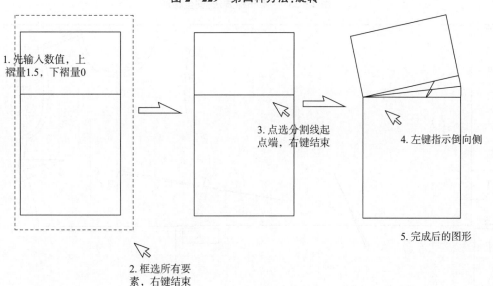

**图 2-230 第五种方法：衣褶**

选择"安全检测"工具 ，弹出"综合检测"对话框，见图 2-231。

第二种方法：要素检测。

在屏幕上方的系统栏，"定制工具"中找到"要素检测"，弹出"发现 1 条非正常要素，是否需要清除这些要素？"的提示框，点击"是"即可，见图 2-232。

第三种方法:框内选择模式。

选中屏幕上方的框内选择模式 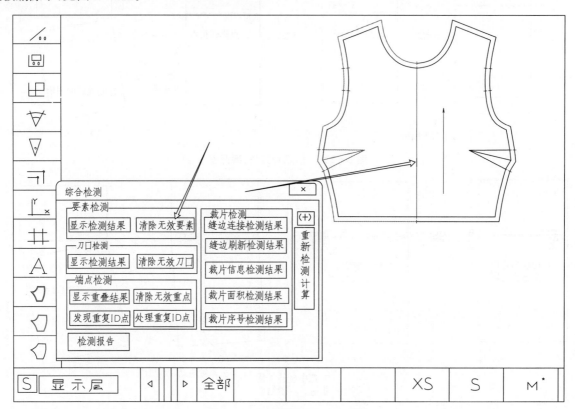,再用"删除"工具框选这个部位,右键结束,这个小线段就被删除了,见图 2-233。

**图 2-231　第一种方法:安全检测**

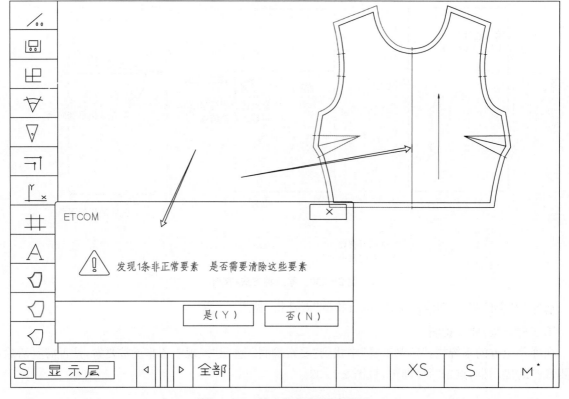

**图 2-232　第二种方法:要素检测**

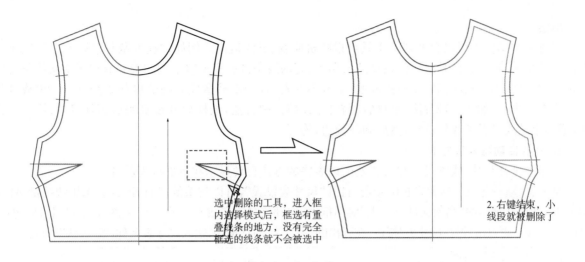

选中删除的工具，进入框内选择模式后，框选有重叠线条的地方，没有完全框选的线条就不会被选中

2. 右键结束，小线段就被删除了

图 2 - 233　第三种方法：框内选择模式

第四种方法："删除"工具框选后再点击长的线。

选中"删除"工具，框选这个部位，然后点击比较长的线条，这个长线条就没有选中了，这时按右键结束，这个小线段就被删除了，见图 2 - 234。

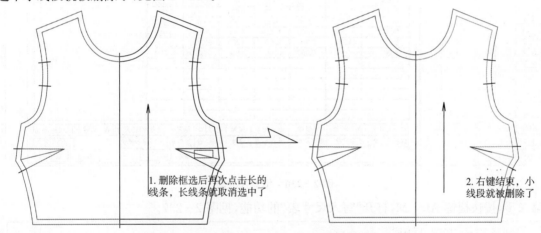

1. 删除框选后再次点击长的线条，长线条就取消选中了

2. 右键结束，小线段就被删除了

图 2 - 234　第四种方法：删除框选后再点击长的线

第五种方法：智能笔拖出线条放在旁边，然后再删除。

智能笔在小线段旁边点击右键，激活小线段后左键拖出，再用智能笔删除，见图 2 - 235。

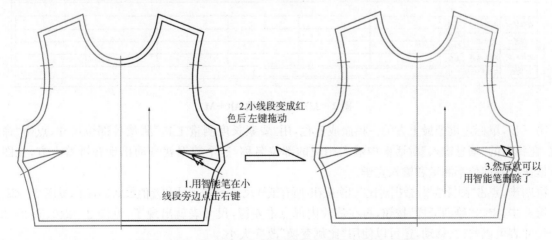

2. 小线段变成红色后左键拖动

1. 用智能笔在小线段旁边点击右键

3. 然后就可以用智能笔删除了

图 2 - 235　第五种方法：拖出线条在旁边，然后点击删除

**小结**

通过上文的例子可以看出，ET 工具可以随机应变、灵活运用。例如，"提取裁片"这个工具，它是用来把底稿生成裁片的，但是对于比较复杂的图形、有的线条没有完全接上的图形和有很多交叉线条的图形，提取裁片并不是每次都能及时提取的，千万不要着急，否则易造成后面的操作无法进行。生成裁片的方法有很多种，如第一种方法，平移并刷新缝边；第二种方法，纸样剪开及复制后刷新缝边；第三种方法，把多余的线条设置成辅助线，然后刷新缝边，等等。

**2. 怎样自动写入尺寸表**

用于把纸样尺寸，成衣尺寸和两者差值以表格的方式自动显示在界面或者裁片上。

第一步，填写部位名称和成衣尺寸表，打开"尺寸表设置"，可以在系统栏打开，或者采用快捷键 Alt＋M 打开，然后在弹出的"当前文件尺寸表"对话框中，把部位名称和成衣尺寸填写完整，其他栏目可以忽略，见图 2－236。再点击'保存尺寸表'按钮，在弹出的'另存为'对话框中，输入尺寸表名称，按"确认"填写完成。

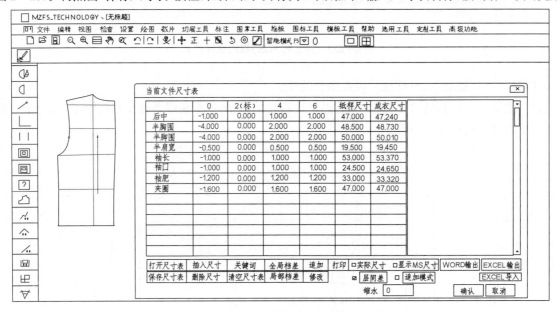

**图 2－236 填写尺寸表**

第二步，按快捷键 Alt＋M，打开"写入尺寸表"的功能，见图 2－237。

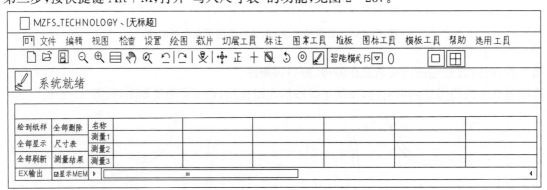

**图 2－237 按快捷键 Alt＋M**

第三步，鼠标左键把最上方的一栏涂成蓝色，用"要素长度测量工具"测量各部位尺寸，点击"命名"按钮，在弹出的"信息输入"对话框中输入相应的部位名称，这个数据就自动出现在屏幕上方，见图 2－238，依次把各部位都测量和输入完毕。

第四步，点击"测量结果/数据对比"切换按钮，所有纸样尺寸、成衣尺寸和差值数据都有了，见图 2－239。

第五步，点击"绘到纸样"按钮，再在裁片内部点击左键，尺寸表就出现了，见图 2－240、图 2－241。这个尺寸表可以修改、移动，还可以使用"比例变换"改变大小。

### 3. 转换线描图技术详细步骤

第一步：拍照片。

如果是样衣上的图案，需要先拍照，把样衣平铺或者悬挂起来拍都可以。注意：在拍照时，尽量让镜头正对着样衣拍照，这样拍出来的照片不会因为镜头角度偏移而变形。

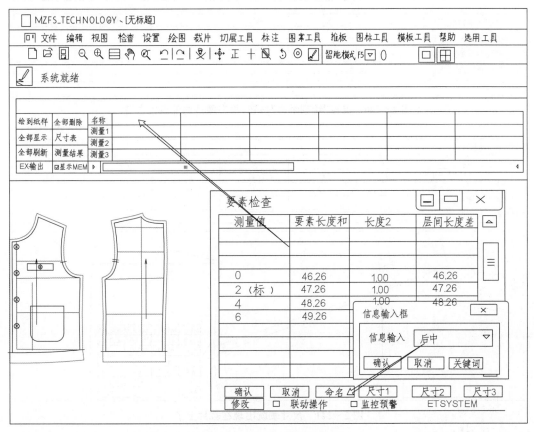

**图 2-238　点击"命名"按钮**

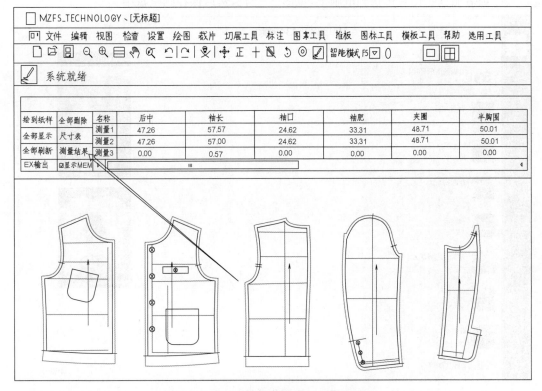

**图 2-239　点击测量结果或者数据对比**

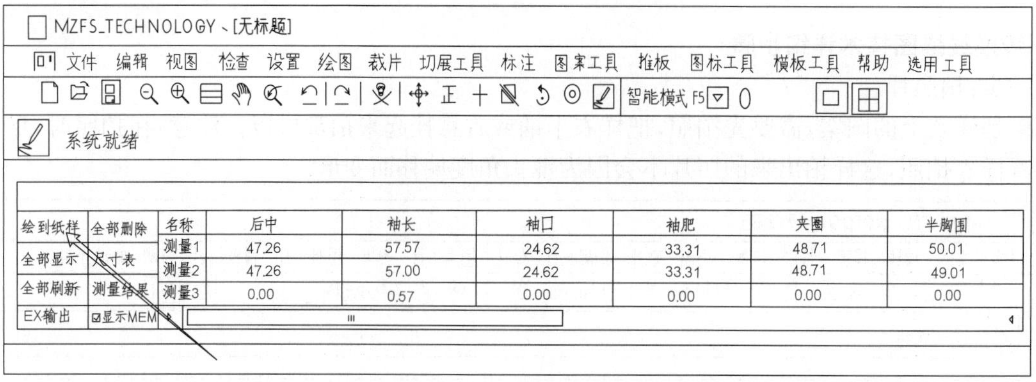

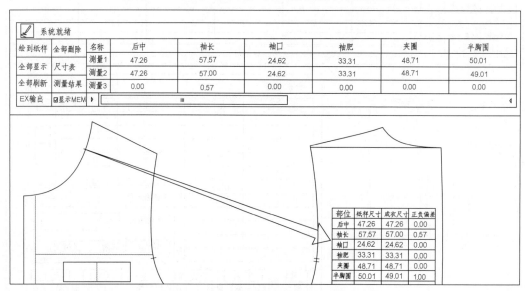

图 2-240 点击"绘到纸样"按钮,再在裁片内部点击左键

图 2-241 尺寸表就出现在裁片上了

第二步,传送到电脑上。

通过 QQ 或者微信把图片传送到电脑上,见图 2-242,然后保存到磁盘中。

图 2-242 传送到电脑上

第三步,转换图片格式。

(1) 先新建一个空白的打/推文件,点击图案工具,编辑花稿,见图 2 - 243。

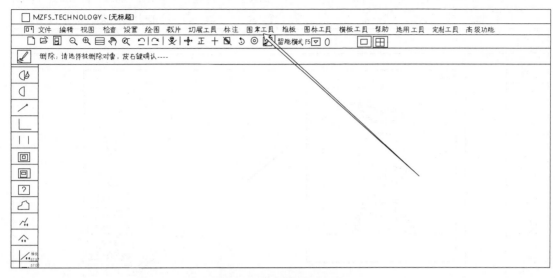

**图 2 - 243　点击图案工具**

点击 Allfiles( ＊. ＊ ),类型,选中图片,点击打开按钮,见图 2 - 244。

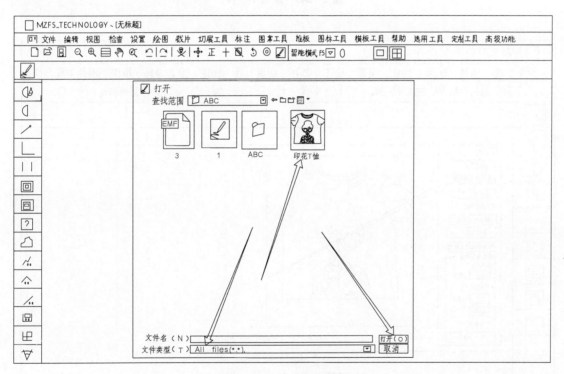

**图 2 - 244　点击打开按钮**

(2) 在弹出"预处理"对话框中点击"下一步",见图 2 - 245。

(3) 点击"保存为花布文件",见图 2 - 246。

(4) 输入新的名称,按"保存"按钮,然后关闭窗口,见图 2 - 247。

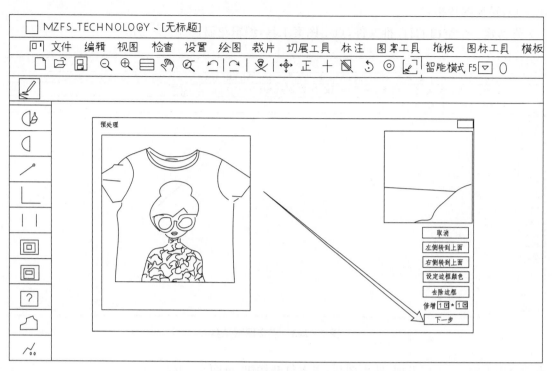

图 2 - 245　点击下一步

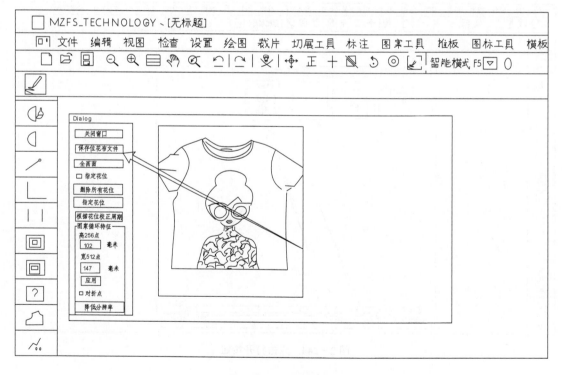

图 2 - 246　保存为花布

　　需要特别注意的是，网上有很多网友说保存为 bmp 格式，但是通过实践发现，bmp 格式针对指定的电脑系统和指定的版本，早期的版本和最新的版本都是打不开的。

　　在图 2 - 248 中可以看到，在 bmp 格式状态下，没有显示出需要的图片。

　　如果预先把图片转换成 bmp 格式，打开后是空白的，仍然不可用，见图 2 - 249。

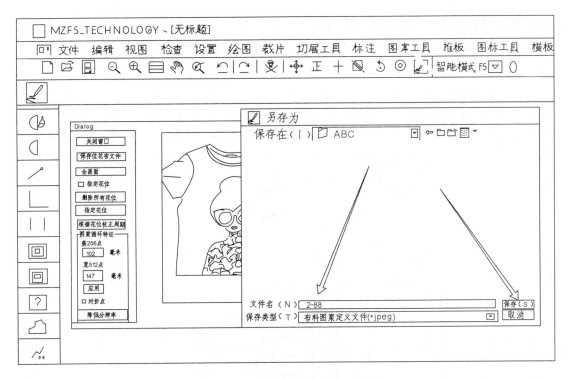

**图 2-247　按保存按钮,然后关闭窗口**

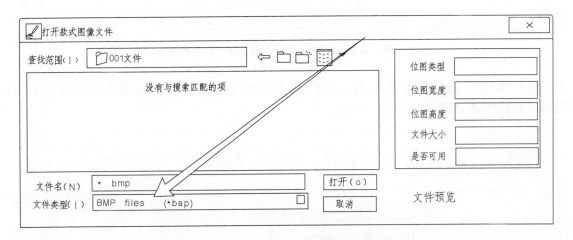

**图 2-248　在 bmp 格式下,没有显示出需要的图片**

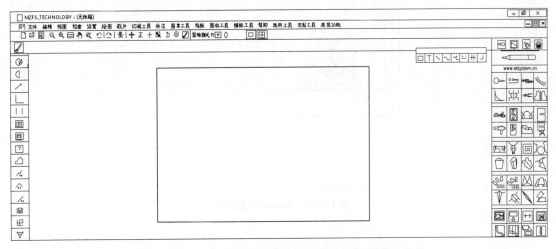

**图 2-249　如果把图片转换成 bmp 格式,打开后是空白的**

点击文件类型右边的小三角，选择 All files（＊.＊），简称 All 类型，立刻就显示出需要的图片了。

（5）选中"调入底图"，点击 AII 类型，就可以看到刚才转换的图片了，选中图片后，按"打开"按钮，见图 2－250。

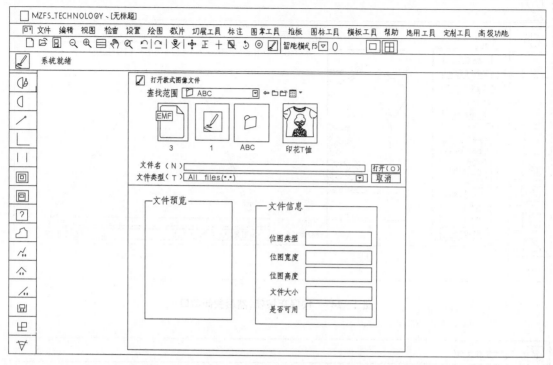

**图 2－250　点击 AII 类型，即可以看到刚才转换的图片**

（6）选中"智能笔"或者"曲线"工具，按一下 F5 键，进入"任意模式"，进行自由地临摹了，见图 2－251。临摹完成后，退出底图，保存文件，见图 2－252。

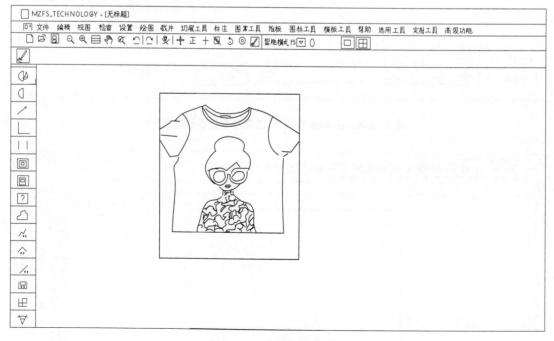

**图 2－251　临摹图片的形状**

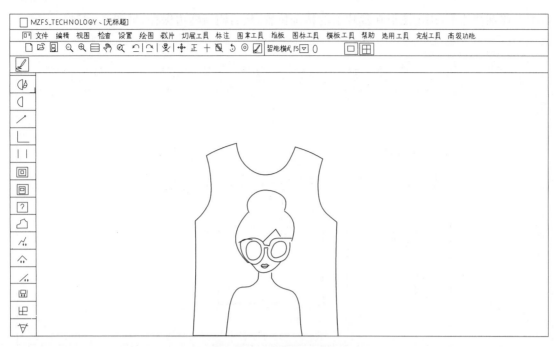

图2-252 退出底图,保存文件

(7) 整理图形,并使用"比例变换"调整和改变尺寸。

比例变换的计算方法为用样衣上花位的实际尺寸除以当前图形的尺寸。

例如,有一款T恤上的花位实际尺寸横方向为23.3cm、纵方向为38.9cm,而当前图形的尺寸是横方向13.1cm、纵方向18.5cm,则23.3÷13.1≈1.778,再用38.9÷18.5≈2.102,把这两个数值输入比例变换的横方向和纵方向的输入框中,框选图形后右键结束,这个尺寸就改变过来了。

有时候当前图形的尺寸比较大,例如,样衣上的花位实际尺寸仍然是横方向为23.3cm、纵方向为38.9cm,而当前图形的横方向为99.1、纵方向135.8,则23.3÷99.1≈0.235,再用38.9÷135.8≈0.286,把这两个数值输入比例变换的横方向和纵方向的输入框中,框选图形后右键结束,这个尺寸也改变过来了。

如果第一次没有能够精确地变换出所需要的尺寸,也可以再次使用比例变换。

尺寸修改完成后,把轮廓线设为辅助线,再把花位人像图形线条设为不对称,见图2-253。

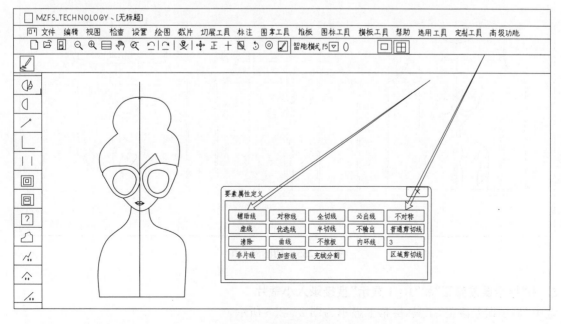

图2-253 轮廓线设为辅助线

（8）平移到裁片上，确定图形在裁片上的精确位置，然后刷新缝边保存，见图 2-254。

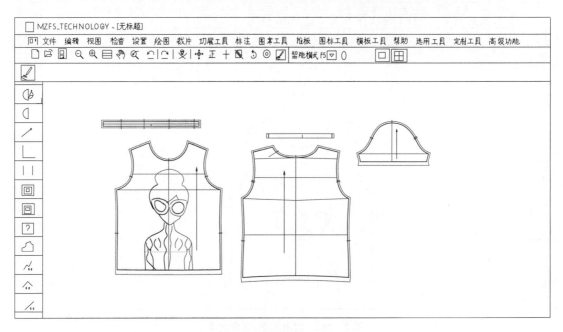

**图 2-254　确定图形的位置后保存**

调入底图，结合平移、曲线、要素属性、比例变换、变更颜色、变更线宽、切图到 Off，可以画各种图形。

当能够熟练掌握这种调入底图系列工具组合技术后，画好一个 T 恤的图案一般只需要 1～3min，其他复杂的图案也可以很快完成。

**4. 用"切图到 Off"把图形转移到办公文档**

使用方法：选中此工具，框选图形，右键结束，然后打开一个办公文档，Word，Off，或者其他办公文档，点击右键，点击粘贴，图形就转移过来了。也可以结合变更颜色和变更线宽，来对图形进行编辑后再进行转移，见图 2-255。

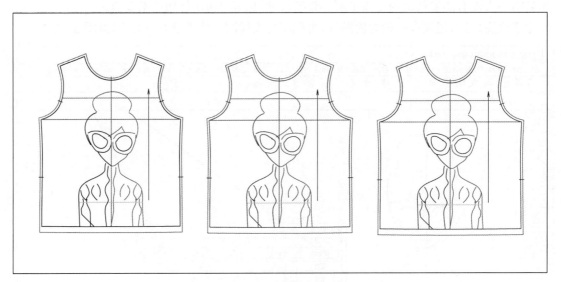

**图 2-255　切图到 Off**

**5. 用"显示误差修正"和"1∶1 显示"直接录入小裁片**

选中"显示误差修正"工具，屏幕上显示为图 2-256 所示。

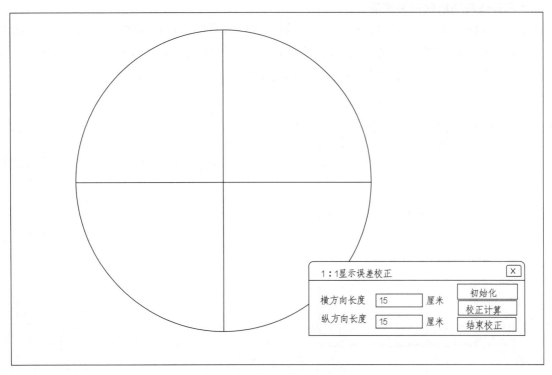

图 2-256 显示误差修正

把横线的实际长度输入横方向长度后面的框内,把纵线的实际长度输入在纵方向后面的框内,按"校正计算","结束校正"即可,此时屏幕不可以再使用放大缩小,只可以用上下左右键移动屏幕。

如果显示的圆圈超出了电脑屏幕,无法测量,可单击"初始化"按钮,再进行测量和校正。

屏幕校正后,当前的屏幕比例就是 1∶1 的,也可以在关闭系统后重新打开,然后点击"1∶1 显示"这个工具,当前屏幕又显示出 1∶1 的比例状态了,一些小裁片、不规则的裁片、用立体裁剪法取下的裁片和样衣小部件都可以直接放在电脑屏幕上,用智能笔画出来即可,见图 2-257。如果这个部件小裁片的尺寸超过了电脑屏幕的尺寸,也可以分段录入。

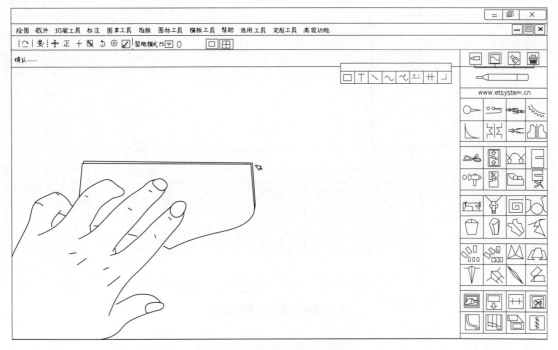

图 2-257 然后把小裁片直接录入

### 6. 使用普通剪切线快速画捆条

新建一个打板文件，画一个 143cm×143cm 的矩形框，然后画一条 45°斜线，见图 2-258。选中"要素属性定义" 工具，在弹出的"要素属性定义"对话框中选中"普通剪切线"，然后在下面的输入框中输入捆条宽度数值，接着框选斜线，右键结束，这条斜线就变成了黄色虚线，见图 2-259。

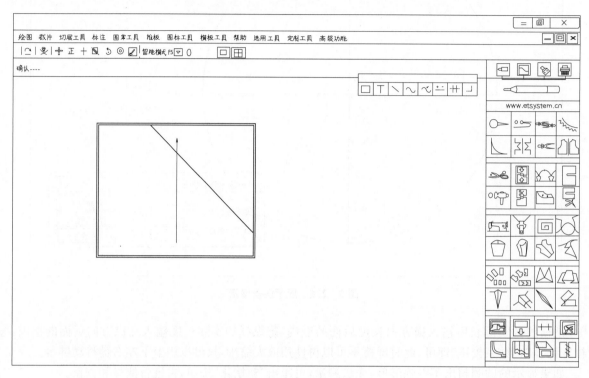

**图 2-258　画一条斜线**

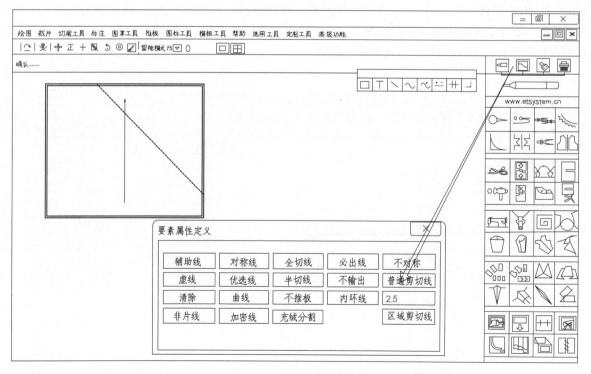

**图 2-259　使用普通剪切线**

刷新缝边后,剪切线就布满裁片了,见图 2 - 260。

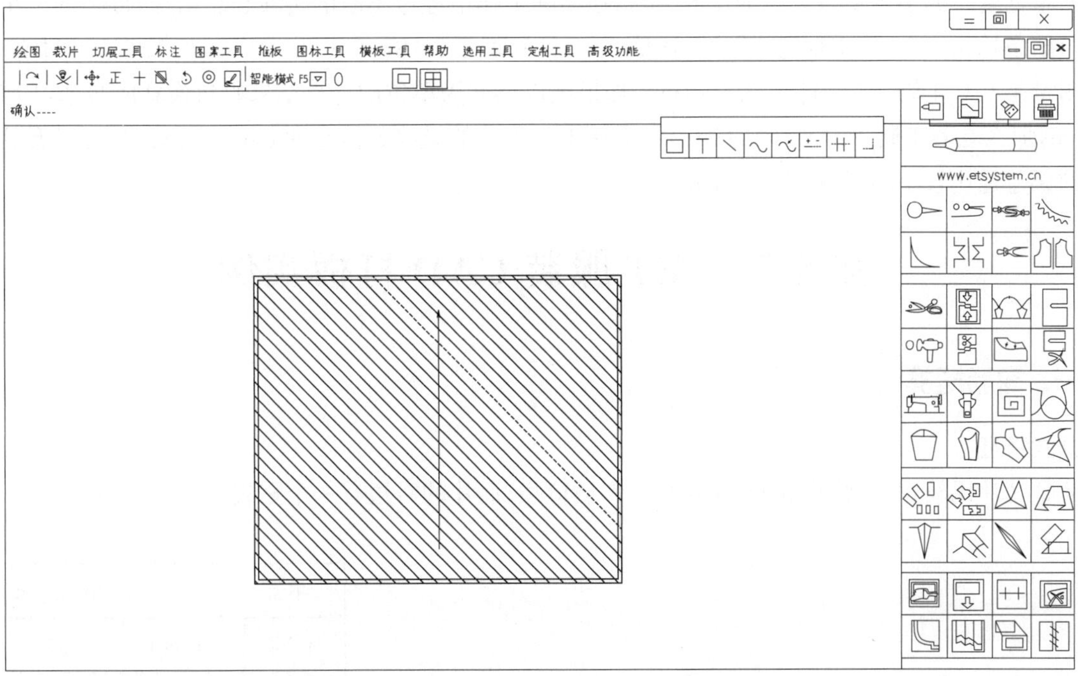

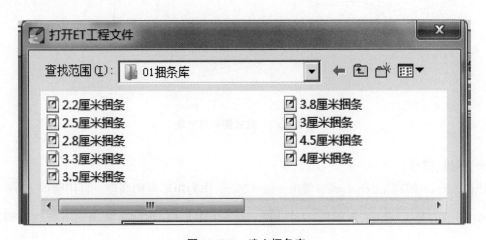

图 2 - 260 点击"刷新缝边"后自动填充满

**7. 怎样建立捆条库**

服装厂的裁剪部门经常会用到各种捆条,在实际工作中,可以提前建立一个捆条库,把有可能用到的不同宽度的捆条都画出来,保存好,发送到裁剪部门的电脑上,这样就不用临时画捆条了,可以提高工作效率。

具体方法:新建一个文件夹,名称可以写成"捆条库" 01捆条库 ,再用普通剪切线工具 把不同宽度的捆条都画好,保存进去,见图 2 - 261。

图 2 - 261 建立捆条库

在服装批量生产的实际工作中,常常需要计算单件和批量的捆条用量,计算方法可以分为以厘米为单位和以英寸为单位的两种公式计算法。例如,有一个款式,只有一根捆条,长是 140 cm,宽是 3 cm 的,布料幅宽是 145cm。使用厘米为单位的计算公式是,捆条总长度÷幅宽×捆条宽度=捆条用量,那么捆条总长度 140cm÷幅宽 145cm×捆条宽度 3cm≈2.89cm。如果做 100 件衣服所需要的用量是:单件捆条用量 2.89cm×100 件＝2.89m 布。如果使用英寸的算法公式：用捆条总长度÷布的幅宽÷36 比值×捆条宽度＝捆条用量，（其中的比值，是指在实际工作中经过不断的实践和总结，而得到的一个参照数值。）捆条总长度 55 寸÷幅宽 57 寸÷比值 36×捆条宽度 1.187 等于 0.031 码，如果做 100 件衣服，需要的用量是 0.031 码×100 件＝ 3.1 码布。如果把以英寸为单位的计算结果码数换算成厘米，1 码等于 91.4cm，那么 0.031 码×91.4≈2.83cm，和以厘米为单位的最终数值 2.89cm，进行对比，可以看到两者之间的误差是比较小的，仅仅为 0.06cm。

# 第十节　ET 服装 CAD 打板实例

## 一、橡筋短裤

### 款式特征

此款裤片比较宽松，腰穿橡筋，前片两个斜插口袋，后片的右边有一个贴袋，见图 2-262。

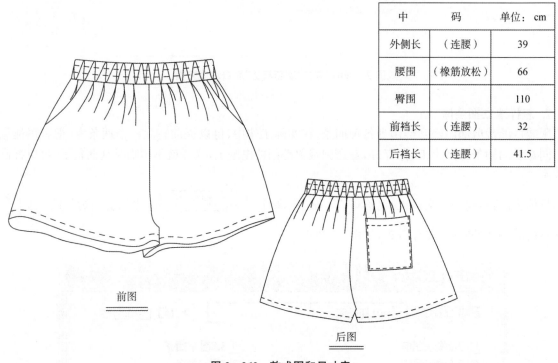

| 中 | 码 | 单位：cm |
|---|---|---|
| 外侧长 | （连腰） | 39 |
| 腰围 | （橡筋放松） | 66 |
| 臀围 | | 110 |
| 前裆长 | （连腰） | 32 |
| 后裆长 | （连腰） | 41.5 |

前图

后图

**图 2-262　款式图和尺寸表**

**第一步，画纵、横线。**

用前裆长 32cm—腰高 4.5cm—调节量 1.5cm＝26cm，作为矩形框的高度。再用臀围 110÷4—0.5＝27cm 作为矩形框的宽度，选中"矩形框"工具 ▣，画一个矩形框，然后再画出前下脚线和臀围线。其中，画前臀围线的方法是，选中"工艺线"工具 ，再在屏幕右上方选中"等分线"工具 ，把这个矩形框的高度分为三等分，其中的 1/3 作为臀围线的位置，前下脚线的位置是外侧长 39cm—腰高 4.5cm＝35.5cm，见图 2-263。

**第二步，画前片。**

用臀围 110cm÷24≈4.8cm 作为前小裆的宽度，画前小裆的方法是，先选中"智能笔"工具 ，

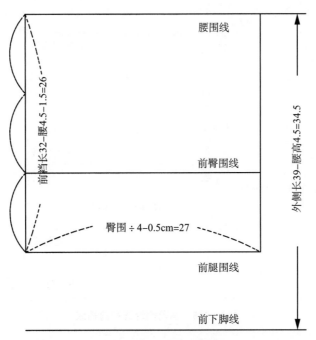

**图 2 - 263　画纵、横线**

框选前臀围线的左侧,在屏幕上方的调整量框 <u>智能模式F5</u> ▼ | 0 | | 长度 | 0 | 调整量 | 4.6 | 中输入
4.6cm,然后右键结束,这一端就延长了 4.6cm。

　　然后按照图 2 - 264 所标注的数值,画出前裆线,并把线条调顺。

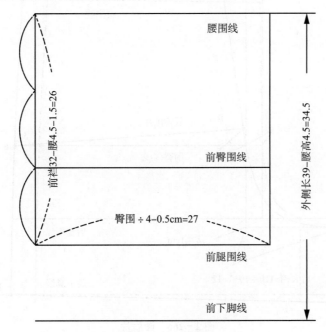

**图 2 - 264　画前片**

　　根据图 2 - 264 标注的数值,画出侧缝线。

　　然后确认前裆的长度后,连接前裆上端和侧缝上端,作为前腰围线,见图 2 - 265。

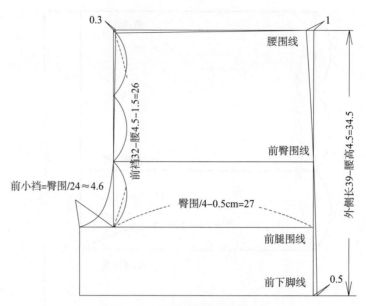

**图 2-265　画前侧缝线和前裆线**

**第三步,画后片。**

用前片作为模板,先画出参照线和后裆起翘线,再确定七个参照点,分别是 A、B、C、D、E、F、G 七个点,然后连接各点并调顺线条,见图 2-266。

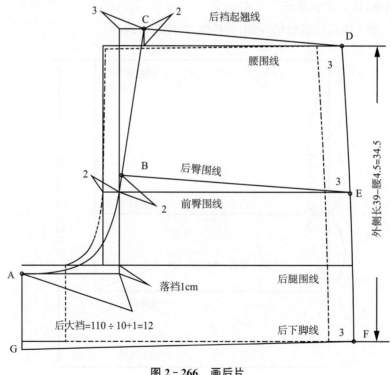

**图 2-266　画后片**

**第四步,画前袋、后袋和裤腰。**

按照图 2-267、图 2-268 标注的数值,画出前袋和后袋的形状,并确定前袋和后袋的位置。

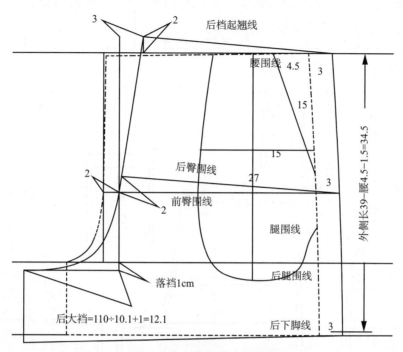

图 2 - 267　前袋的尺寸和形状

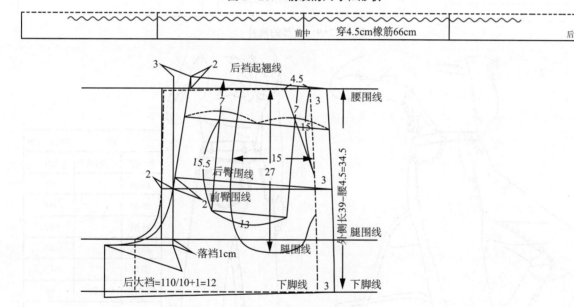

图 2 - 268　后袋和裤腰

底稿完成后,提取和生成裁片,把明线、缝边、刀口、对称线和裁片中的属性文字都填写完整,按刷新缝边工具,再保存文件,见图 2 - 269。

(注意:生成裁片不仅仅只使用"提取裁片" 这个工具,而是把平移 、"纸形剪开及复制" 、"设置辅助线"和"缝边刷新" 等工具结合起来,灵活运用。)

## 二、牛仔裤

### 款式特征

此款面料有弹力,需要成衣洗水,裤长比较长,前片有弯形口袋,后片有育克和贴袋,裤腰有 5 个裤袢,后裆缝、后育克拼缝为包缝,见图 2 - 270。

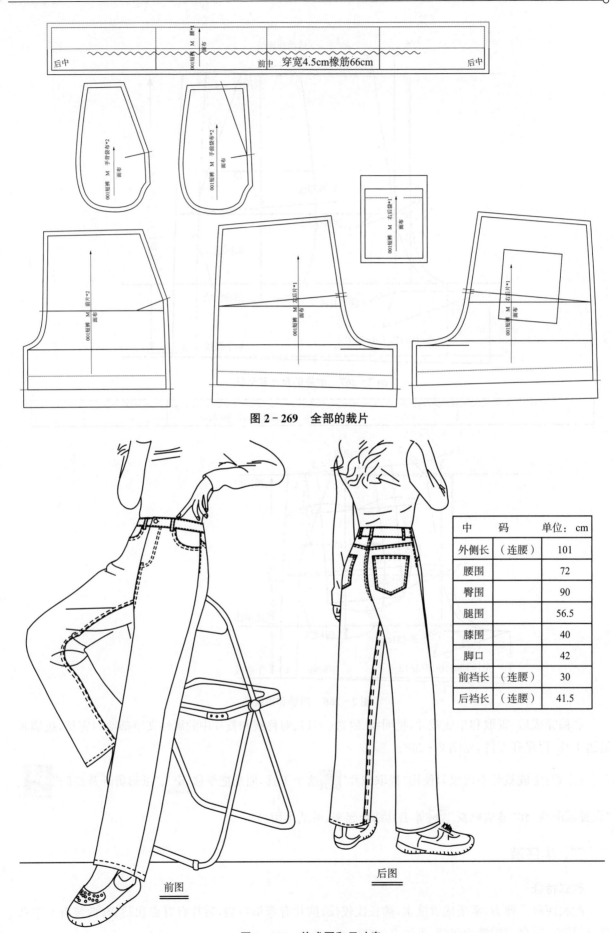

图 2-269 全部的裁片

图 2-270 款式图和尺寸表

前图

后图

| 中 | 码 | 单位：cm |
|---|---|---|
| 外侧长 | （连腰） | 101 |
| 腰围 | | 72 |
| 臀围 | | 90 |
| 腿围 | | 56.5 |
| 膝围 | | 40 |
| 脚口 | | 42 |
| 前裆长 | （连腰） | 30 |
| 后裆长 | （连腰） | 41.5 |

**第一步,画纵、横线。**

用前裆长 30cm－腰高 4cm－调节量 1cm＝25cm,作为矩形框的高度,再用臀围÷4－调节量 0.5cm＝22cm,作为矩形框的宽度,选中矩形框工具,画一个矩形框,再把高度分为三等分,其中的 1/3 作为臀围线。

然后按照图 2－271 标注的数值,画出膝围线和脚口线。

**第二步,画前片。**

把腿围线向左延长 3.2cm,然后把前裆上端劈去 1cm,画出前裆并调顺线条。

画出前中线,前中线位于前腿围线的中点向外偏移 1cm。

然后按图 2－272 数值画出前外侧线、前内侧线、门襟和前袋。

**第三步,画后片。**

用前片作为模板,按图 2－273 数值,确定 A、B、C、D、E、F、G、H、I 九个点,然后连接各点并调顺后片线条。

最后画出后腰省、后袋、后育克和裤袢等附件。

**第四步,处理包缝缝边,生成裁片。**

再设置牛仔包缝的缝边宽度,包缝缝边宽度设置规律是从衣服的正面观察,凡是位于下层的,缝边就比较宽,设置成 2cm,而位于上层的就比较窄,设置成 0.8cm,见图 2－274。

生成的全部裁片见图 2－275。

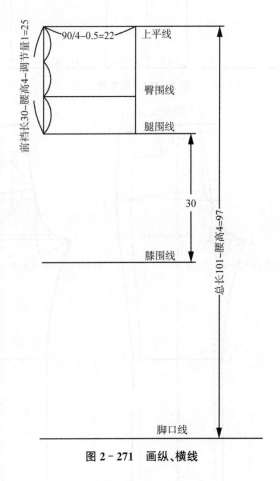

**图 2－271　画纵、横线**

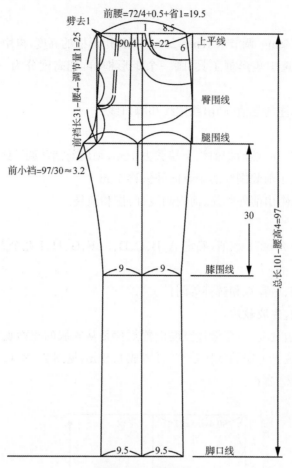

**图 2-272　画前片**

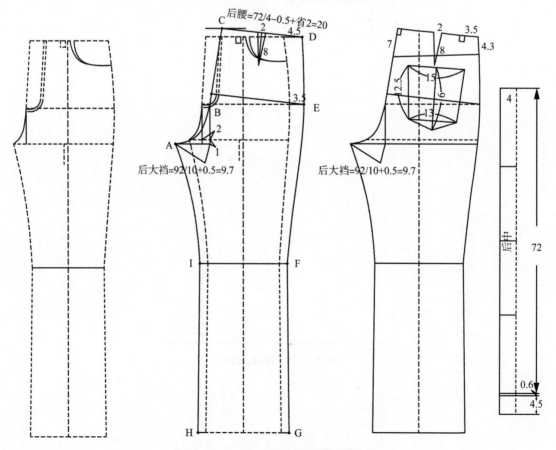

**图 2-273　以前片为模板，画后片和附件**

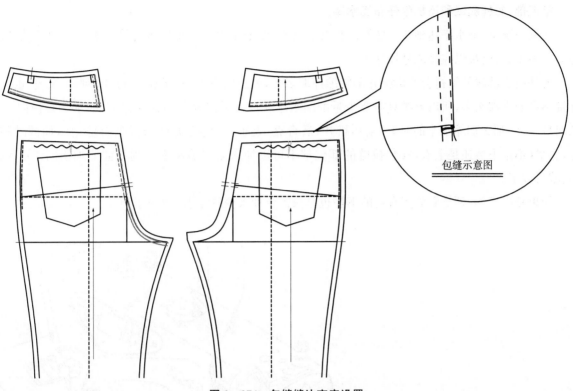

包缝示意图

图 2 - 274 包缝缝边宽度设置

全部的裁片见图 2 - 275。

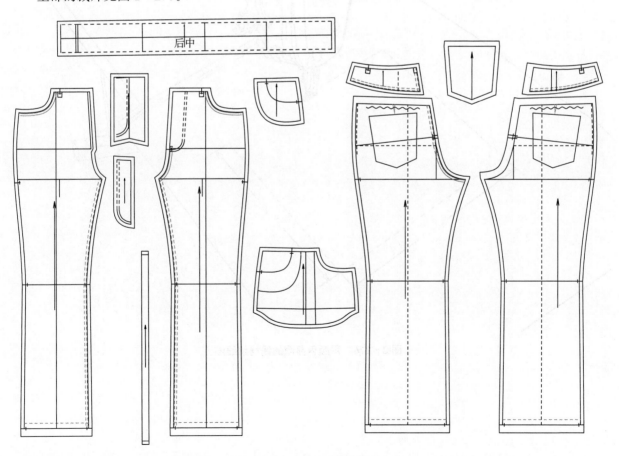

图 2 - 275 全部裁片

**第五部,怎样测试和添加牛仔布缩水率。**

一般情况下,缩水率达到5％或者 5 ％以上,就需要把布送去洗水厂进行第一次洗水预缩处理,因为缩水率太大,就难以控制成品尺寸了。

另外由于裤腰的烫衬会使裤腰并不能缩掉那么多,就算没有烫衬,裤腰上的多条明线线迹,也会使裤腰不会缩小那么多,所以裤腰只需要少量的缩水率就可以了假设有一款牛仔裤,缩水率是横向4％,纵向是 4 ％,那么加缩水率的时候,前后裤片,后育克,袋布,都是按横向 4 ％,纵向是 4％,而裤腰和门襟,底襟(不论下装还是上衣,安装拉链的部位都不可以加入太多缩水率),则只需要加横向 1％,纵向1％就可以了。

如果是牛仔衫,领子和分离有衬的下摆也是只需要加入少量缩水率就可以了。

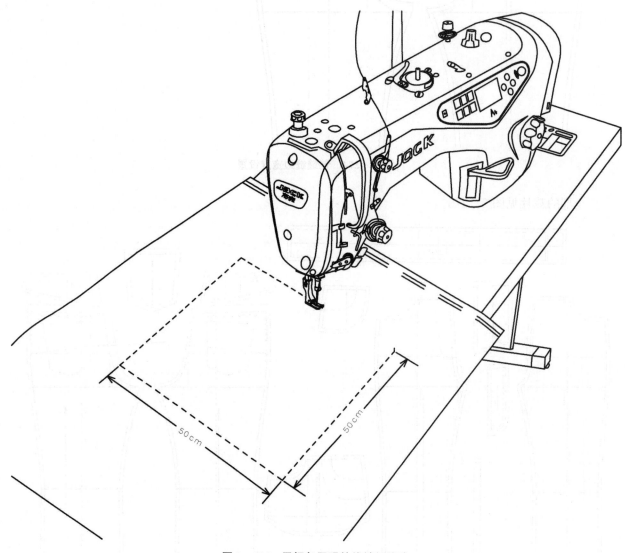

图 2－276　用颜色显眼的线缝纫线迹

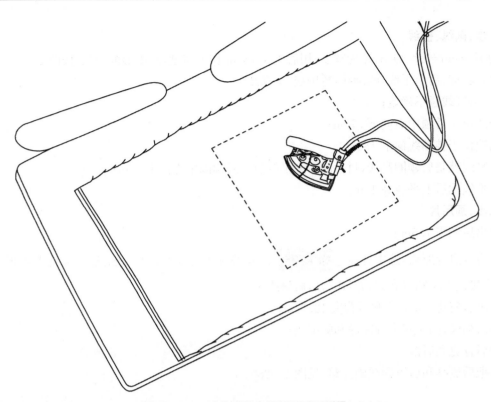

**图 2－277　洗水后的布要烫平后再测量**

## 三、条纹衬衫

**款式特征**

此款为有胸省、无腰省的宽松式女衬衫，前、后片，袖子和左胸袋是直条纹的，上领、下领、后育克和克夫是横条纹的，左胸有一个口袋，宝剑头袖衩，后背有"工"字褶，见图 2－278。

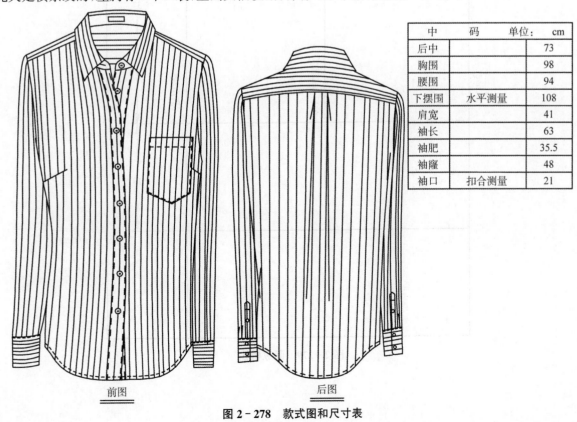

| 中 | 码 | 单位： | cm |
|---|---|---|---|
| 后中 | | | 73 |
| 胸围 | | | 98 |
| 腰围 | | | 94 |
| 下摆围 | 水平测量 | | 108 |
| 肩宽 | | | 41 |
| 袖长 | | | 63 |
| 袖肥 | | | 35.5 |
| 袖窿 | | | 48 |
| 袖口 | 扣合测量 | | 21 |

前图　　　　　　　　后图

**图 2－278　款式图和尺寸表**

**第一步,画纵、横线**

用胸围 98cm÷2＝49cm 作为宽度,用后中长 73cm 作为高度,画矩形框,然后按图 2-279 数值画出前、后分界线,前、后上平线,腰围线,臀围线,下摆线。

其中,胸围线暂不确定;

腰围线位于后领中点向下 37cm;

臀围线位于腰围线向下 18cm;

后上平线就是后领圈高线,衬衫的后上平线位于后领圈中点向上 2cm;

前上平线比后上平线高 1cm。

**第二步,画后片**

先画出后领横 7.5cm;

用后肩颈点为原点,选中智能笔 捕捉偏移 ,向左偏移 15cm,再向下 5cm,这时屏幕上出现一个白色小圆点,连接这个小圆点和肩颈点作为后肩斜线;

再画出后肩宽 20.5cm 和后背宽 18.6cm;

画出后袖窿,同时确定袖窿深和胸围线;

画出后育克和后褶;

然后把后侧缝和后下摆线画完整,见图 2-280。

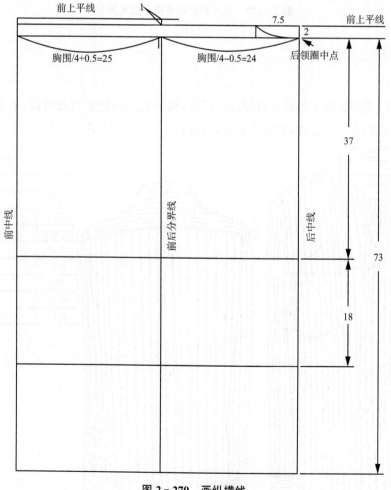

图 2-279　画纵横线

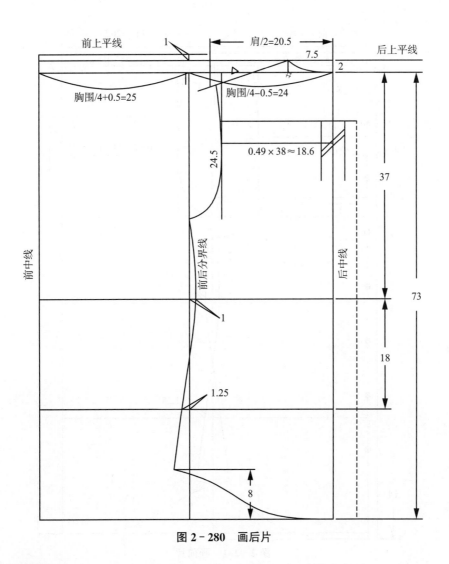

**图 2-280 画后片**

**第三部分,画前片**

按照图 2-281 中的数值,画出前领横、前领深、前肩斜、前袖窿、前胸省、前侧缝和前下摆,再把胸袋、门襟和纽扣位画完整。

**第四步,画袖子、袖衩、克夫和领子**

再用一枚袖工具画出袖子。

① 选中"一枚袖"的功能,左键点选前袖窿,点选后袖窿,右键结束,在空白处点点击左键,出现"一枚袖"对话框,见图 2-282。

② 输入袖肥 32.5cm,按"预览"。

③ 输入总溶位(吃势)0.6cm,按"溶位调整",画好袖山,见图 2-283。

④ 适当调整袖山弧线形状,测量袖山吃势,加刀口,然后把袖衩和克夫画完整。

接着按照图 2-284 中的数值画出下领和上领。

**第五步,生成全部的裁片**

提取和生成裁片,把明线、止口、刀口,对称线和裁片的属性文字填写完整后,要多按"刷新缝边"和"保存文件"工具,防止文件丢失,见图 2-285。

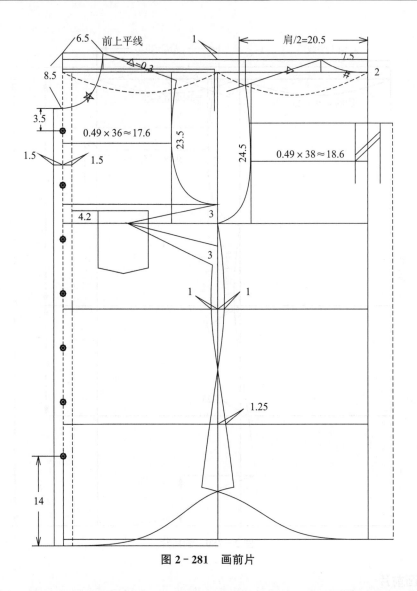

图 2 - 281　画前片

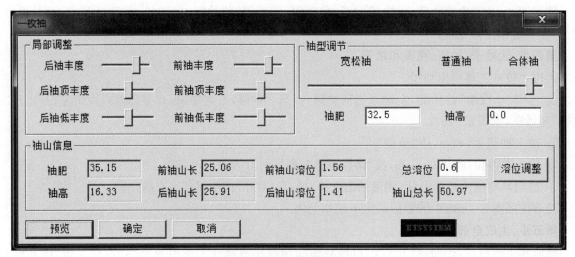

图 2 - 282　"一枚袖"对话框

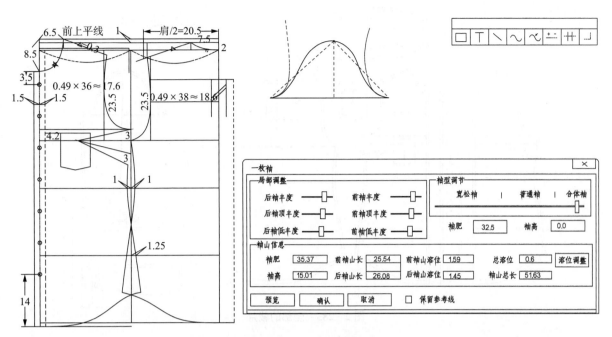

图 2 - 283 一枚袖的用法

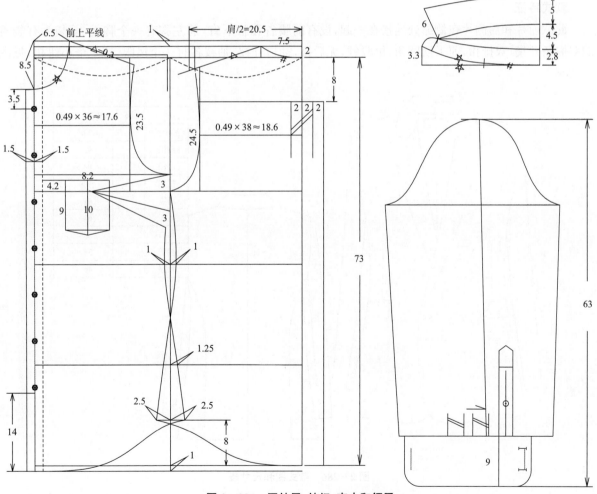

图 2 - 284 画袖子、袖衩、克夫和领子

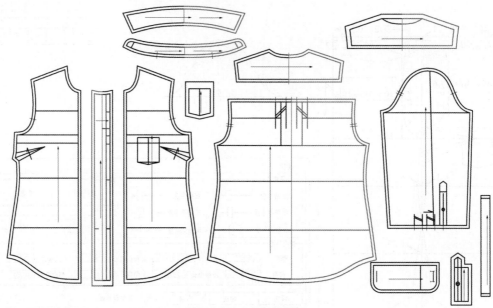

图 2 - 285　全部的裁片

## 四、双排扣女西装

### 款式特征

此款前片和后侧片在侧缝处连接在一起,设有前腰省和腋下省,前左胸有一个胸袋,前袋为有袋盖的双嵌条开袋,双排扣,前下摆圆角,枪驳领,无后衩,袖口开衩,袖衩各打 4 个凤眼、钉 4 个小纽扣,见图 2 - 286。

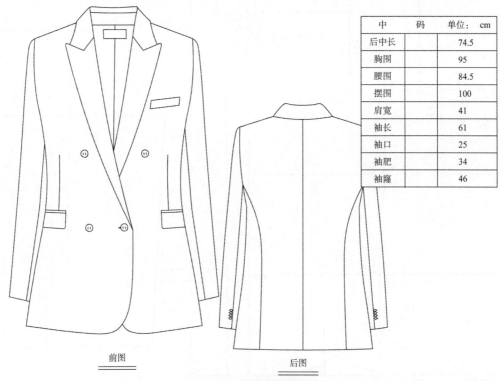

| 中　码 | | 单位：cm |
|---|---|---|
| 后中长 | | 74.5 |
| 胸围 | | 95 |
| 腰围 | | 84.5 |
| 摆围 | | 100 |
| 肩宽 | | 41 |
| 袖长 | | 61 |
| 袖口 | | 25 |
| 袖肥 | | 34 |
| 袖隆 | | 46 |

前图　　　　　　后图

图 2 - 286　款式图和尺寸表

**第一步,画纵、横线**

用胸围95cm＋省去量3cm＝98cm÷2＝49cm作为宽度,用后中长74.5cm作为高度,画矩形框。(注:"省去量"是指后中剖缝和后公主缝在胸围线上所占有的空间和面料自然收缩的数值,需要预先加在胸围尺寸里面,一般西装需要加上2～3cm,以保证成品完成后的胸围尺寸不会小于设计数值。)

然后按下图数值画出前、后分界线,前、后上平线,腰围线,臀围线。

其中,上平线位于后领中点向上2.5cm;

腰围线位于后领中点向下38cm;

臀围线位于腰围线向下18cm;

胸围线暂不确定,见图2–287。

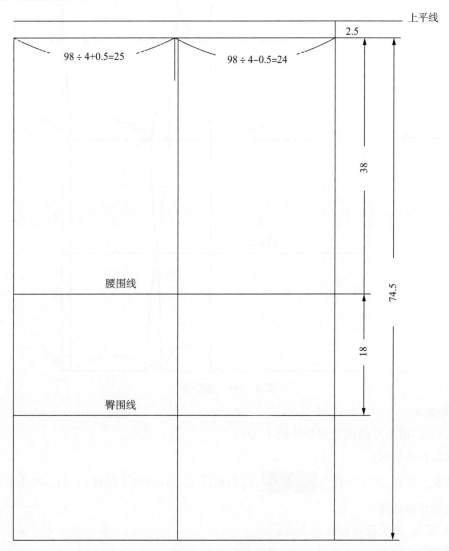

**图2–287 画纵、横线**

**第二步,画后片**

画出后领横7.5cm,也称后横开领,然后画好后领圈线;

以后肩颈点为原点,选中智能笔 捕捉偏移 ,向左偏移15cm,再向下偏移5cm,这时屏幕上出现一个白色小圆点,连接这个小圆点和肩颈点作为后肩斜线;

画出后背宽线18.6cm;

画出后肩宽和后袖窿线,同时确定袖窿深和胸围线;

画出后中线;

画出后公主缝和后下摆线,见图 2 - 288。

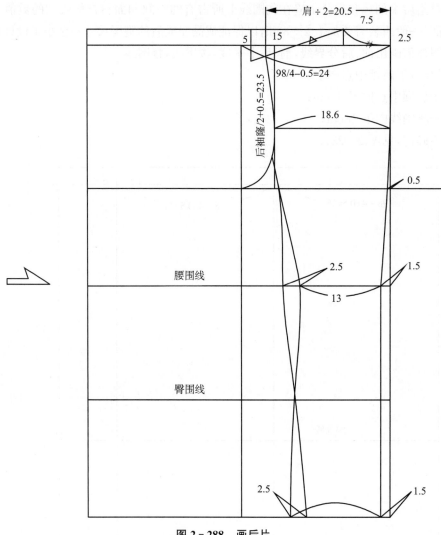

图 2 - 288  画后片

**第三步,画前片**

画出前上平线,前上平线比后水平线低 1.5cm;

画出前领横和前领深;

用前肩颈点为原点,选中智能笔 捕捉偏移,向右偏移 15cm,再向下偏移 6.5cm,画出前肩斜;

画出前胸宽和前袖窿;

画出门襟、驳头、驳头翻折线和前下摆;

画出前胸袋和前腰省;

画出前下口袋的宽度和袋盖,见图 2 - 289。

**第四步,画领子和领座**

按照图 2 - 290 中的数值画出领子和领座。

**第五步,画西装袖**

先选中"一枚袖"工具,做出"一枚袖",然后再先依次框选或者点选前袖窿线,只要包括后面的操作不要超过线条的黄点(中点),右键结束,再依次框选或者点选后袖窿线,右键结束,在屏幕空白处点击左键,弹出"一枚袖"对话框,见图 2 - 291。

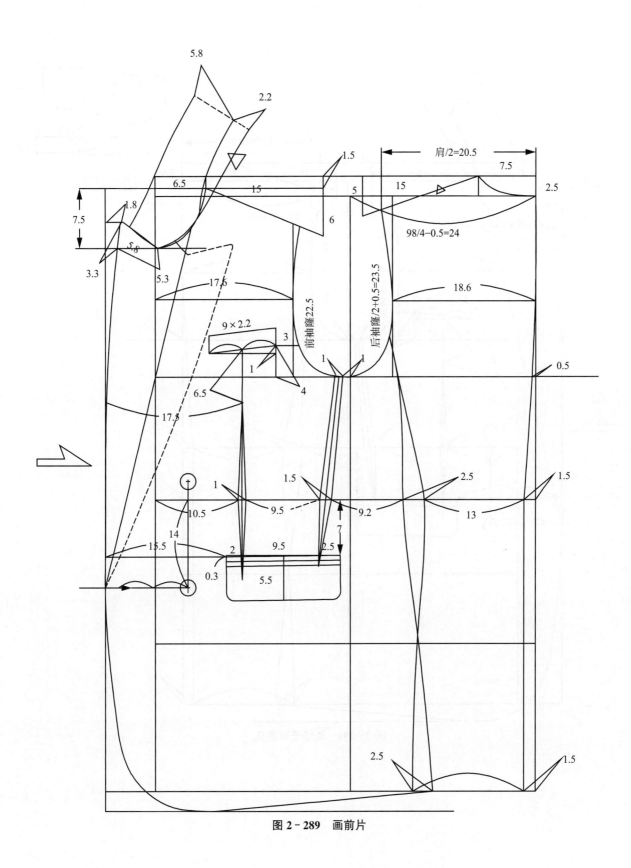

图 2 – 289  画前片

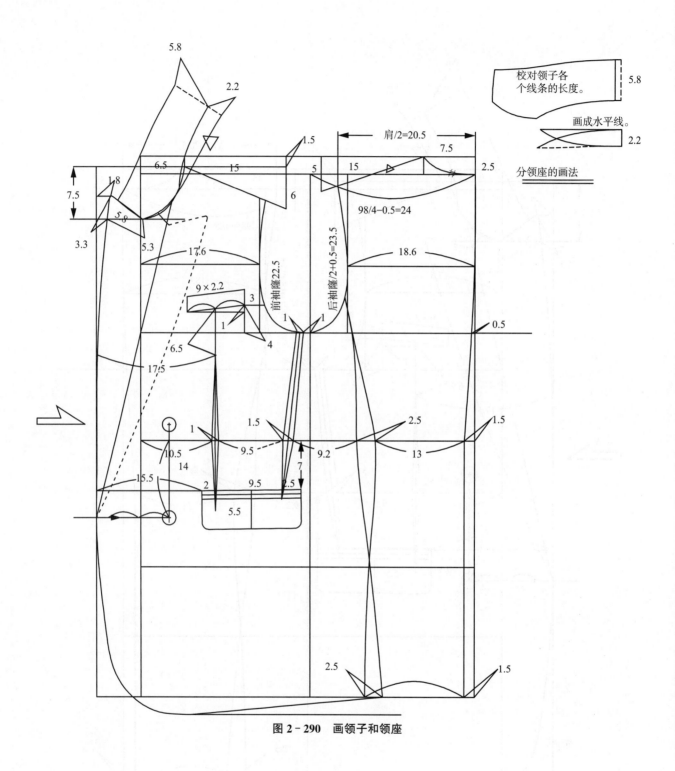

校对领子各
个线条的长度。

画成水平线。

分领座的画法

图 2－290　画领子和领座

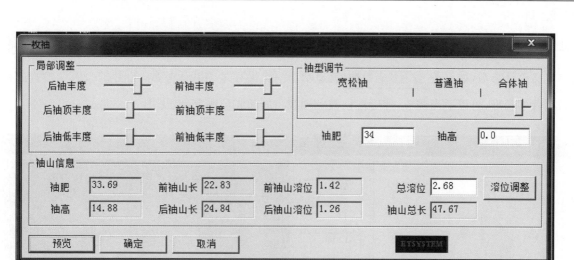

图 2 - 291　弹出"一枚袖"对话框

　　输入袖肥或者袖高(注意:袖肥和袖山高只需要输入任意一个数值就可以了,不需要同时输入两个数值,因为袖肥和袖山高往往只能确定一个数值,否则袖山弧线的长度无法控制。),点击预览,再输入总溶位,适当调节后袖丰度、前袖丰度、后袖顶丰度、前袖顶丰度、后袖低丰度、前袖低丰度这几个滑动条,按溶位调整,完成一片袖,见图 2 - 292。

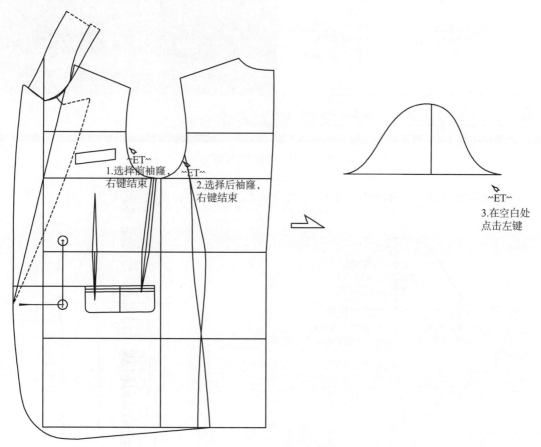

图 2 - 292　完成"一枚袖"

　　再在袖山顶点被打断的一片袖基础上,左键点选前袖山弧线,点 1,左键再点选后袖山弧线,点 2,弹出两枚袖的对话框,对两枚袖的参数进行逐个校对,按"预览"键可以看到调整尺寸后的袖型预览,所有尺寸修改完毕，按"确定"键，两枚袖生成，见图 2-293。改变对话框里面的数值，按 设置缺省参数 ，可以自定义默认参数，如果按 恢复缺省参数 就显示上一次保存过的默认参数，见图 2-295。检查前袖缝和后袖缝的长度，可以适当调节，然后把袖衩和袖衩上的纽扣位画完整，见图 2-296。

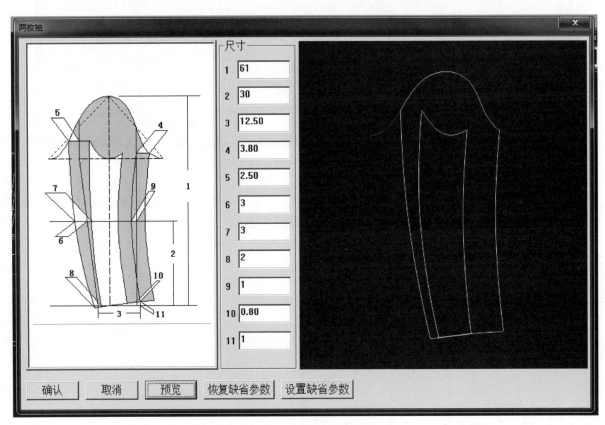

**图 2-293　生成"两枚袖"**

注：一片袖的袖山曲线的顶端必须打断，分成前袖山、后袖山两条曲线，见图 2-294。

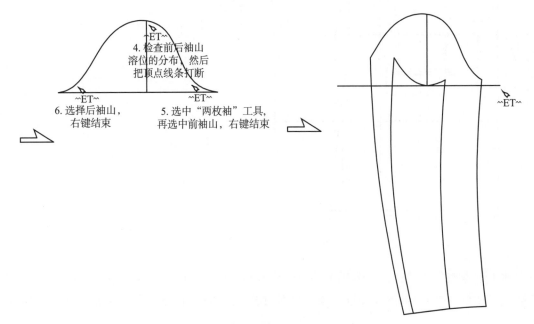

**图 2-294　袖山曲线的顶端必须打断**

图 2－295　可以设置成缺省数据

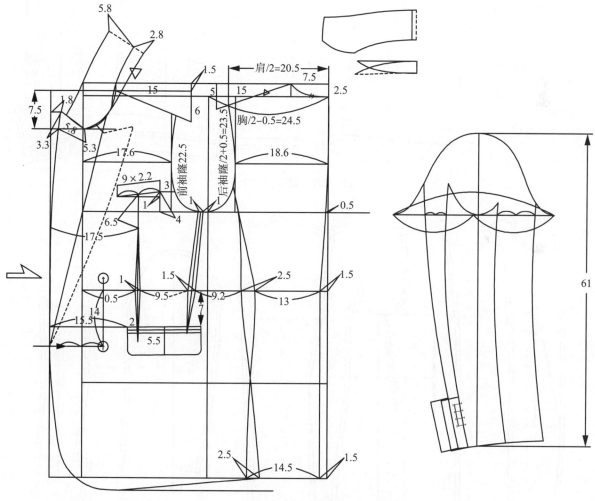

图 2－296　把袖子的袖衩和纽扣位画完整

**第五步,提取裁片**

提取和生成裁片,把明线、止口、刀口、对称线和裁片的属性文字填写完整后,要多按"刷新缝边" ⬛ 和"保存文件"工具,防止文件丢失,见图 2－297、图 2－298。

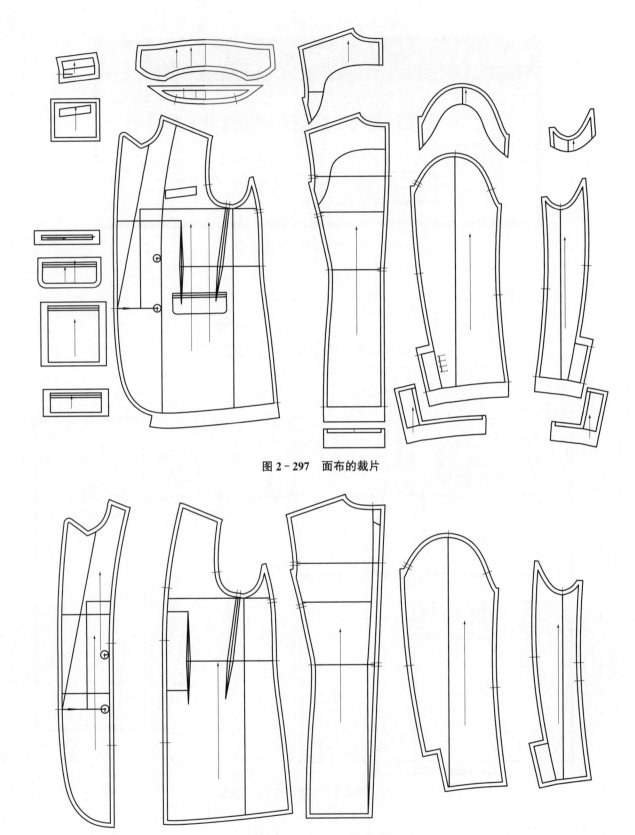

图 2 – 297　面布的裁片

图 2 – 298　挂面和里布的裁片

# 第三章　ET 服装 CAD 推板技术

## 第一节　在推板之前需要做的准备工作

在推板之前需要做以下准备：

① 删除底稿，或者设置成不输出，也可以设置成非片线；

② 检查样片的数量和准确性；

③ 把没有对齐的线对齐，把断开很多小段的线条接上，把多余的线条删除掉；

④ 重新检查和确认基码是否正确，多数的服装公司以中码作为基码，但有少数公司喜欢用小码来作为基码，还有的公司同时承接多个客户的业务，而他们之间的码数表示方法各不相同，因此需要在放码之前对基码进行重新的检查和确认。

## 第二节　推板文件和打板文件不要分开保存

很多纸样师喜欢在电脑上设置两个文件夹，分别是打板（头板）文件夹和推板（放过码的大货）文件夹，见图 3-1。其实这种做法是没有必要的，只需要建立一个文件夹就可以了，因为打开文件放过码的和没有放过码的一眼就看出来了，没有必要多一个文件夹。电脑有自动记忆的功能，如果你当前打开的是打板文件夹，下次你打开该文件夹时，仍然自动出现的是打板文件夹，如果你在工作很忙碌的时候，没有留意"打开 ET 工程文件"所在的电脑磁碟正确位置，就很容易把没有放码的文件当放过码的文件来用，因为这两个文件夹里面的文件名称是相同的，出错的概率就无形中增大了很多。

图 3-1　打板文件夹和推板文件夹

另外，在两个文件夹中寻找文件也浪费时间，不如只建一个文件夹，打开文件的时候再检查确认一下，这样既不会出错，也可以节省时间，见图 3-2。

图 3 - 2　只建一个文件

# 第三节　什么是放码点,放码点怎样形成

图 3 - 3 中,左键点击右上角"打/推"切换按钮,进入推板状态,凡是线条的端点、交叉点和刀口位置都会自然形成放码点,放码点还可以通过"增加放码点"和"删除放码点"的工具进行适当的增加和减少。

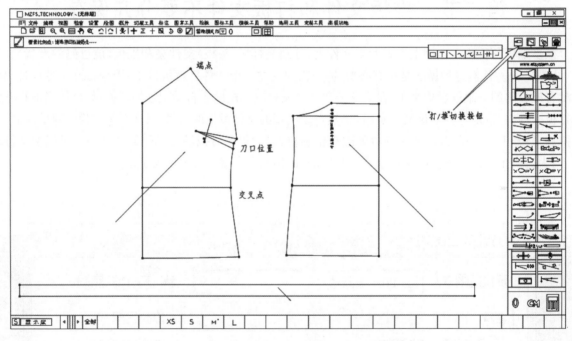

图 3 - 3　端点、交叉点和刀口位置都会自然形成放码点

# 第四节　档差是从哪里来

总体档差是由国家号型标准,同时兼顾地区、公司习惯和客户要求等多种综合因素来制定的,而局部档差就是分配到每个放码点上的档差,则是可以灵活进行分配的。

# 第五节　五种推板方法

五种推板方法见表 3 - 1。

**表 3 - 1　五种推板方法**

| 1. 尺寸表推板:也称公式法推板,是指先新建和保存尺寸表,再输入胸围÷4、肩宽÷2 等数值,然后以文字和数值结合的方式来进行推板的方式 |
| --- |
| 2. 坐标数值推板:指直接输入横方向和纵方向数值进行推板的方式 |
| 3. 切线推板:切线放码是假设裁片中有一条或者几条分割线,在这些分割线中加入需要的展开量,然后线条自动连接并接顺 |
| 4. 底稿推板:是指斜向和交叉分割较多的裁片,先在完整的底稿上进行推板,完成后再使用复制规则的工具,把底稿的档差复制到分离开来的裁片放码点的一种推板方式 |
| 5. 顺延推板:针对弧形线和斜线的放码方式。<br>这五种推板方式各有特色,但是它们的基本原理其实是相同的,本书主要以阐述坐标数值推板方法为主,我们要明白其中的原理,灵活的运用各自的优点来解决工作中的问题 |

# 第六节　ET 推板系统的界面

ET 推板系统的界面由推板主界面、打推切换工具、图标工具栏专用工具组和系统工具栏组成,见图 3 - 4。

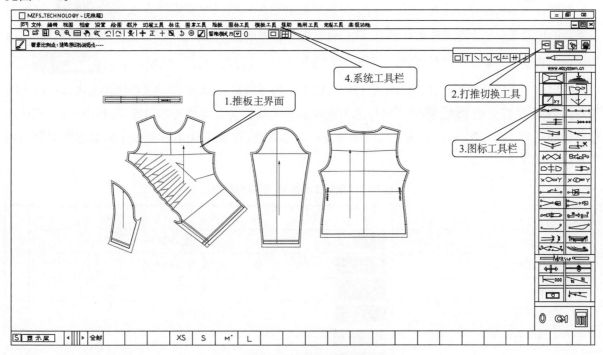

图 3 - 4　推板系统界面

其中图标工具栏又分为基本推板工具组、拷贝工具组和切线工具组,见图 3 - 5。

# 第七节　推板滚轮工具组

和打板滚轮工具组的原理和方法相同,推板系统也可以把一些常用工具加入到滚轮中,同样可以删除滚轮工具和重新排列顺序,这样使用起来更加方便快捷。

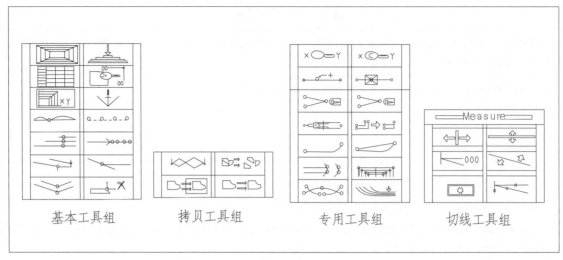

图 3-5　推板工具栏

# 第八节　运用形象思维和联想思维快速记忆工具功能

在图标工具功能设计之初，无疑使用了形象思维和联想思维，如"要素距离点" ▬▬▬ ，这个推板工具的形象就是三个距离递增的圆点，我们可以把它想象成三个号型的线条上刀口位置出现变动，因为这个工具主要是推放刀口的，所以也可以称它为推刀口。同样的原理"距离平行点" ▬▬▬ 工具可以看出两个不同号型上的肩斜移动，所以也可以称它为推肩斜（与此类似的线条结构也可以用这个功能）；而"要素平行交点" ▬▬▬ 则可以称之为推西装领子和驳头交界处的串口点，简称串口点，把这个思路扩展开来，我们连同推板系统工具功能进行了名称简化，使原本使用专业术语的名称变得简洁明朗，方便记忆，详见表 3-2。

表 3-2　推板工具名称、图标和简称

| 序号 | 名称 | 图标 | 简称 |
|---|---|---|---|
| 1 | 对齐 | | （以某点对齐） |
| 2 | 要素比例 | | 推刀口或小线段 |
| 3 | 要素距离 | | 推刀口 |
| 4 | 距离平行 | | 推肩斜 |
| 5 | 要素平行交点 | | 推串口点 |
| 6 | 方向移动点 | | 推 L 形线 |
| 7 | 方向交点 | | 推 T 形线 |
| 8 | 拼接合并 | | 推衣褶 |
| 9 | 分割拷贝 | | 推分割裁片 |
| 10 | 对齐移动点 | | 对齐点推口袋位 |
| 11 | 量规点规则 | | 推斜插袋 |
| 12 | 距离约束点规则 | | 推夹直 |
| 13 | 长度约束点规则 | | 推袖窿 |

| 序号 | 名称 | 图标 | 简称 |
|---|---|---|---|
| 14 | 缝边式推板 |  | 推文胸 |
| 15 | 曲线组调整 |  | 推袖对刀 |
| 16 | 曲线推板特殊处理 |  | 推领和袖曲线 |
| 打推系统栏 | | | |
| 序号 | 名称 | 在系统栏的位置 | 简称 |
| 1 | 线对齐移动点 | 推板 | 对齐线推口袋位 |
| 2 | 线对齐 | 推板 | 查看线条倾斜程度 |
| 3 | 双圆规移动点 | 推板 | 推公共点 |
| 4 | 定义角度放码线 | 推板 | 自动圆顺 |
| 5 | 对接点规则 | 选用工具 | 推公主缝 |

# 第九节  推板图标工具使用方法

**1.** ⬛ **推板展开**(用于将各码展开)

输入放码规则后,选择此功能,可以将各码展开成网状图。

**2.** ⬛ **对齐**(用于以某一个点对齐显示)

将某一个点对齐显示,能更直观的查看放码效果。

左键框选对齐点,按住 Ctrl 键,可进行横向对齐,按住 Shift 键可以进行纵向对齐,恢复未对齐之前的网状图,必须按"推板展开"按钮。

**注:**使用"对齐"工具需要在裁片上操作,而不要在线框上操作。

**3.** ⬛ **尺寸表设置**(用于填写尺寸表)

此工具是采用公式法推板时,对此款的主要部位的名称和档差(实际尺寸)进行设置,选中此工具,弹出"尺寸表"对话框。

(1) 填写尺寸表

输入名称:在第一个单元格下面的表格中双击左键,填入部位名称,如后中、胸围、腰围、肩宽、袖长、袖口、袖肥等。

而填写尺寸表中的数值有两种方式:一种是档差填写,就是在比基码大一码的表格中,填写好档差,然后按"全局档差"这个按钮,其它码的档差都有了,见图 3-6。另一种方法是在比基码大一码的表格

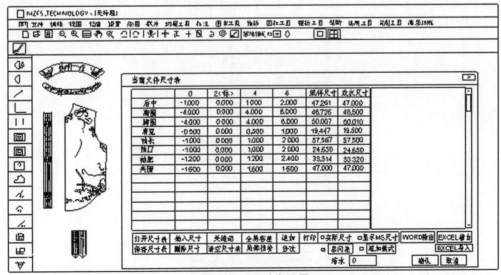

图 3-6  尺寸表设置

中填写这个部位纸样的实际尺寸,填写完成后,把"实际尺寸"这个按钮前面打钩 ☑ 实际尺寸 ,再按"全局档差"这个按钮,其他码的档差都有了,见图 3-7。

另一种方式是不平均的档差,就需要逐个表格填入不平均的档差,然后点击"局部档差"按钮即可。

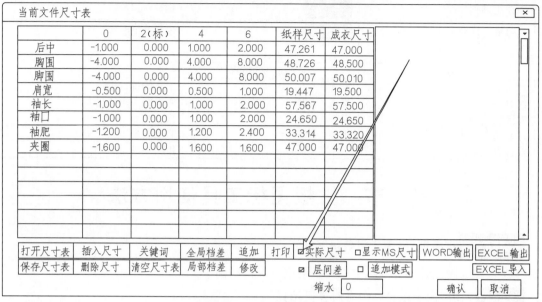

当前文件尺寸表

| | 0 | 2（标） | 4 | 6 | 纸样尺寸 | 成衣尺寸 |
|---|---|---|---|---|---|---|
| 后中 | -1.000 | 0.000 | 1.000 | 2.000 | 47.261 | 47.000 |
| 胸围 | -4.000 | 0.000 | 4.000 | 8.000 | 48.726 | 48.500 |
| 脚围 | -4.000 | 0.000 | 4.000 | 8.000 | 50.007 | 50.010 |
| 肩宽 | -0.500 | 0.000 | 0.500 | 1.000 | 19.447 | 19.500 |
| 袖长 | -1.000 | 0.000 | 1.000 | 2.000 | 57.567 | 57.500 |
| 袖□ | -1.000 | 0.000 | 1.000 | 2.000 | 24.650 | 24.650 |
| 袖肥 | -1.200 | 0.000 | 1.200 | 2.400 | 33.314 | 33.320 |
| 夹圈 | -1.600 | 0.000 | 1.600 | 1.600 | 47.000 | 47.000 |

| 打开尺寸表 | 插入尺寸 | 关键词 | 全局档差 | 追加 | 打印 | ☑实际尺寸 | □显示MS尺寸 | WORD输出 | EXCEL输出 |
| 保存尺寸表 | 删除尺寸 | 清空尺寸表 | 局部档差 | 修改 | ☑ 层间差 | □ 追加模式 | | | EXCEL导入 |

缩水 ☐ 0 ☐ 确认 取消

**图 3-7 勾选实际尺寸**

（2）局部档差

如果是不平均的档差,就需要逐个输入,然后点击"局部档差"按钮。

（3）填写完毕,点击"保存尺寸表"

填写完成后,点击"保存尺寸表"按钮,弹出"另存为"对话框,见图 3-8。

输入与打推文件相同的款号和名称,按确认后退出,尺寸表文件格式类型是 stf,这个尺寸表可以用于这个款式,也可以用于和此款基本类似的其他款式。

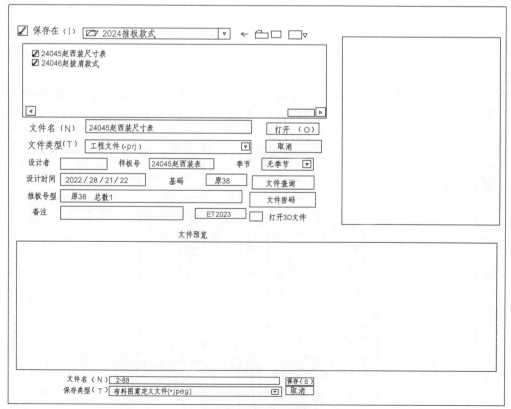

**图 3-8 "另存为"对话框**

（4）使用尺寸表推板

打开一个打板文件，点击右上角的这个"打/推"切换按钮，当这个按钮变成这样的小图标，就进入到推板状态了，见图 3 - 9。这时点击移动点工具，框选前肩颈点这个放码点，弹出"放码规则"对话框，先选中 ⊙ 公式 然后再把光标移动到"水平方向"这一栏中，鼠标左键点击领横，领横字样就跳到水平方向栏了，然后接着输入"/2"就表示领横档差的一半。同样的方法，在"竖直方向"这一栏中输入"后中长/2"，见图 3 - 10。然后按确认按钮，这时可以看到，这个放码点已经产生了变化，再点击显示点规则这个小工具，就可以显示这个放码点的档差了，见图 3 - 11。用同样的方法，把前肩端点按照

水平方向 肩宽/2 和 竖直方向 后中长/2 的规则推放好，见图 3 - 12。

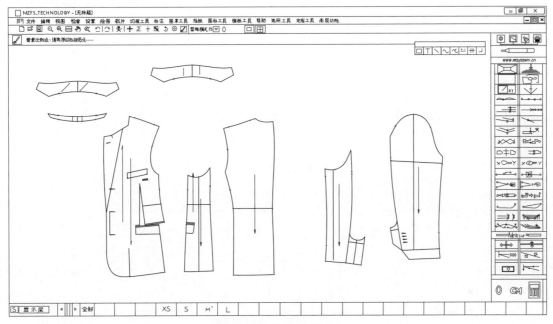

图 3 - 9　进入推板状态

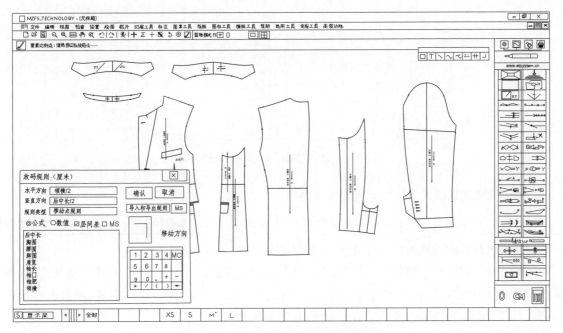

图 3 - 10　选中"公式"，再输入推板规则

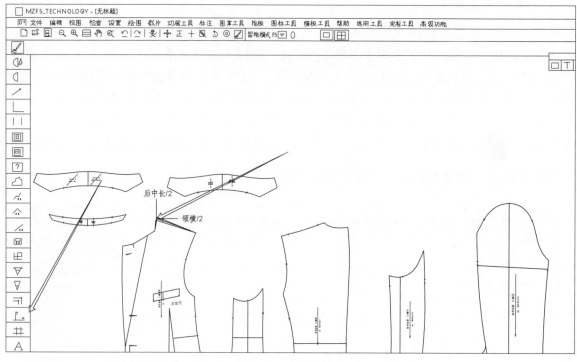

图 3-11　显示档差

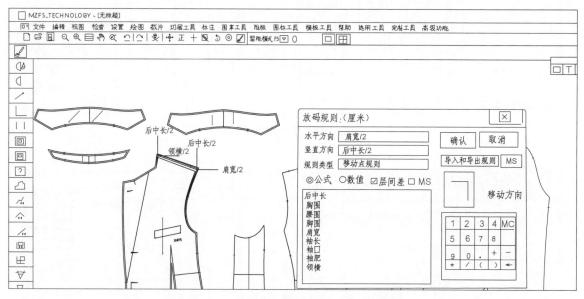

图 3-12　输入"肩宽"和"后中长"的推板

（5）纸样尺寸和成衣尺寸这两个选项如何使用

在尺寸表的右上角有两个选项，分别是纸样尺寸和成衣尺寸 **纸样尺寸** **成衣尺寸** ，它们是用于系统自动写入纸样和成衣对照尺寸时使用的，见图 3-13。

在实际工作中，我们发现纸样尺寸和成衣尺寸是有少量差别的。一般情况下，梭织服装衣长、胸围、袖长和袖肥会有所缩短，而腰围、袖窿（夹圈）会伸长。如果是针织和弹力丝绒服装，则会出现衣长、袖长、肩宽伸长的现象，具体数值需要细心测量样衣，根据实际情况来填写。

关于自动写入尺寸表的用法，详见第 122 页。

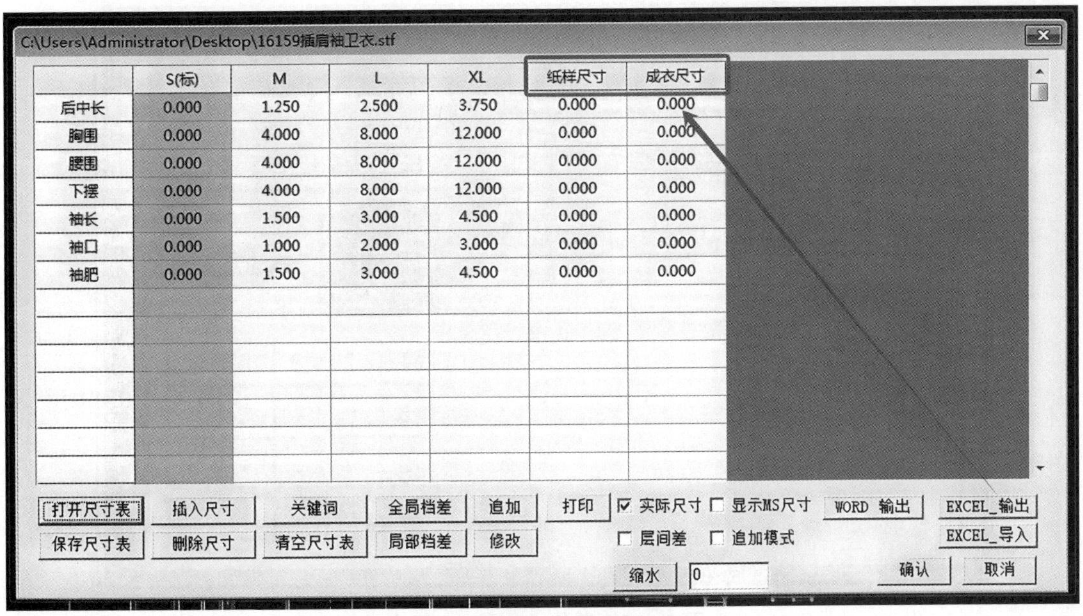

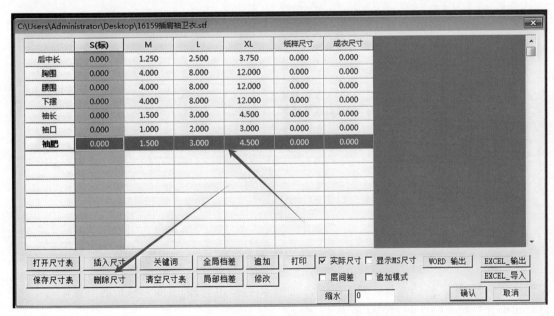

图 3-13　纸样尺寸和成衣尺寸

（6）插入尺寸

选中尺寸表中的一行（这一行会变成蓝色），点击"插入尺寸"按钮，这行的上方就会插入一个空白行。

（7）删除尺寸

选中尺寸表中的一行（这一行会变成蓝色），点击"删除尺寸"按钮，这行就会被删除了，见图 3-14。删除尺寸还可以同时删除多个行。

图 3-14　删除尺寸

（8）开始推板

设置好尺寸表完成后，点击"确认"按钮退出，用移动点框选放码点时会弹出"放码规则"对话框，在公式前面打上黑点，就会显示尺寸表各部位的名称了，见图 3-15。

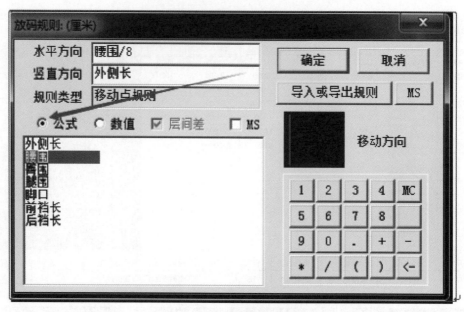

图 3 - 15　在公式前面打上黑点

在"水平方向"和"竖直方向"输入:腰围/8、外侧长、脚口/4 等公式,勾选"推板"下拉菜单第三行的"单步展开",见图 3 - 16,就可以看到裁片上的放码点档差规则的变化了,见图 3 - 17。

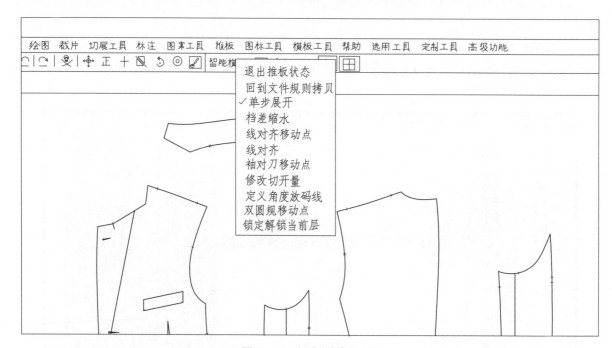

图 3 - 16　勾选"单步展开"

需要注意的是,输入的档差是针对大码而言,向上向右是正数,向下向左是负数。

尺寸表中其他按钮的功能和用法见表 3 - 3。

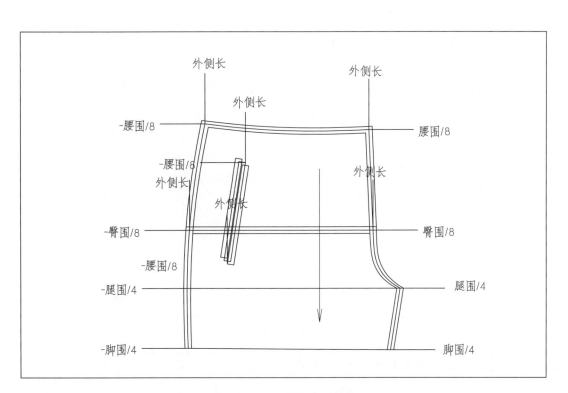

**图 3 - 17　放码点档差的变化**

**表 3 - 3　尺寸表其它按钮的功能和用法**

| | | |
|---|---|---|
| 1. | 关键词 | ,同系统工具栏中"设置关键词"的用法,在此不再赘述。 |
| 2. | 清空尺寸表 | ,按下这个按钮,当前的尺寸数值全部被清空。 |
| 3. | 全局档差 | ,在大一个号中填写实际尺寸或者档差,按全部档差按钮,其它号将自动平均计算,并显示出来。 |
| 4. | 局部档差 | :选中某一行,按局部档差按钮,其它号将自动平均计算,并显示出来。局部档差是针对某一行的。 |
| 5. | 追加 | :用于添加部位尺寸,点击尺寸表中的"追加"按钮,弹出如下对话框,见图 3 - 18。 |

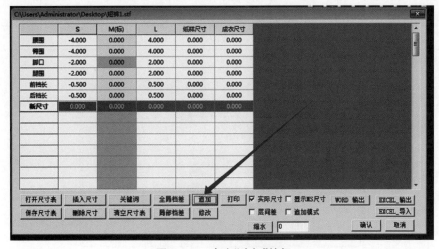

**图 3 - 18　点击"追加"按钮**

这时尺寸表中的最下一行会出现"新尺寸",见图 3-19,可以连续多次追加。

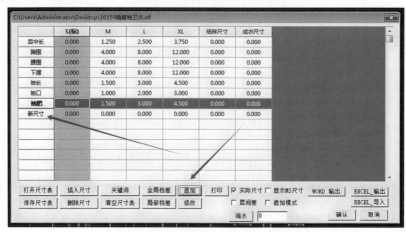

图 3-19 出现"新尺寸"这一行表格

**注**:这时"尺寸\号型"下面的"新尺寸"三个字是可以改成其它文字名称的。

6. 实际尺寸:勾选实际尺寸 ☑ **实际尺寸**,就会显示实际数值 | 新尺寸 | 26.371 | 27.371 | 28.371 | 27.371 |,去掉勾选,就会显示档差数值 | 新尺寸 | -1.000 | 0.000 | 1.000 | 27.371 |,就是说,实际尺寸按钮是用于实际尺寸数值和档差数值两种显示方式之间的互相切换的。

7. **缩水** :选中某一行,如最下一行,在缩水后面的框中填入 5 **缩水** 5 ,再按缩水按钮,这一行的数值就显示为 | 新尺寸 | 28.812 | 29.864 | 30.917 | 28.812 | 0.000 |,说明这一行已经加入 5% 的缩水率了,如果需要恢复到原来的数值,填入 -5 **缩水** -5 ,再一次按"缩水"按钮即可

8. **修改** :当这款文件已经推好板,但是线条进行了修改,有的长度发生了变化,这时就不需要重新建立和填写尺寸表,也不需要重新推板,只要用测量工具重新测量,按尺寸1,弹出当前文件尺寸对话框,选中原来"尺寸\号型"下面相对应的那一行 | 新尺寸 | 26.371 | 27.371 | 28.371 | 27.371 |,按修改按钮,这一行的数值就会被刷新 | 新尺寸 | 25.372 | 26.372 | 27.372 | 26.372 |。

以上讲解的是修改了线条的长度,如果是在尺寸表里修改了档差,就不需要重新建立尺寸表和推板了,只要在改变数值后按"确认"按钮,在推板界面的图标工具栏按"推板展开"即可。

9. 确认:指此尺寸表的修改只应用于当前款式,按"确认"后即退出尺寸表设置。

10. **打印** 点击打印按钮,弹出"打印"对话框,见图 3-20。

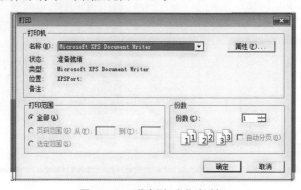

图 3-20 弹出"打印"对话框

选择打印机名称或者默认打印机,按"确定"可以用 A4 纸打印这个尺寸表。

**☑ 显示MS尺寸**:对于直接在移动点输入框中修改的其他码的尺寸,系统会自动生成 MS 尺寸,勾选后,系统在尺寸表中会显示这类尺寸。

11. 追加模式:新的尺寸表以追加的方式调到当前尺寸表中。

勾选"追加模式",按打开尺寸表,弹出"打开"对话框,见图 3 - 21。

**图 3 - 21　弹出"打开"对话框**

选中已经保存过的尺寸表,按"打开"按钮,此尺寸表的内容会追加到当前的尺寸表中,见图 3 - 22。

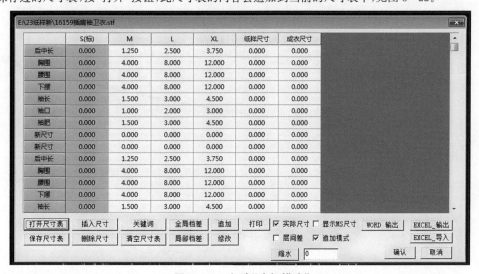

**图 3 - 22　勾选"追加模式"**

**4.** 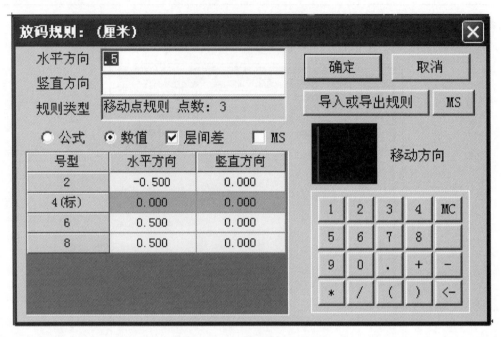 规则修改(用于修改已经放过码的放码点的数值)

左键框选已经放过码的放码点,弹出"放码规则"对话框,见图 3-23,显示出所选点的放码规则类型和当时输入的移动量,并且可以在保持当前类型不变的情况下,修改输入框中的数值,修改完毕,按"确定"按钮。如不需要修改,点击"取消"按钮。

图 3-23 "放码规则"对话框

**5.** 固定点(用于把放码点固定住)

放码点固定住之后,不论横方向还是竖方向的移动量都为零。图 3-24 中被固定点固定的红色点都在同一条线上,而未固定的绿色点会有所偏差。

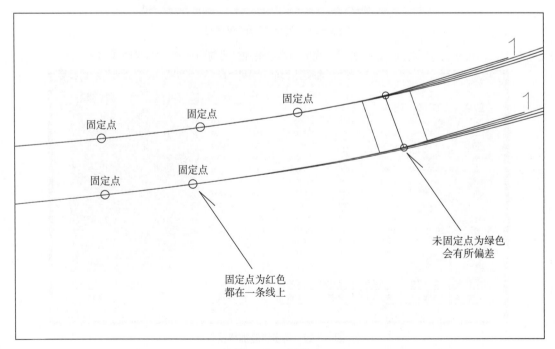

图 3-24 固定点

**6.** 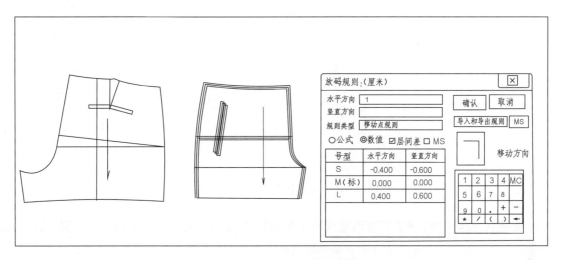**移动点(用于对放码点进行档差分配)**

框选放码点,弹出"放码规则"对话框,见图3-25。在对话框中输入水平方向与竖直方向的放码量(既可以通过键盘直接输入数值,也可以通过鼠标选取尺寸表中的项目),数值填写完毕,按"确定"按钮。也可以一次性同时框选多个放码点,见图3-26。

图3-25 "放码规则"对话框

图3-26 可以一次性框选多个放码点

**注1:** 按住Shift键可以分几次来框选多个放码点,松开Shift时会弹出规则输入框。

**注2:** 按住Ctrl键框选放码点,会出现不同方向的坐标轴,按住左键拖动坐标轴,可以自定义放码点的方向,生成任意角度的坐标,输入适当的数值,红线的数值在水平方向量中输入,绿线数值在竖直方向量中输入,见图3-27。注意红线和绿线指向远离不动点时不可输入负数。

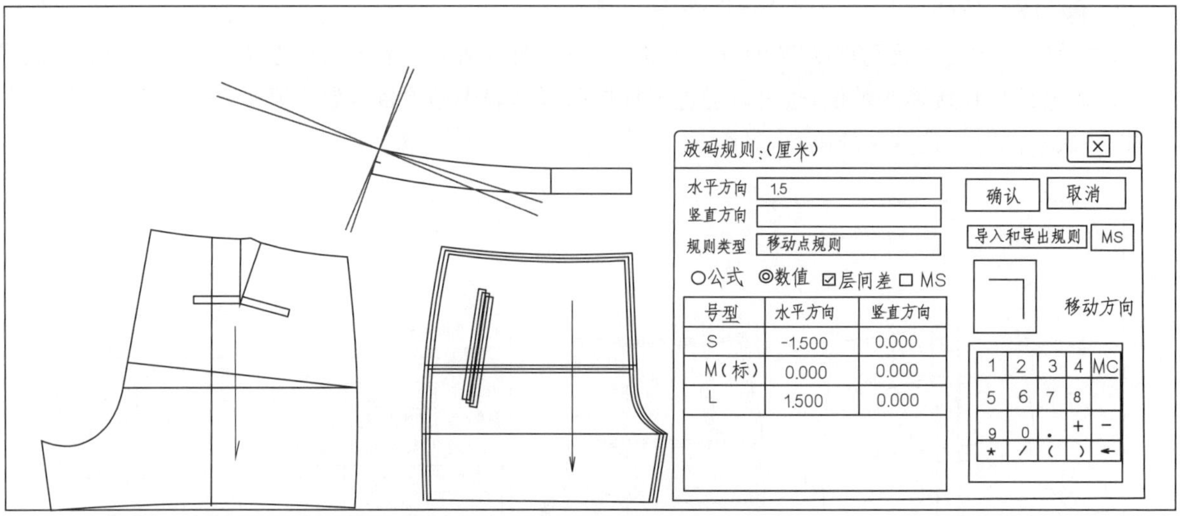

图 3 - 27　会出现不同方向的坐标轴

在对话框中,如果选中"数值",可以输入不均匀的档差,如果选中"公式",则可以按照公式方式,输入放码规则,选择"层间差"表示可以显示层与层之间的档差,见图 3 - 28。

图 3 - 28　公式、数值和层间差

修改档差可以用"规则修改"![icon],也可以用"移动点"![icon]工具,但是这两者的区别是,"规则修改"工具修改的档差,能够保持原档差顺延及其它推板方式都不改变。而"移动点"修改档差后,就变成了坐标式的水平和竖直方向了。例如,图 3 - 29 的衬衫上领纸样上的刀口如果需要修改,选用"规则修改",需要输入 0.2,不需要输入负数的,修改后仍然是要素距离点的方式沿着线条顺延移动的,而用"移动点"修改,则需要输入 -0.2,修改后的结果是水平移动的,这两者是有区别的,见图 3 - 29。

**7.**  ![icon]要素比例点(用于对净边线上的小线段按位置比例进行自动分配档差推板)

先把净边线的一端或者两端推好板,然后选中此工具,框选目标点,再点选参考要素,即净边线条,这些小线段就按各自所处的位置距离,自动按比例分配好档差了,见图 3 - 30。

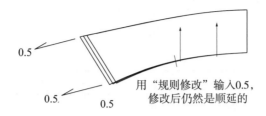

用"规则修改"输入0.5，
修改后仍然是顺延的

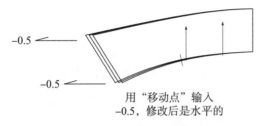

用"移动点"输入
-0.5，修改后是水平的

图 3-29 修改档差

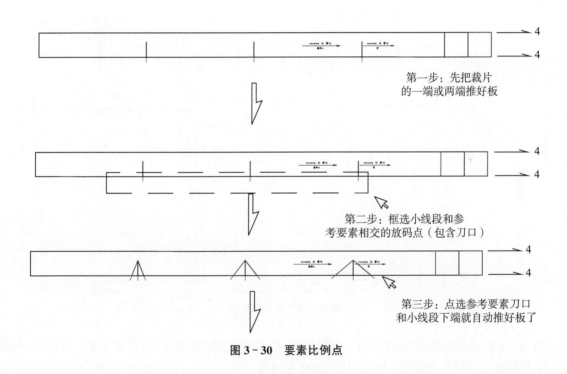

第一步：先把裁片
的一端或两端推好板

第二步：框选小线段和参
考要素相交的放码点（包含刀口）

第三步：点选参考要素刀口
和小线段下端就自动推好板了

图 3-30 要素比例点

**注**：如果是对净边线小线段上的刀口推板，则需要框选小线段和参考要素相交的放码点（包含刀口），自动推板后，再使用规则拷贝工具，把这个放码点上的档差拷贝到另外的放码点上，见图 3-31。

**8.** 两点间比例（用于自动分配一个裁片中的多个放码点）

此放码点在已知的量放码点之间按基码的比例自动放出其他码，不用输入数值，多用于省道或者分割线的位置。

左键框选目标放码点，再框选第一参考点，左键再框选第二参考点，操作结束，然后再用"点规则拷贝"工具把这个点的档差拷贝到省道的其他各点上，见图 3-32。

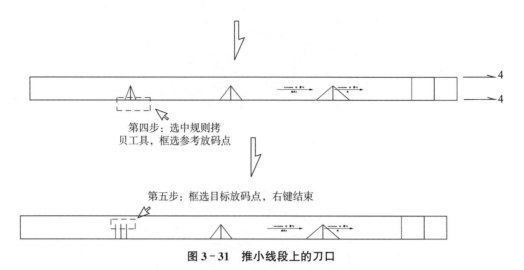

第四步：选中规则拷
贝工具，框选参考放码点

第五步：框选目标放码点，右键结束

**图 3 - 31　推小线段上的刀口**

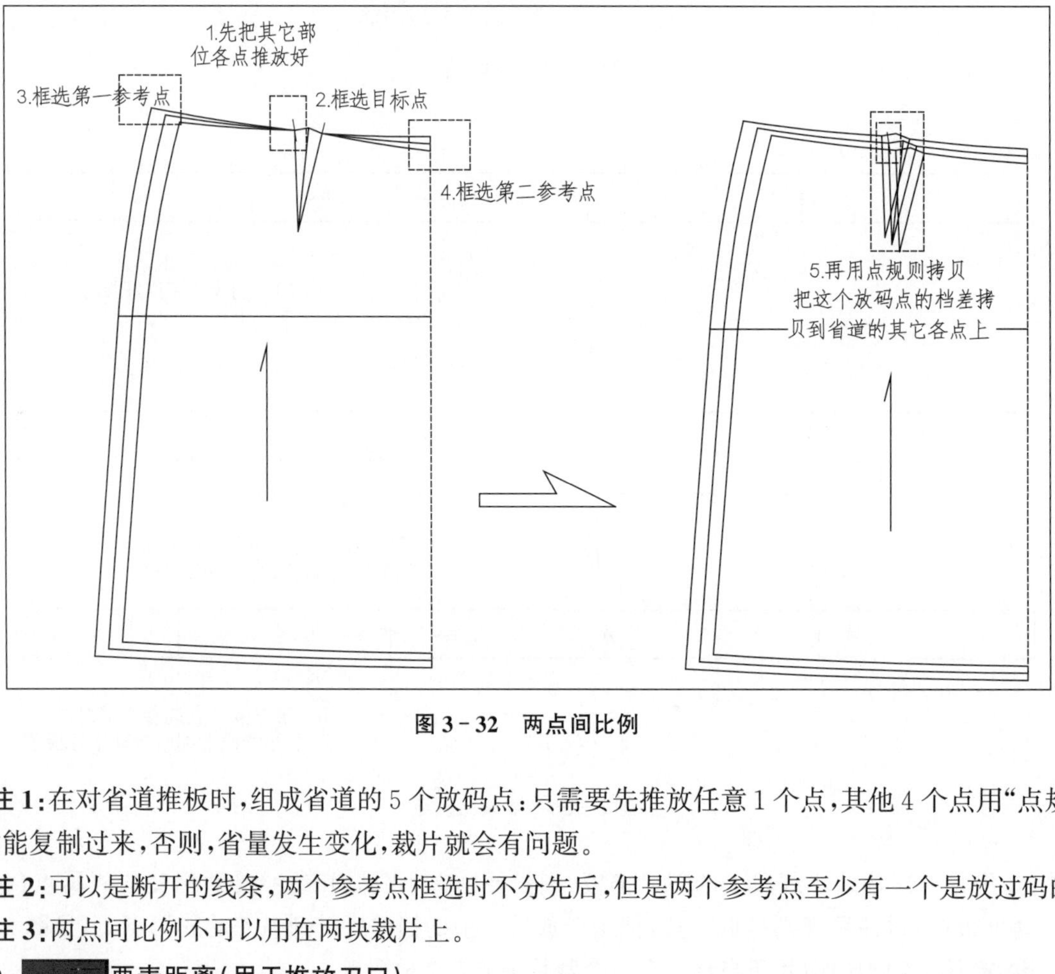

1.先把其它部
位各点推放好

3.框选第一参考点　　2.框选目标点

4.框选第二参考点

5.再用点规则拷贝
把这个放码点的档差拷
贝到省道的其它各点上

**图 3 - 32　两点间比例**

　　**注 1**：在对省道推板时，组成省道的 5 个放码点：只需要先推放任意 1 个点，其他 4 个点用"点规则拷贝"功能复制过来，否则，省量发生变化，裁片就会有问题。

　　**注 2**：可以是断开的线条，两个参考点框选时不分先后，但是两个参考点至少有一个是放过码的。

　　**注 3**：两点间比例不可以用在两块裁片上。

　　**9. ▮▮▮▮要素距离（用于推放刀口）**

　　此放码点在已知要素上按基码的比例自动放出其他码。

　　左键框选要放码的点，再用左键点选参考要素，结束操作，在弹出的"放码规则"对话框中输入档差，如果不输入档差，保留空白，则不是通码的，见图 3 - 33。

　　**注**：不能推放端点，必须是线上的刀口，线条必须是整体不断开的。

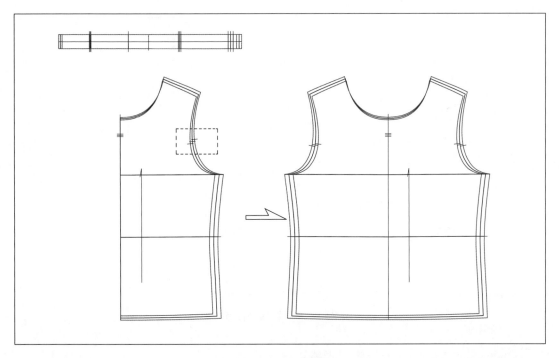

图 3 - 33　要素距离

**10.** ➡️------➡️ **方向移动点**(用于推放 L 形线)

　　常用于裙摆、插肩袖、包肩袖和连身袖的推板,使用方法是先框选放码点,再点选参考要素,再点选垂直方向,在弹出的"放码规则"对话框中,在水平方向这一栏中输入 1,按"确定"结束,可以看到个码线条都是自动平行的,由于档差变化是沿着参考要素的方向移动的,所有一般情况下,只需要在水平方向这一栏输入数值就可以了,见图 3 - 34。

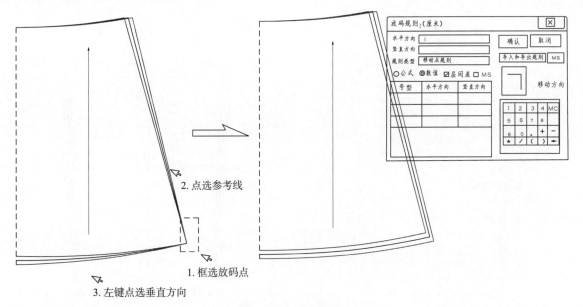

2.点选参考线

1.框选放码点

3.左键点选垂直方向

图 3 - 34　方向移动点

**11.** ◀------- **距离平行点**(用于推放肩斜)

　　左键框选肩端点这个放码点,点选要素起点端这条参考线,注意起点端不在肩端点上,而是在离开肩端点一小段距离的位置点击,右键弹出"放码规则"对话框,在水平方向输入肩宽档差的 1/2,向左为负数,按确定按钮,这时肩缝线自动平行,见图 3 - 35。

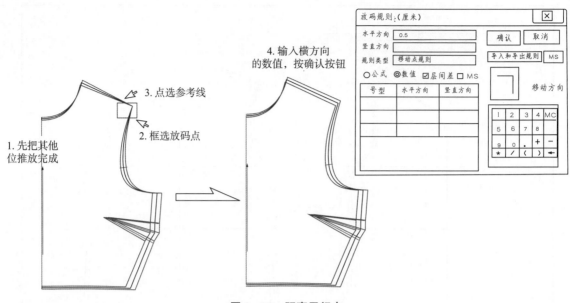

图 3 - 35　距离平行点

### 12. 方向交点(用于推放 T 形线)

主要用于 T 形线条相交的形状,不可用于成角和十字交叉的形状。

选用此功能,此放码点,可以沿要素方向移动,并与放码后的另一要素相交,不需要输入任何数值,自动让每个码按基码方向延伸相交。

左键框选放码点,左键点选相关联的任意一个线条,右键结束,这时线条自动平行,见图 3 - 36。

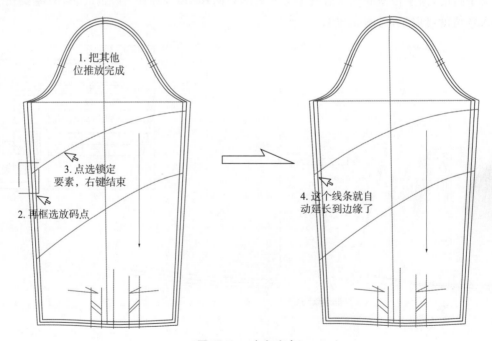

图 3 - 36　方向交点

注:方向交点可以多框多条要素。

### 13. 要素平行点(用于推放串口线)

先把裁片的其他各部位推放完成,然后选中此工具,框选放码点,再点选参考要素 1,接着点选参考要素2,这两个参考要素就自动平行了,见图3-37。

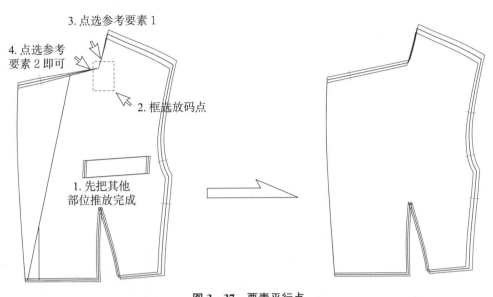

图3-37 要素平行点

**14.** ![图标] **删除放码规则**(用于删除已经推好板的放码点)

删除放码点的档差后,它就恢复到没有放码的状态。选中此工具,框选放码点,右键结束。

**15.** ![图标] **规则拷贝**(用于把放码点档差拷贝到其它放码点上)

选中此功能,出现"点规则拷贝"选择框,这里面有10种选择,见图3-38。

图3-38 "点规则拷贝"10种选择

选中 ![点规则拷贝] 框选参考放码点,框选目标放码点,右键结束,见图3-39。

**注:**非移动点规则不能进行拷贝,系统按参照模式处理。

**16.** ![图标] **分割拷贝**(用于推放分割裁片)

即用于把分割前裁片上(底稿)的放码规则拷贝到分割后的裁片上,不论分割前的原裁片是先放好码,还是分割后再对原裁片放码,都可以使用,拷贝时只要框选原裁片的一个点,再框选分割后的新裁片的相应的一个点,新裁片就一次性放好码,而不是一个点一个点的放好。多用于较多分割线的裁片。

使用方法:把左边的原裁片推放好后,左键框选参考点A,再框选目标裁片的对应点A′,就完成上面这个裁片的规则拷贝;同样的方法,框点选B,再框选点B′,就完成裤脚内侧这个裁片的规则拷贝,框点选点C,再框点选点C′,就完成裤脚外侧这个裁片的规则拷贝,见图3-40。

**注:**新裁片必须是从原裁片上分割出来的,才可以使用这个功能。

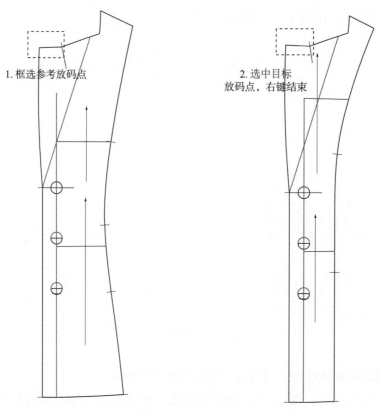

1. 框选参考放码点

2. 选中目标
放码点，右链结束

图 3-39　规则拷贝

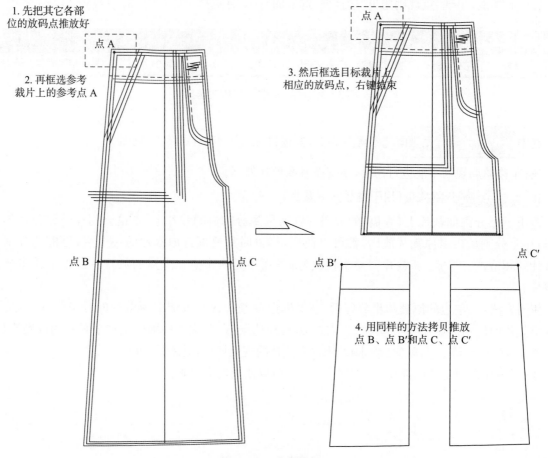

1. 先把其它各部
位的放码点推放好

点 A

2. 再框选参考
裁片上的参考点 A

3. 然后框选目标裁片上
相应的放码点，右链结束

点 A

点 B

点 C

点 B′

点 C′

4. 用同样的方法拷贝推放
点 B、点 B′和点 C、点 C′

图 3-40　分割拷贝

**17.** 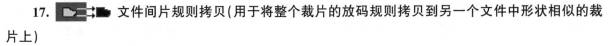 **文件间片规则拷贝(用于将整个裁片的放码规则拷贝到另一个文件中形状相似的裁片上)**

当两个款式的裁片基本相同,或者是对称关系,可使用此功能来提高推板速度。

选中此功能,会弹出"打开文件"对话框,选中已放过码的参考文件,并按"打开",此时屏幕上出现两个窗口,左边的窗口显示参考文件,右边的窗口显示当前文件,左键在左边窗口中选中(框选或点选)参考裁片的纱向,左键在右边窗口选中目标裁片的纱向,这个裁片的放码规则就被拷贝过来了,见图 3 - 41。

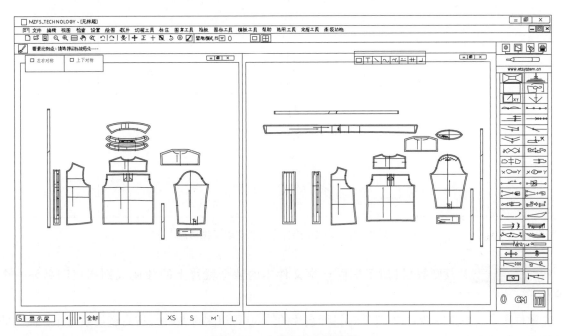

图 3 - 41　文件间片规则拷贝

**18.** 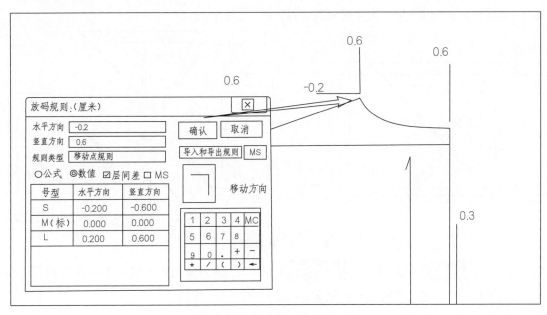 **检查移动量(用于特殊点变成移动点)**

查看当前屏幕上点的移动量,还可以将用特殊规则放码的点转为普通的移动点,见图 3 - 42。

图 3 - 42　检测移动量

框选后弹出放码规则对话框,如果框选的点是特殊放码点,按确定,此点就变成了移动点。系统进行精确计算时,档差的小数点后面数值有所不同,所以显示的是 MS,即不规则推板档差,见图 3 - 43(点击取消,此点还是原来特殊点)。

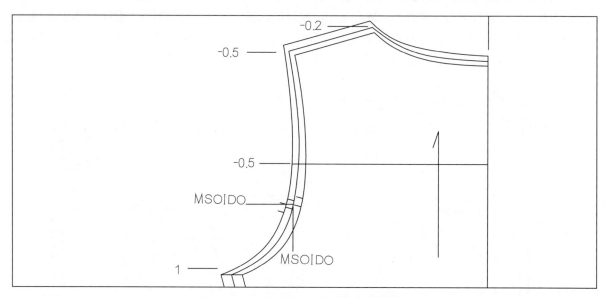

**图 3 - 43   点击确定,此点就变成了移动点**

**19.** ![icon] **片规则拷贝(用于把同一个文件中的整个裁片上的放码规则拷贝到另外一个裁片上)**

左键框选参考裁片的纱向,左键框选目标裁片的纱向(可以多选裁片),按右键结束操作。注意非移动点规则不能拷贝。

选择此功能,弹出"对称交换"选择框,选择拷贝方式是左右对称还是上下对称,如果这两种都不选择就表示完全相同。鼠标框选参考裁片纱向,再左键框选目标裁片纱向,右键结束。

**20.** ![icon] **移动量拷贝(用于推放交叉分割)**

按住 Shift 键点选 A 点,再一次左键框选 a 点即可,见图 3 - 44。

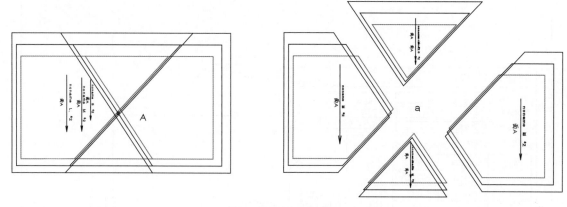

**图 3 - 44   移动量拷贝**

移动量拷贝 ![icon] 和点规则拷贝 ![icon] 的区别是,移动量是拷贝线条上的左边和右边移动量的总和,而点规则拷贝的是一个放码点的档差,见图 3 - 45。

**注:**使用移动量拷贝需要在裁片上操作,而不要在线框上操作。

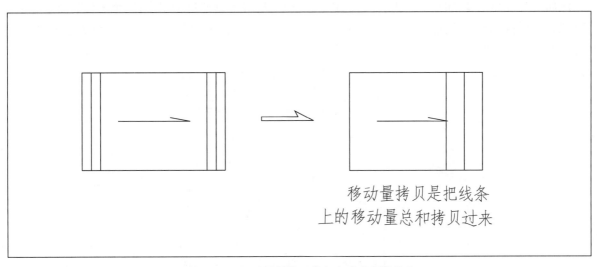

移动量拷贝是把线条
上的移动量总和拷贝过来

**图3-45 移动量是拷贝线条上移动量的总和**

**21.** ━━━━━ **增加放码点**(用于在要素上另外增加放码点)

先左键选中线条,线条变成红色,在红线上需要的位置单击左键,就增加了一个放码点。如果接着在红线上单击,可继续加点,见图3-46。

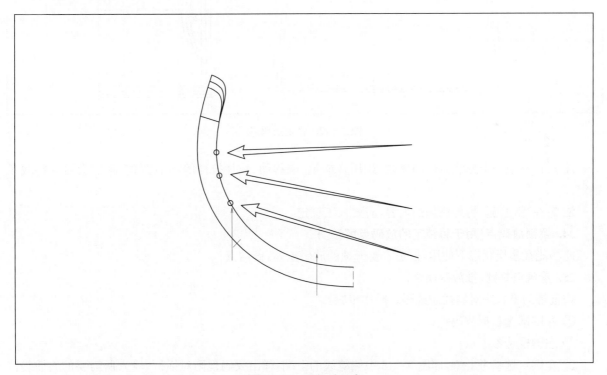

**图3-46 增加放码点**

**22.** ━━━━━ **删除放码点**(用于删除放码点)

用于删除用"增加放码点"工具另外加上去的放码点,使用方法比较简单,选中此工具,框选放码点,右键结束,这个放码点就被删除了。

**23. 锁定放码点**

用于将其他码的图形或要素锁住,使"推板展开"或者"单步展开"工具不影响这些锁定点。

例如,在其他码上增加一个基码上没有的图形,选中此功能,框选这个图形,这个图形的放码点会变成红色,可以将这个图形锁定在这个码上,见图 3-47。按"推板展开"后,除了这个号型有这个图形,其他号型都没有此图形。

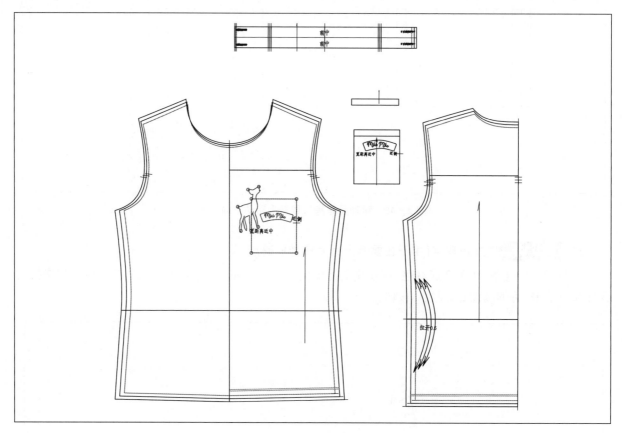

**图 3-47 锁定放码点**

**注 1**:在其他码上原线条做的修改,如用智能笔、端移动、裁片拉伸等功能调整,系统会自动将线条锁定。

**注 2**:在其他码上另外添加的内容,需要人工锁定。

**24. 解锁放码点**(用于将锁定的放码点解锁。)

此功能在多层状态下使用,框选需要解锁的放码点,右键结束。

**25. 量规点规则**(推放斜插袋)

按量规的方式来对斜插袋放码。操作步骤:

① 左键框选目标放码点;

② 左键框选参考点;

③ 左键点选参考要素,即图 3-48 中侧缝线的上端,弹出放码规则对话框,输入所需要的斜插袋档差,再点击"确定"按钮,见图 3-48。

**注**:口袋线不能是断开的线,目标放码点上不能有多余的放码点和刀口。

**26. 对齐移动点**(用于推放口袋位)

左键框选对齐点,框选目标放码点,在弹出对话框后填入放码量,点击"确定"按钮,见图 3-49。

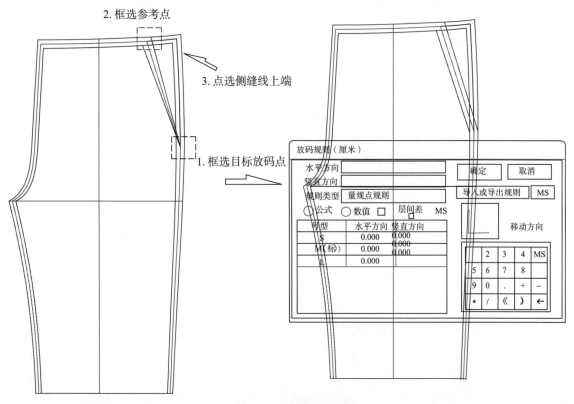

图 3-48　量规点规则

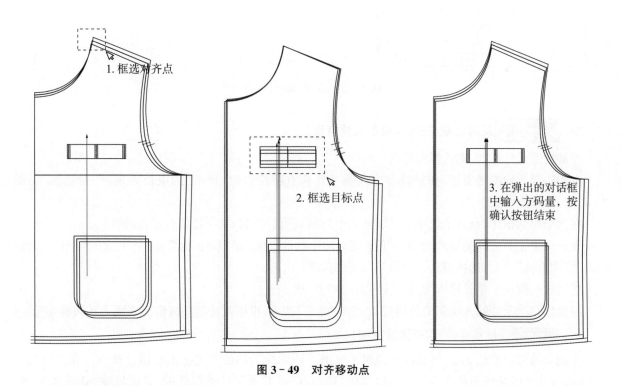

图 3-49　对齐移动点

**27.** ![icon] 设置长度约束点规则(用于推放袖窿)

左键框选长度调整要素的调整端。

左键选择参考点,右键结束。

左键选择方向参考要素,如果没有参考要素直接按右键。弹出"约束放码规则"对话框,见图 3－53。

这里的放码量是需要 ET 系统自动凑数的,而此图形凑数的方向是向下的,因此需要在"约束放码规则"对话框中的"作用方式"下面,选择最后一个箭头向下的选项;

然后在长度调整量处输入袖窿曲线档差,如 1;

在附加移动量处输入胸围的放码量 1,点击"确定",见图 3－50。

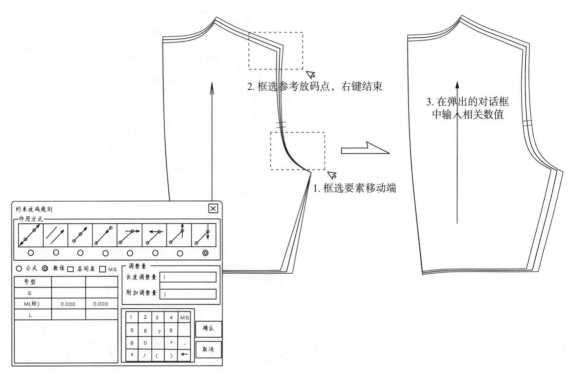

**图 3－50　长度约束点规则**

### 28. 距离约束点规则(用于推放夹直)

左键框选目标点,左键选择参考点;

左键选择方向参考要素,如果没有方向参考要素直接按右键,弹出"约束放码规则"对话框,见图 3－51。

在这个对话框中,有 8 个选项。可以输入适当的数值。注意:这个数值有正负的区别。

和上一个工具一样的原理,如果 ET 系统自动凑数的方向是向下的,也要在"约束放码规则"对话框中的"作用方式"下面,选择最后一个箭头向下的选项;

然后在长度调整量处输入两点直线距离的档差,如 1;

在附加移动量处输入胸围的放码量 1,点击"确定"按钮,根据裁片的摆放情况来输入正负移动量。

### 29. 拼接合并(用于推放衣褶)

先把其他部位推放完成,再依次选择对接线条。注意最上和最下线条不要超过黄点。在空白处点击右键,这几个线条就拼接完成了。然后再用"移动点"或其他工具进行推板,完成后按 Alt＋逗号键,档差就复制到裁片上了,见图 3－52。

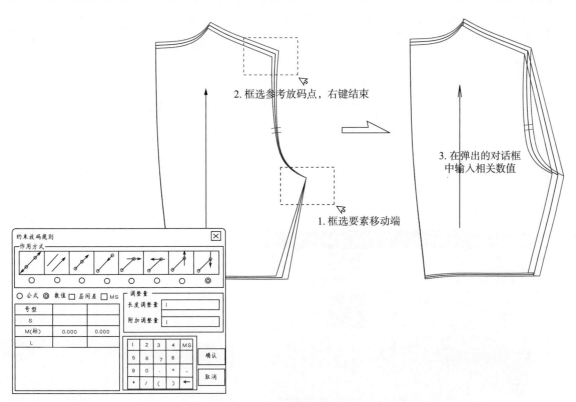

**图 3－51　距离约束点规则**

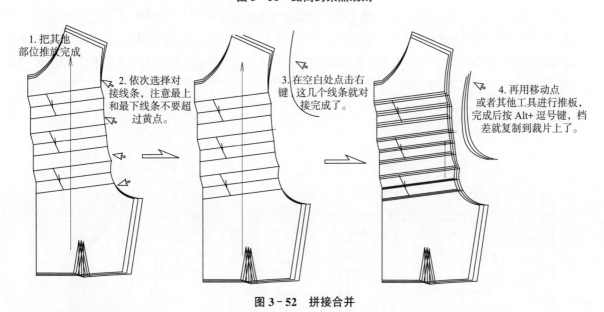

**图 3－52　拼接合并**

**30.** [图标] 设置缝边推板边(用于推放文胸)

左键框选需要放码的要素,右键结束。在弹出的"放码规则"对话框中输入所需要的放码量,点击"确定"按钮后完成退出,见图 3－53。

如果要素需要平行放码,在等距离 1 和等距离 2 输入相同的放码数值;如果不平行,则分别输入不同的放码数值。

**31.** [图标] 曲线组调整(用于调整两枚袖容位量)

① 首先要确定袖山容位允许调整的部位。如果可以调整的部位是袖山高,那么就要查看袖山顶端是不是有放码点;如果没有放码点,可以增加放码点,或者把顶端线条打断就有了放码点。

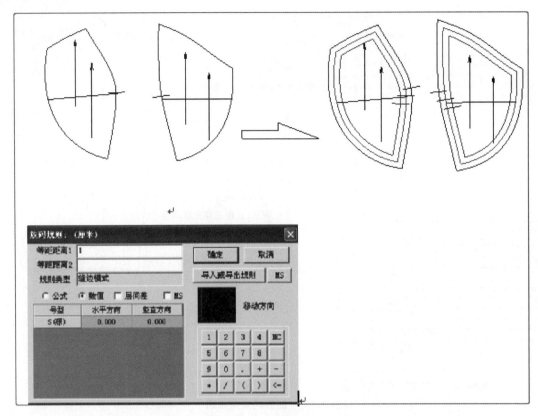

图 3 - 53    设置缝边推板边

② 打开尺寸表,在尺寸表中增加一个袖山高的尺寸(这个尺寸不用在其他位置,因为这个尺寸是用来让系统自动凑数的)。不论当前文件是采用什么方式推板的,袖山高这个放码点都要用尺寸表推板,见图 3 - 54。

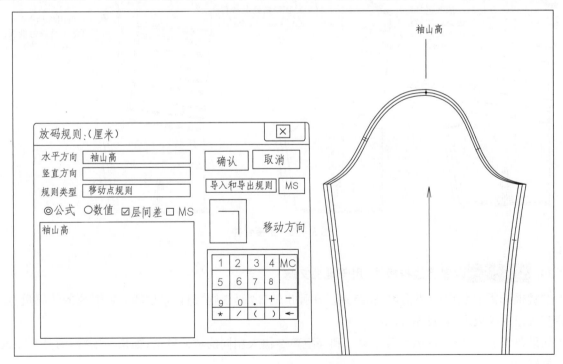

图 3 - 54    袖山高要用尺寸表推板

③ 选择曲线组长度调整工具,先选择第一组曲线(袖山弧线),右键结束;

④ 选择第二组曲线(袖窿弧线),右键结束;

⑤ 弹出"当前文件尺寸表"对话框,选中袖山高点击"确认"按钮,见图 3 - 55。

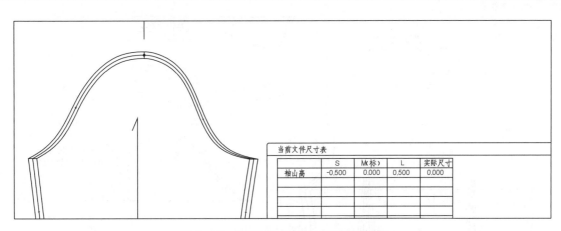

图3-55　选中"袖山高"点击"确认"按钮

⑥ 系统会弹出"要素检查"对话框,把"长度3"中的数字改成所需要的差值,点击"修改"按钮,注意"联动操作"一定不能勾选,见图3-56。

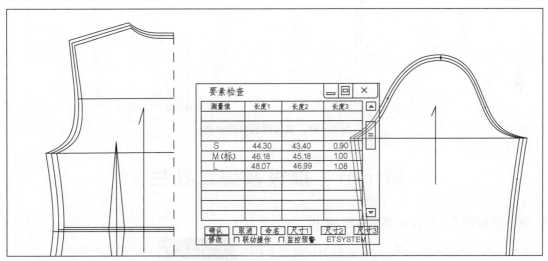

图3-56　更改"长度3"的数值

此时,系统自动计算,并自动修改尺寸表中的数字,点击"确认"关闭对话框,见图3-57。

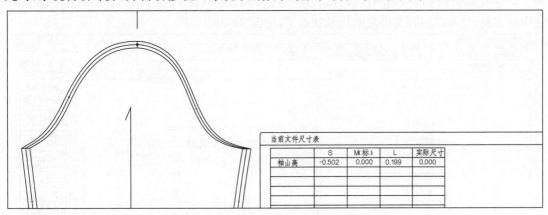

图3-57　关闭对话框

**32.** 曲线推板特殊处理(用于推放领和袖曲线)

选中领片曲线的功能,左键框选领圈的线或者领子的线,右键结束即可,袖山曲线用法与此相同,见图3-58。

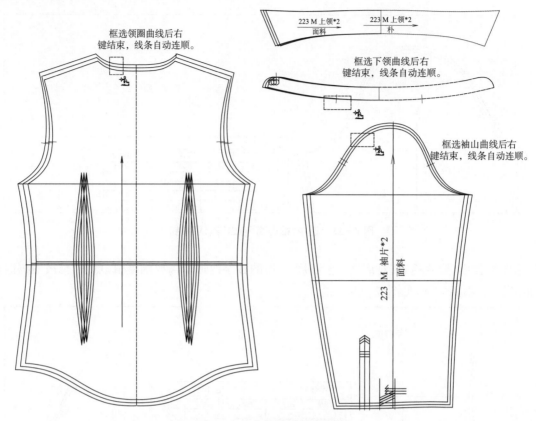

图 3-58　曲线推板特殊处理

# 第十节　推板系统工具栏

**1. 进入推板状态从打板状态切换到/推板**

点击此工具，就进入推板状态了，和右上角这个小图标  的功能是一样的。

**2. 回到文件规则拷贝（用于快速返回到文件规则拷贝状态中）/推板**

用于推板时使用了文件间规则拷贝，但是在中途又使用了其他工具，在左边窗口设关闭的情况下，这时选中此工具，就可以回到文件规则拷贝状态了，见图 3-59。

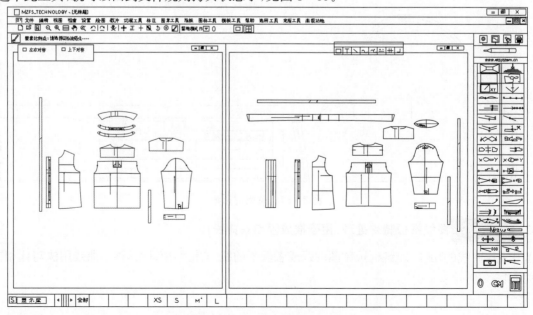

图 3-59　回到文件规则拷贝

**3. 单步展开(用于展开各号型)/推板**

单步展开就是框选放码点，输入档差规则后，这个放码点会自动展开，见图 3-60。如果没有勾选此工具，则需要点击“推板展开”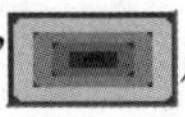后，各号型才会展开。

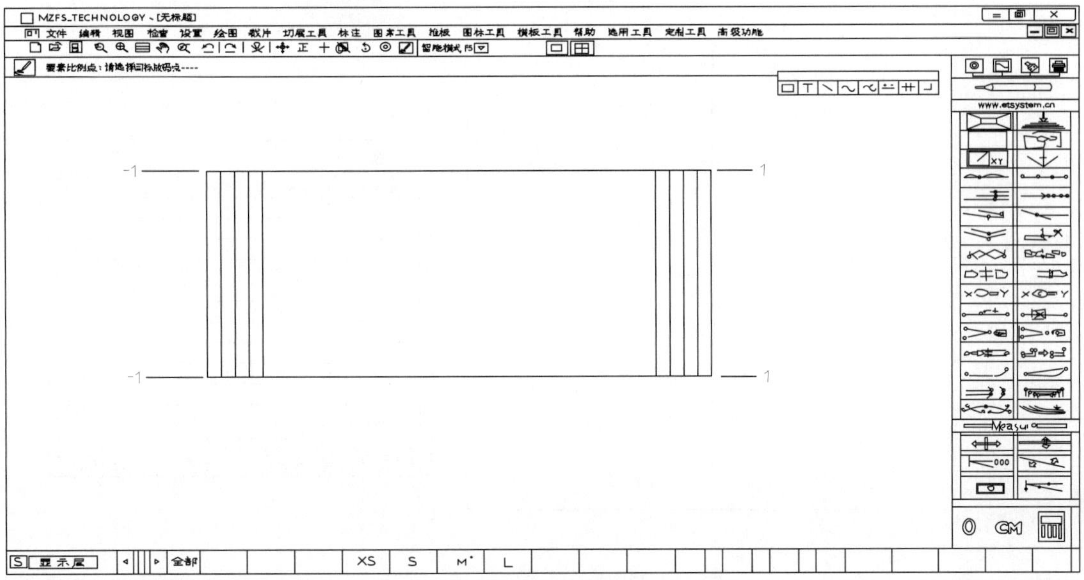

图 3-60　单步展开

**4. 档差缩水(用于在推板状态时自动去掉缩水，而回到打板状态时，又会自动恢复缩水)/推板**

例如，画一个 100cm×100cm 的矩形框裁片，把这个工具前面打勾，然后在经向和纬向都加入 10% 的缩水率后，在打板状态下，测量长度是 111.11cm，见图 3-61。而在进入推板状态下测量则为 100cm，见图 3-62。如果返回到打板状态下，又变成了 111.11cm，因此，这个工具可以在推板状态下测量到不含缩水率的精确数值。

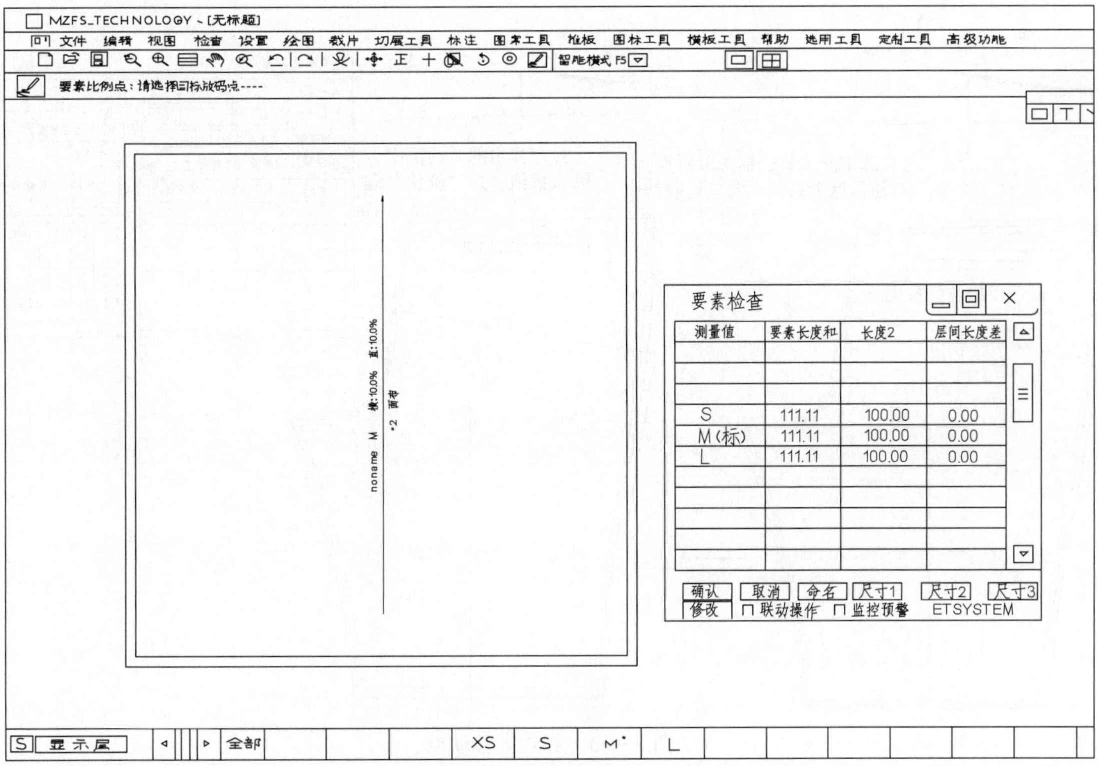


图 3-61　档差缩水(1)

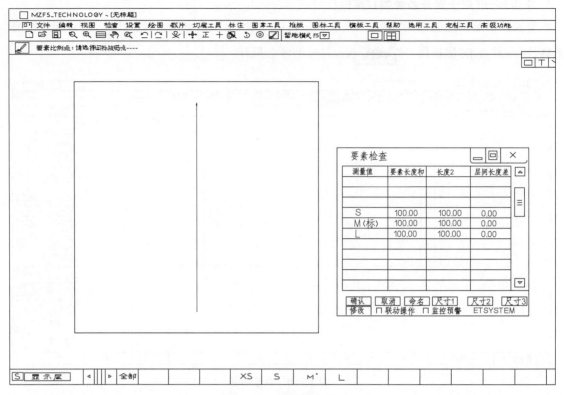

图 3 - 62　档差缩水(2)

### 5. 线对齐移动点(推口袋位)/推板

选中此工具，框选口袋上方线条上的放码点，注意这个点一定是放过码的，这个放码点和线条都被对齐了，再框选口袋位的放码点，这时在弹出的"放码规则"对话框输入口袋档差的数值，按"确认"按钮结束，见图 3 - 63。

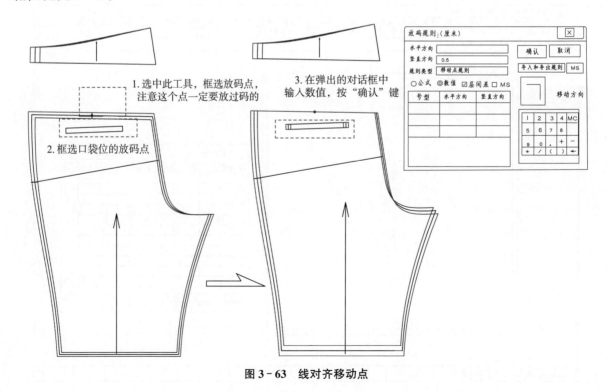

图 3 - 63　线对齐移动点

**6. 线对齐(用于对齐线条,然后查看裁片和线条的倾斜程度)/推板**

线对齐和推板图标工具(点)对齐 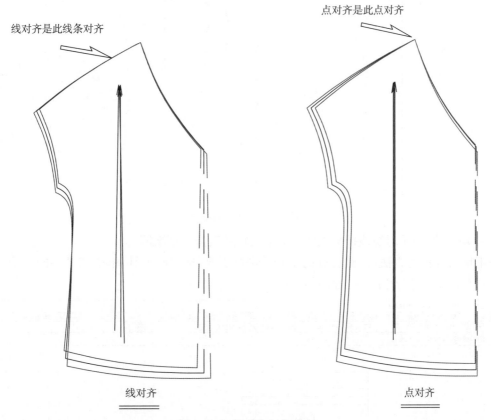 的用法很相似,只需要框选某个放码点,线对齐是把放码点和线条都对齐,而点对齐是将各码的放码点对齐,见图3-64。

图 3-64　线对齐与点对齐

**7. 袖对刀推板[用于袖对刀上的刀口2的溶位(吃势)量的控制]/推板**

一般情况下,"袖对刀"是不需要有刀口2的,所以就不需要使用这个工具,只有少数情况下,如有的阔型西装(即很宽松的西装)的袖窿和袖山比较长,仅仅有刀口1还不能够精确对位,需要增加刀口时才会用到刀口2,见图3-65。

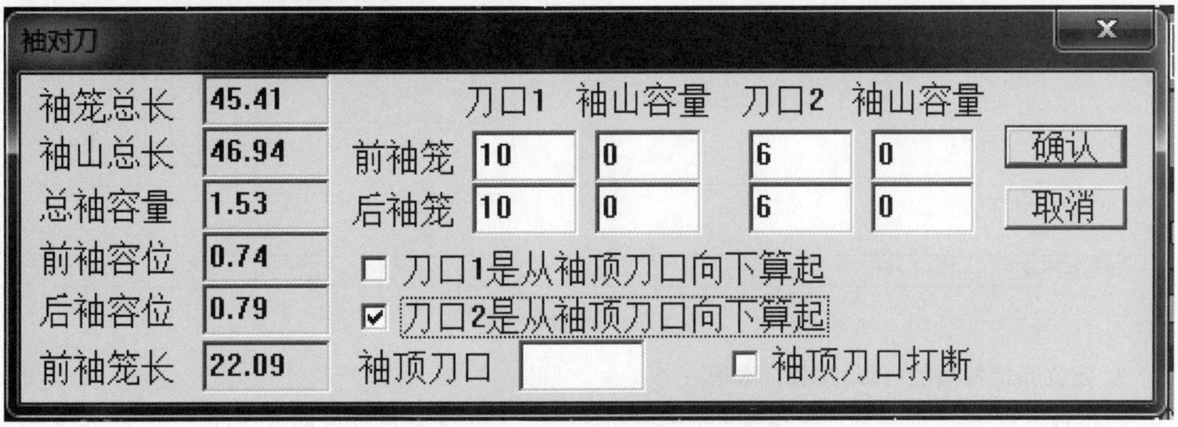

图 3-65　"袖对刀"对话框中的刀口2

使用方法:先点选或者框选目标要素,也就是大袖山弧线,右键结束;再框选参考点,即袖山顶点的刀口;然后框选目标点,即袖山顶点侧边的刀口,右键结束;最后在弹出的对话框中输入数值,按"确认"按钮,见图3-66。

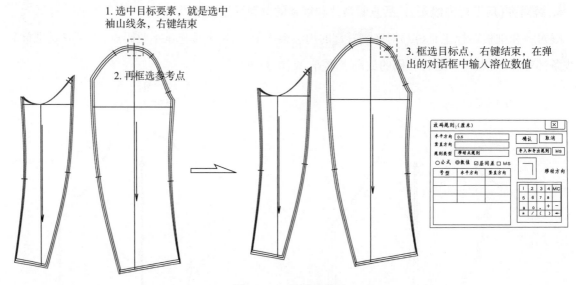

图 3－66　袖对刀推板

**8. 修改切开量(用于对切线推板上的切开量进行数值修改)/推板**

指采用切线推板的方法时,对已有的切开量进行更改,选中此工具,框选切开线的一端,在弹出的"放码规则"对话框中进行修改,见图 3－67。

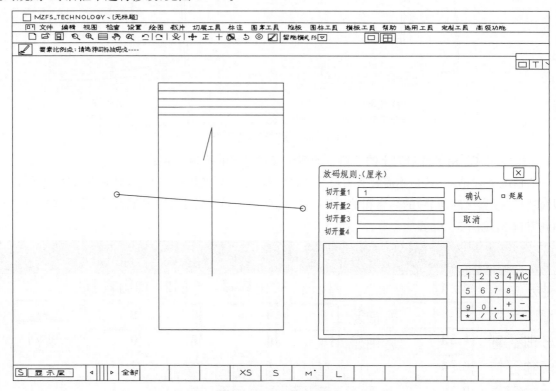

图 3－67　修改切开量

**9. 定义角度放码线(自动圆顺)/推板**

在推板过程中,有时会出现曲线线条不圆顺的现象,使用此工具可以自动圆顺,选中此工具,先选择

屏幕右上角有关曲线"圆顺、长度,单向或者双向"的选项，然后框选或者点选线条,

右键结束,(注意:这个线条一定是裁片,并且一定是曲线。)这个曲线就自动圆顺了,这个曲线的颜色也随之改变,再使用一次就恢复原状,见图 3－68。

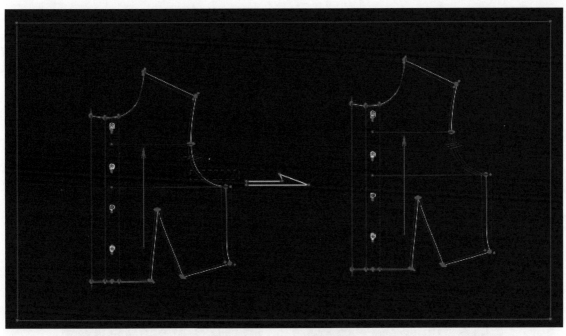

图 3-68　定义角度放码线

### 10. 双圆规移动点(推公共点)/推板

图 3-69 中中间的小裁片是腰节处,它和上下两片缝合。在放码时,假设上片变宽了 1cm,而下片变宽了 0.8cm,那么中腰的这个小裁片就很难放码了,因为它需要保证和上下的档差一致。这时就需要使用这个功能。

操作步骤:

①先把公共 A 点以外的各放码点都推放好码;

②使用双圆规移动点功能先框选中间裁片目标公共 A 点;

③用左键分别点击点 1、点 2、点 3 和点 4,注意点击的顺序,这个 A 点就自动产生档差变化了。

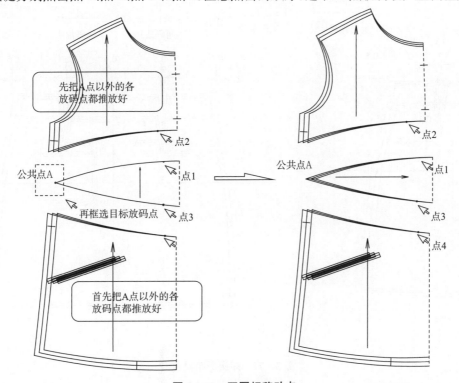

图 3-69　双圆规移动点

**11. 锁定解锁当前层[用于锁定(或解锁)某个号型]/推板**

使用方法：先把基码以外的某个号型单独显示在界面上，然后选中此工具，这个号型就被锁定了，不会再参与新输入的档差变化。同样的原理，把基码以外的某个号型单独显示在界面上，重新选中此工具，这个号型就解锁了。

# 第十一节　推板实例分析

## 1. 短裙推板

此款短裙的袋布和袋唇为通码裁片，见图 3-70~图 3-72。

图 3-70　短裙款式图

| 外侧长：1 | 腰围：4 | 臀围：4 | 摆围：4 |

通码裁片　　通码裁片　　通码裁片　　通码裁片

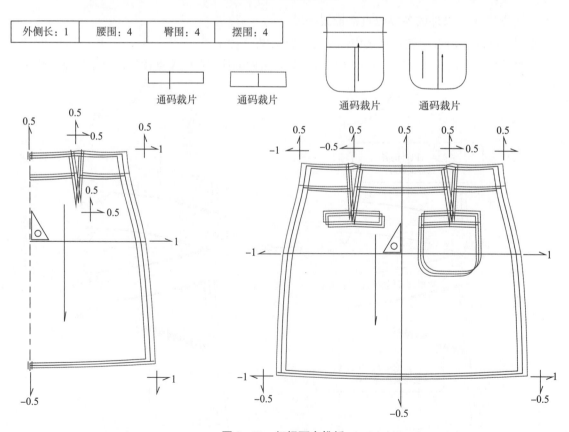

图 3-71　短裙面布推板

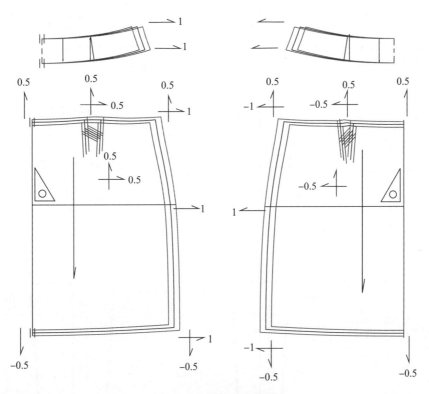

图 3-72 短裙里布推板

## 2. 女长裤推板

此款女裤结构比较简单，由前片、后片、前腰、后腰、口袋布和后腰橡筋组成，其中口袋部位长度和口袋布是通码的，见图 3-73、图 3-74。

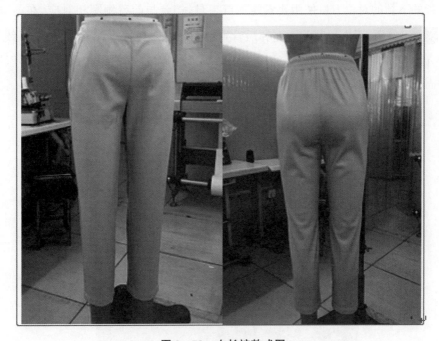

图 3-73 女长裤款式图

| 外侧长：1 | 腰围：4 | 臀围：4 | 腿围：2 | 膝围：1.5 | 脚口：1 | 前裆长：0.6 | 后裆长：0.6 |
|---|---|---|---|---|---|---|---|

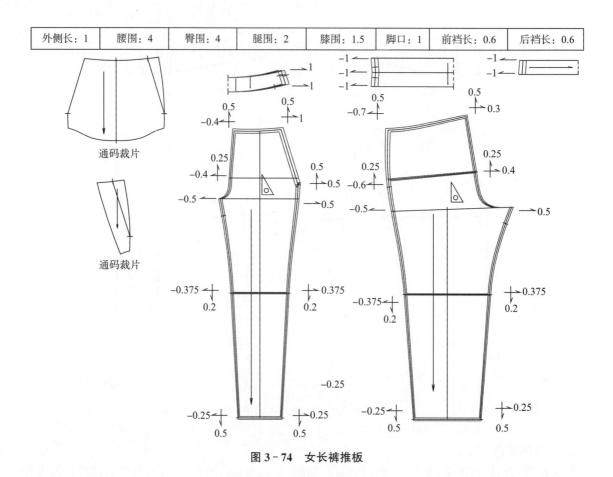

通码裁片

通码裁片

**图 3-74　女长裤推板**

### 3. 女衬衫推板

此款女衬衫的下领的对位刀口使用要素距离点工具，档差与前后领圈相对应，在前、后袖窿处各增加一个放码点 ，用来控制前胸宽和后背宽的档差；前、后袖窿和前、后袖山弧线上的对位刀口自动保持同步，因此不需要做任何其他的处理；领带、压褶裁片、袖衩捆条为通码，但是压褶裁片收碎褶后完成的尺寸需要和各码前后领圈的尺寸相对应，见图 3-75、图 3-76。

**图 3-75　女衬衫款式图**

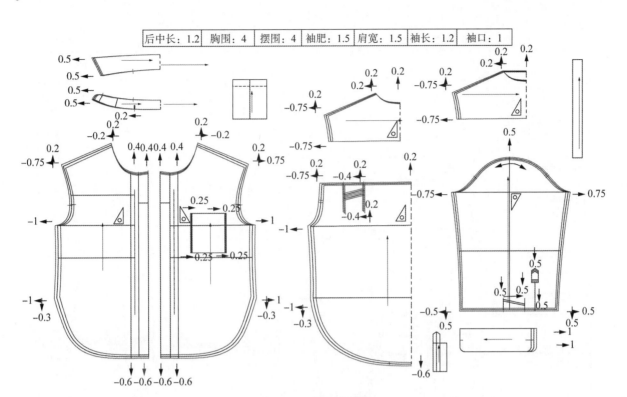

| 后中长：1.2 | 胸围：4 | 摆围：4 | 袖肥：1.5 | 肩宽：1.5 | 袖长：1.2 | 袖口：1 |

图3-76　女衬衫推板

### 4. 四开身女西装推板

此款四开身女西装的领座上的对位刀口,使用要素距离点工具 ,档差与前后领圈相对应,在前、后袖窿处各增加一个放码点 ,用来控制前胸宽和后背宽的档差,而前后袖窿刀口和袖山刀口是用袖对刀工具 做成的,一般会自动相对应,只要检查一下即可,串口点使用"要素平行交点" 工具,使每一条相关线条都是平行变化的,角度都是相同的,袋布、袋唇为通码,见图3-77~图3-80。

图3-77　四开身女西装款式图

| 后中长：1.2 | 胸围：4 | 摆围：4 | 肩宽：1 | 袖长：1.2 | 袖口：1 | 袖肥：1.5 |
| --- | --- | --- | --- | --- | --- | --- |

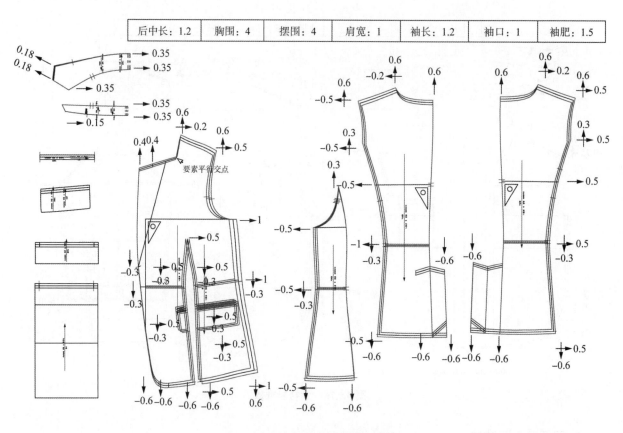

**图 3 - 78　四开身女西装面布推板**

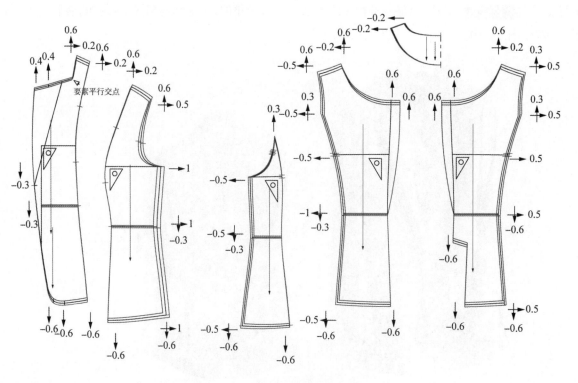

**图 3 - 79　四开身女西装里布推板**

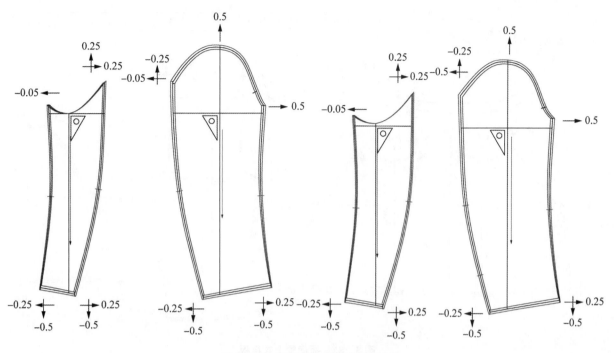

图 3 - 80 四开身女西装袖子推板

### 5. 插肩袖上衣推板

此款上衣是插肩袖的结构,前后袖的分割线档差变化要同步,领子裁片的长度及刀口位要和前后领圈同步,见图 3 - 81、图 3 - 82。

图 3 - 81 插肩袖上衣款式图

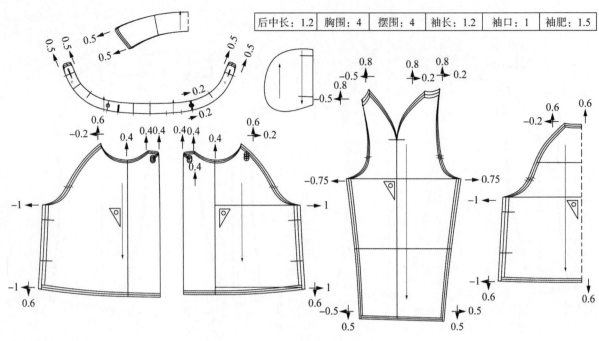

| 后中长：1.2 | 胸围：4 | 摆围：4 | 袖长：1.2 | 袖口：1 | 袖肥：1.5 |
| --- | --- | --- | --- | --- | --- |

图 3-82　插肩袖上衣推板

### 6. 连袖短上衣推板

　　此款连袖短上衣的推板重点在于袖窿底部和袖片底部的线条档差要同步，因为这两个线条拼合时是要准确无误的，见图 3-83。面布推板见图 3-84、图 3-85，挂面和里布推板见图 3-86。

图 3-83　连袖短上衣款式图

| 后中长：1 | 胸围：4 | 摆围：4 | 袖长：0.5 | 袖口：1.5 |
| --- | --- | --- | --- | --- |

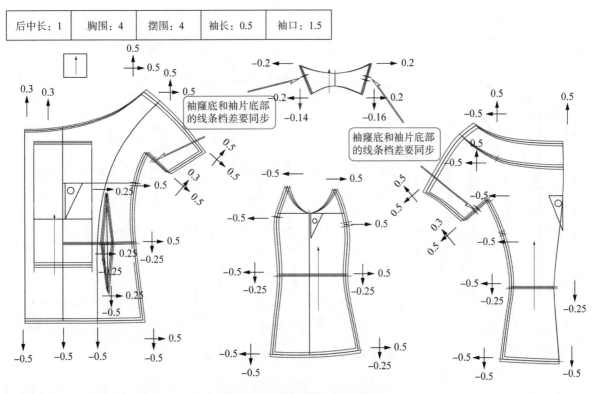

图 3 - 84　连袖短上衣面布推板

| 后中长：1 | 胸围：4 | 摆围：4 | 袖长：0.5 | 袖口：1.5 |
| --- | --- | --- | --- | --- |

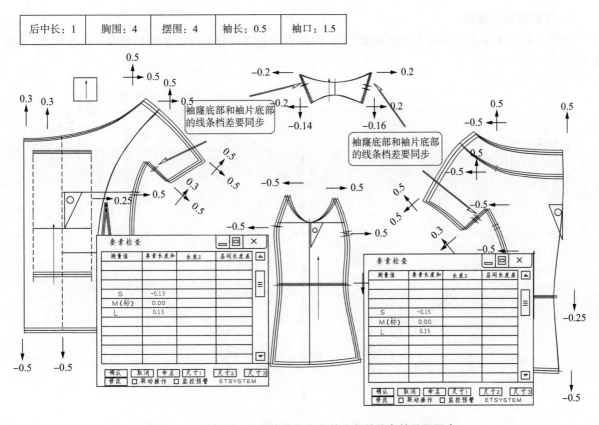

图 3 - 85　连袖短上衣袖隆底部和袖片底部的线条档差要同步

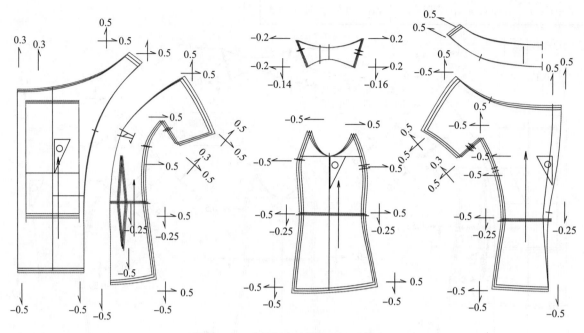

图 3-86　连袖短上衣挂面和里布推板

# 第十二节　特殊形状裁片的推板方法

**1. 半圆形裙片推板**

半圆形裙片采取水平和垂直的坐标式推板，但是要注意腰口线条的档差要和腰围的档差同步，见图 3-87。

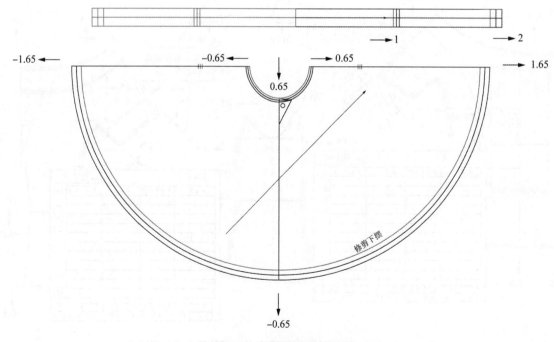

图 3-87　半圆形裙片推板

**2. 扇形裙片推板**

扇形裙片推板要同时兼顾档差和裁片形状不变,如果仅仅采用坐标式推板,侧摆部位容易变形,所以侧摆和侧腰这两个点采用顺延推板的方式,见图 3-88。

**注:**顺延推板时,坐标方向指向外围,要输入正数,不可以输入负数。

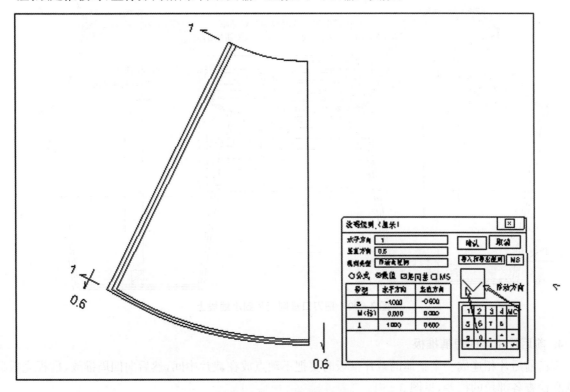

图 3-88　扇形裁片推板

**3. 泡泡袖怎样放码**

泡泡袖刀口位的放码方法是,先选中"要素距离点"工具,框选前刀口 A,连同小线段的上端一起框选住,然后左键点选前袖底线条起点端,在弹出的输入框,输入相关数值,然后点击"确定"按钮结束,见图 3-89。

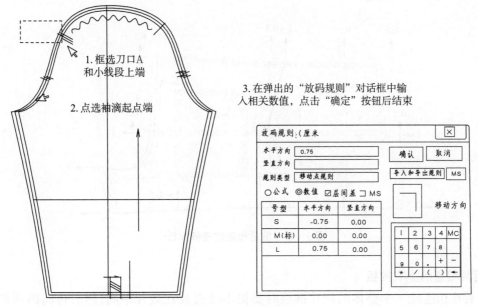

图 3-89　泡泡袖推板

然后用再使用"点规则拷贝" 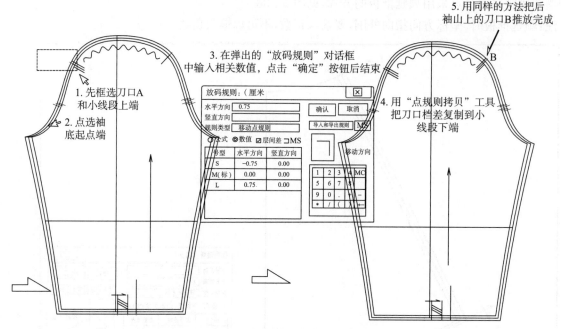工具,把刀口的档差复制到小线段的下端,这样袖山碎褶刀口就推放完成了,再用同样的方法,把后袖山上的刀口 B 也推放完成,见图 3－90。

图 3－90 把刀口规则拷贝到小线段上

### 4. 前后片相连的短裤推板

短裤前后片相连成一个整体的裁片推板时要把不动点放在裁片中间,然后向四周推放,推板完成后要认真检查各部位的档差,见图 3－91。

| 外侧长: 0.5 | 腰围: 4 | 臀围: 4 | 腿围: 4 | 脚口: 1 | 前裆: 0.5 | 后裆: 0.5 |
| --- | --- | --- | --- | --- | --- | --- |

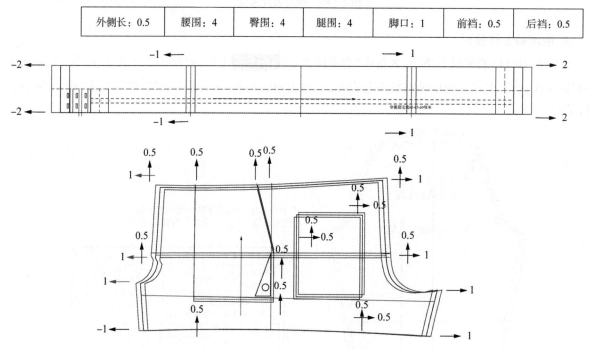

图 3－91 前后相连的短裤推板

### 5. 前后片相连的上衣推板

衬衫前后片相连成一个整体的裁片推板时要把不动点放在裁片中间,然后再向四周推放档差,见图 3 - 92。

| 后中长：1.25 | 胸围：4 | 腰围：4 | 摆围：4 | 肩宽：1 | 袖窿：2 |
|---|---|---|---|---|---|

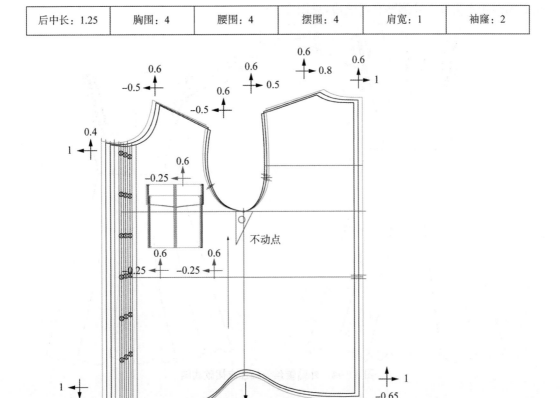

**图 3 - 92　前后片相连的衬衫推板**

### 6. 垂坠领针织衫的推板

垂坠领针织衫的总体档差见下表,垂坠领针织衫款式要同时考虑到肩缝、袖窿线条的档差,另外还要保持裁片形状不变,见图 3 - 93。

| 后中长：1 | 胸围：4 | 腰围：4 | 摆围：4 | 肩宽：1 | 袖窿：1.2 | 短袖长：0.5 |
|---|---|---|---|---|---|---|

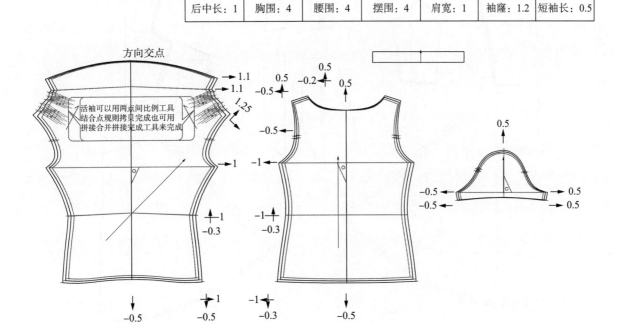

**图 3 - 93　垂坠领针织衫的推板**

### 7. 外贴蕾丝无袖连衣裙的推板

此款无袖连衣裙肩部外侧贴有蕾丝边，见图 3－94。

图 3－94　外贴蕾丝无袖连衣裙款式图

　　此款连衣裙推板时需要注意肩外侧裁片和蕾丝裁片的宽度保持通码，肩缝的档差互借到肩缝内侧的裁片上，见图 3－95。

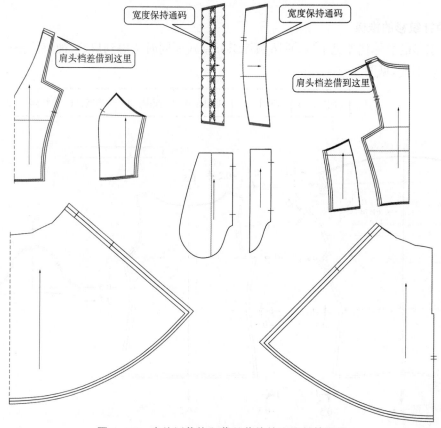

图 3－95　肩外侧裁片和蕾丝裁片的宽度保持通码

**8. 怎样两个码一跳**

（1）为什么要两个码一跳？哪些部位需要两个码一跳？

当款式为 3 个码的时候,通常口袋、拉链、纽扣位置这些部位尺寸是做成通码的,当款式为 4 个码或者 4 个码以上的时候,这些部位就可以每两个码一跳,因为在实际工作中,放码完成后的裁片数量越多,生产车间出现错码的概率就越大,而 4 个以上的码如果把上述部位设置为通码,尺寸就没有任何变化,这显然是不合理的,每两个码一跳可以同时解决这两个问题,既不会产生太多的裁片,又能够产生差数,因此,每两个码一跳在实际工作中是比较常用的。

（2）先按照常规方法推板

图 3 - 96 的这款裤子的基码是 M 码,一共四个号型,已经按均码推放的模式完成。

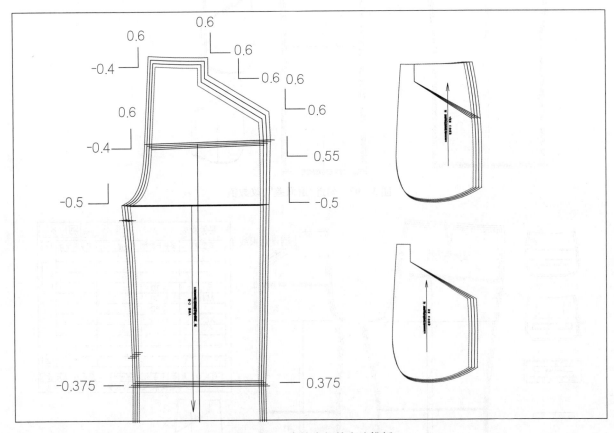

**图 3 - 96　先按常规的方法推板**

（3）勾选"层间差",修改数值

如果要改成袋口宽度每两个码一跳,档差是 0.5cm,可以用移动点工具 框选前片上方放码点 A 和放码点 B,在弹出的"放码规则"的对话框中,勾选"层间差",这时对话框中水平方向和竖直方向下面的列表中数值显示的是每个号型之间的差数,然后修改各码"水平方向"的层间差数值,点击"确认"按钮后退出这个对话框,见图 3 - 97。（如果只选中了的是数值 公式 数值 层间差 MS,则显示的是以基码为基数,递增或递减的数值）。

（4）检测修改后的档差

修改的数值是否正确,可以通过测量前腰口线条长度的方法来验证,因为腰口必须保持 1cm 的档差才能和裤腰相对应,见图 3 - 98。

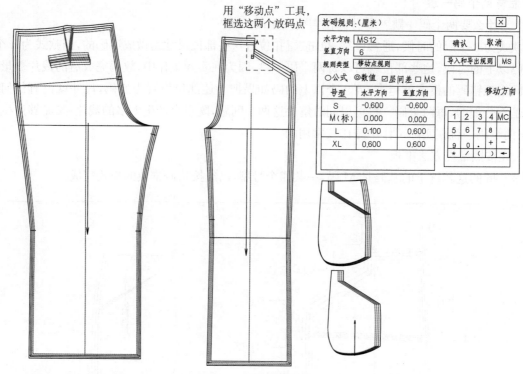

用"移动点"工具,
框选这两个放码点

放码规则:(厘米)

| 号型 | 水平方向 | 竖直方向 |
|---|---|---|
| S | -0.600 | -0.600 |
| M(标) | 0.000 | 0.000 |
| L | 0.100 | 0.600 |
| XL | 0.600 | 0.600 |

水平方向　MS12
竖直方向　6
规则类型　移动点规则
○公式 ◎数值 ☑层间差 □ MS

确认　取消
导入和导出规则　MS

移动方向

图 3-97　勾选"层间差",改数值

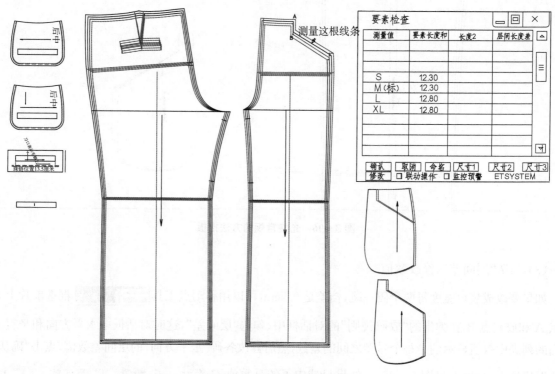

测量这根线条

要素检查

| 测量值 | 要素长度和 | 长度2 | 层间长度差 |
|---|---|---|---|
|  |  |  |  |
|  |  |  |  |
| S | 12.30 |  |  |
| M(标) | 12.30 |  |  |
| L | 12.80 |  |  |
| XL | 12.80 |  |  |
|  |  |  |  |
|  |  |  |  |

确认　取消　命名　尺寸1　尺寸2　尺寸3
修改　□联动操作　□监控预警　ETSYSTEM

图 3-98　检查修改后的档差

（5）后片和前后口袋布的推板

后片和前后口袋布也用这个方法进行推板,见图 3-99。

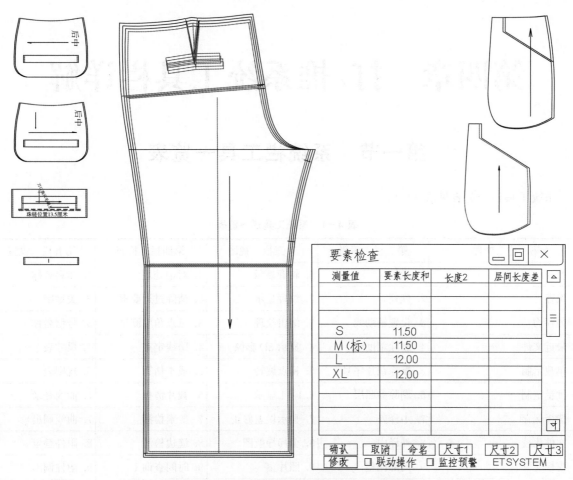

图3-99　后片和前后口袋布也用这个方法推板

# 第四章 打/推系统工具栏详解

## 第一节 系统栏工具一览表

系统工具栏一览表见表 4-1。

表 4-1 系统工具栏一览表

| 第一栏 文件 | 第二栏 编辑 | 第三栏 视图 | 第四栏 检查 | 第五栏 设置 |
|---|---|---|---|---|
| 1. 打开 | 1. 撤销 | 1. 轮廓显示 | 1. 对中处理 | 1. 布料名称 |
| 2. 保存 | 2. 恢复 | 2. 纹理显示 | 2. 清除过远要素 | 2. 关键字 |
| 3. 另存为 | 3. 设置辅助线 | 3. 编辑纹理 | 3. 三点角度测量 | 3. 号型名称 |
| 4. 最近文件 | 4. 删除辅助线 | 4. 显示 3D 影像 | 4. 跨线定点 | 4. 尺寸表 |
| 5. 单裁定制 | 5. 删除裁片序号 | 5. 视点旋转 | 5. 成本估算 | 5. 规则表 |
| 6. 批量定制 | 6. 删除参照层 | 6. 1:1 显示 | 6. 裁片情报 | 6. 曲线登录 |
| 7. 选择保存 | 7. 中译外 | 7. 显示误差修正 | 7. 要素检测 | 7. 曲线调出 |
| 8. 文件比较 | 8. 外译中 | 8. 全局导航图 | 8. 缝边检测 | 8. 附件登录 |
| 9. 模板文件 | 9. 局部调整 | 9. 照片集 | 9. 时间查询 1 | 9. 附件调出 |
| 10. 设置边名称 | 10. 局部旋转 | | 10. 时间查询 2 | 10. 设置平剪附件 |
| 11. 数字化仪文件 | 11. 曲线减点 | | | 11. 更改颜色 |
| 12. 参考模式打开文件 | 12. 整层减点处理 | | | 12. 更改线宽 |
| 13. 打开款式文件图 | 13. 联动修改 1 | | | |
| 14. 打开 Odp 文件 | 14. 联动修改 2 | | | |
| 15. 打开 DXF 文件 | 15. 解除联动关系 | | | |
| 16. 打开 UK-DXF 文件 | 16. 多层修改 | | | |
| 17. 保存 DXF 文件 | 17. 双文档拷贝 | | | |
| 18. 批保存 DXF 文件 | 18. 回到拷贝状态 | | | |
| 19. 保存切割文件 | 19. 层间拷贝 | | | |
| 20. 裁片排料输出 | | | | |
| 21. 打开 PLT 文件(裁片模式) | | | | |
| 22. 打开 PLT 文件(要素模式) | | | | |
| 23. 打开 3D 库类 | | | | |
| 24. 内部文件转换 | | | | |
| 25. 系统属性 | | | | |
| 26. ET 视频播放 | | | | |
| 27. 退出系统 | | | | |

| 第六栏 绘图 | 第七栏 裁片 | 第八栏 切展工具 | 第九栏 标注 | 第十栏 图案工具 |
|---|---|---|---|---|
| 1. 切线 | 1. 裁片平移 | 1. 衣褶收放 | 1. 长度标注 | 1. 绣花位处理 |
| 2. 单向省 | 2. 裁片选择 | 2. 全收衣褶 | 2. 两点标注 | 2. 部件切割 |
| 3. 两点做省 | 3. 裁片对齐 | 3. 全展衣褶 | 3. 角度标注 | 3. 编辑花稿 |
| 4. 平行线 | 4. 纱向水平补正 | 4. 定义衣褶 | 4. 黏衬标注 | 4. 切图至 OFFICE |
| 5. 角度线 | 5. 纱向垂直补正 | 5. 打角 | 5. 要素上两点标注 | 5. 调入底图 |
| 6. 连续线 | 6. 领综合调整 | 6. 单边展开 | 6. 裁片标注充绒量 | 6. 关闭底图 |
| 7. 要素合并 | 7. 面料缩水计算 | 7. 插入省 | 7. 标注充绒量 | 7. 单线阵列 |
| 8. 要素打断 | 8. 裁片自带缩水 | 8. 掰开省 | 8. 刷新充绒量 | 8. 区域阵列 |
| 9. 明线 | 9. 缝边改净边 | | 9. 输出充绒量 | 9. 定义横条对位点 |
| 10. 等分线 | 10. 缝净边互换 | | 10. 充绒系数估算 | 10. 定义竖条对位点 |
| 11. 波浪线 | 11. 清除所有缝边 | | | 11. 删除所有对位点 |
| 12. 等分间隔线 | 12. 裁片分类放置 | | | |
| 13. 半径圆 | 13. 刷新参照裁片 | | | |
| 14. 角平分线 | 14. 锁定解锁裁片 | | | |
| 15. 直角连接 | 15. 通码裁片 | | | |
| 16. 两点镜像 | 16. 裁片净边刀口 | | | |
| 17. 两点相似 | 17. 裁片放大 | | | |
| 18. 要素相似 | 18. 净边延长处理 | | | |
| 19. 曲线圆角处理 | 19. 延长到环边 | | | |
| 20. 定长调曲线 | | | | |
| 21. 切线端矢调整 | | | | |
| 22. 刀口拷贝 | | | | |
| 23. 捆条 | | | | |
| 24. 拉链 | | | | |
| 25. 打枣工具 | | | | |
| 26. 扣子 | | | | |
| 27. 分割扣子扣眼 | | | | |
| 28. 转换成袖对刀 | | | | |

| 第十一栏 推板 | 第十二栏 图标工具 | 第十三栏 模板工具 | 第十四栏 帮助 | 第十五栏 选用工具 |
|---|---|---|---|---|
| 1. 进入推板状态 | 1. 上方工具条图标工具 | 1. 缝合工具 | 1. 关于 ETCOM | 1. 椭圆 |
| 2. 回到文件规则拷贝 | 2. 左侧图标工具 | 2. 转为普通线 | 2. 自定义快捷菜单 | 2. 手动对号 |
| 3. 单步展开 | 3. 打板图标工具 | 3. 线槽工具 | 3. 自定义工具组 | 3. 自动对号 |
| 4. 档差缩水 | 4. 检测与测量 | 4. 生成边框 | 4. 自定义快捷键 | 4. 调整袖窿深 |
| 5. 线对齐移动点 | 5. 推板图标工具 | | | 5. 替换 |
| 6. 线对齐 | 6. 智能工具条 | | | 6. 衣袖联动调整 |
| 7. 袖对刀推板 | | | | 7. 领身联动调整 |
| 8. 修改切开量 | | | | 8. 衣领倒伏设计 |

| 第十一栏　推板 | 第十二栏　图标工具 | 第十三栏　模板工具 | 第十四栏　帮助 | 第十五栏　选用工具 |
|---|---|---|---|---|
| 9. 定义角度放码线 | | | | 9. 对接点规则 |
| 10. 双圆规移动点 | | | | 10. 定义辅助纱向点 |
| 11. 锁定解锁当前层 | | | | 11. 定向长度调整 |
| | | | | 12. 要素组两点长度 |
| | | | | 13. 两点做省 |
| | | | | 14. 实线虚线 |
| | | | | 15. 裁片信息输出 |
| | | | | 16. 扩展缝边 |

| 第十六栏　定制工具 | 第十七栏　高级功能 | 第十七栏　高级功能 |
|---|---|---|
| 1. Newwindow | 1. 导入文件到单裁 | 8. 传统风格 |
| 2. Cascade | 2. 导入文件到排料 | 9. 添加按钮 |
| 3. Tile | 3. 保存 08 万能文件 | 10. 调入底图 |
| 4. 要素检测 | 4. ET 界面 | 11. 截图翻译 F1 |
| 5. 裁片面积检测 | 5. 优力圣格 | 12. 截图工具 F12 |
| 6 单向省 | 6. 智慧之蓝 | |
| 7 指定刀口 | 7. 黑客帝国 | |
| 8 裁片明线 | | |

# 第二节　系统栏工具详解

## 第一栏，文件

### 1. 打开(用于打开打板和推板的文件)/文件

打板和推板的文件(简称打/推文件)，选中此工具，弹出"打开 ET 工程文件"对话框，找到需要的款式文件后再点击"打开"按钮即可，见图 4-1。

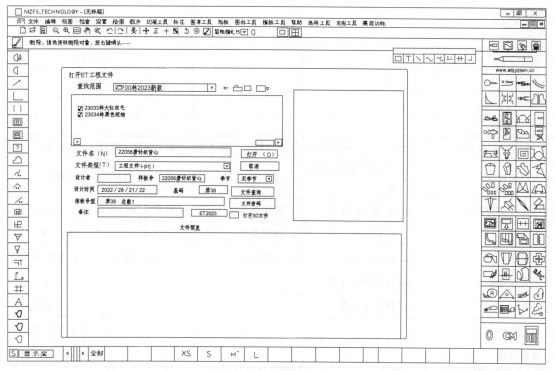

图 4-1　打开文件

**2. 保存为(用于保存文件)详见第 14 页。**

**3. 另存(用于把文件保存到其它位置或另一个文件)/文件**

使用方法:选中此工具,在弹出的"保存 ET 工程文件"对话框中重新选择"保存在"的位置和"文件名"即可,见图 4-2。

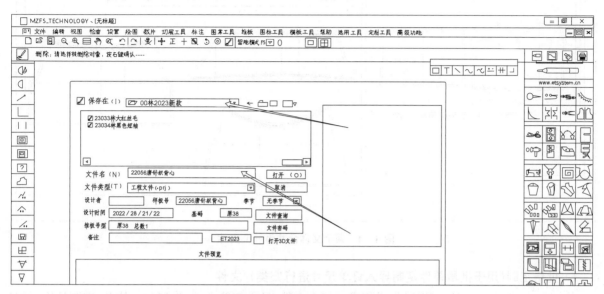

**图 4-2　保存到其他位置,或者保存为另外一个文件**

**4. 最近文件(用于在非正常停机关机时找回丢失的文件)/文件**

比如,在突然停电时,只要点击这个工具,就可以打开最近一个文件,然后只要重新保存就可以了。

**5. 单裁定制(用于把另一个文件内容拷贝到当前文件里面来)/文件**

使用方法:选中此工具,在弹出"打开"对话框中,找到需要的文件,可以对对话框中的选项进行适当的设置,然后点击"打开"按钮,见图 4-3。

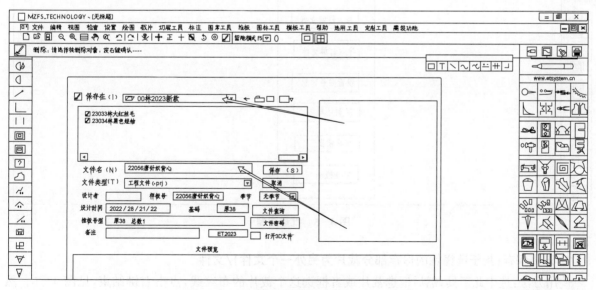

**图 4-3　找到需要的文件后点击"打开"按钮**

然后这个文件就和之前的文件合并为一个文件了,见图 4-4。

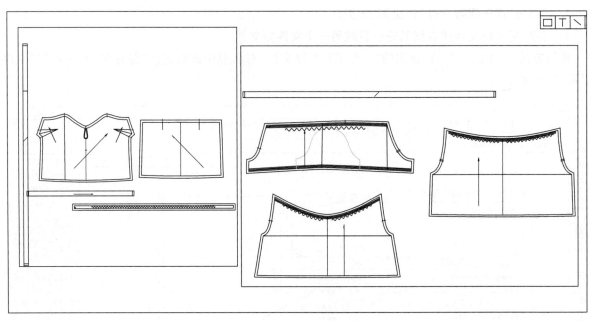

**图 4 - 4　两个文件合并为一个文件**

**6. 批量定制(用于批量单件定制导入订单尺寸进行归类)/文件**

使用方法：选中此工具，可以进行进行导入标准文件，导入订单文件，设置归号信息，定制计算，信息输入，综合检测等项目处理，见图 4 - 5。

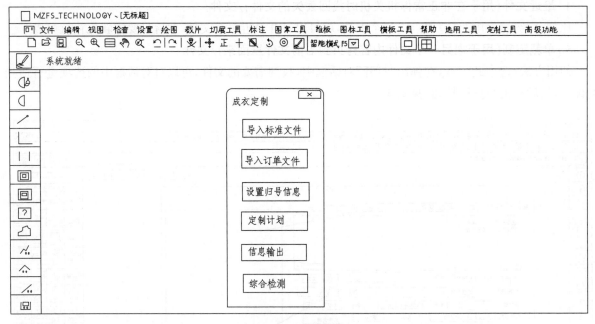

**图 4 - 5　批量定制**

**7. 选择保存(用于选择性的保存部分裁片为另外一个文件)/文件**

使用方法：选中此工具，然后框选裁片或者框选这个裁片的布纹线，点击右键结束，见图 4 - 6。然后在弹出的"保存 ET 工程文件"对话框中输入新的名称，点击"保存"即可，见图 4 - 7。

**8. 文件比较(用于修改后的文件和修改前的文件的互相对比)/文件**

先把打板文件保存为修改前和修改后两个文件。打开修改后的文件后，选中此工具，再打开修改前的文件，这时可以看到修改后的文字列表，还有以辅助线的形式出现的修改前图形，见图 4 - 8。

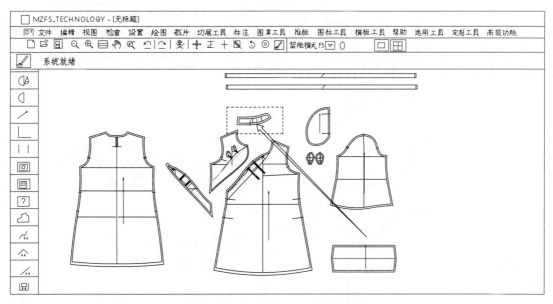

**图4-6 框选裁片后,点击右键结束**

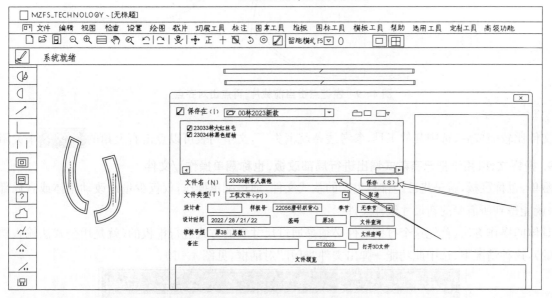

**图4-7 输入新文件名称后点击"保存"**

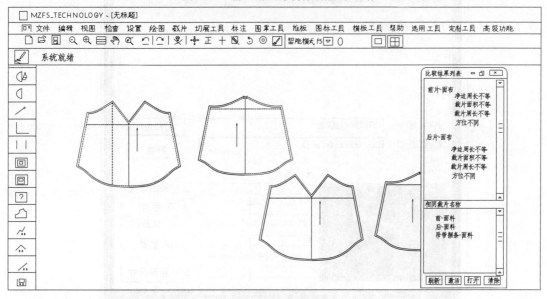

**图4-8 文件比较**

如果需要把两个相同的裁片放在一起进行对比，就用左键点击一下当前的裁片，再点击对齐点，对齐点是指没有修改的任何一个点都可以，这两个裁片就重叠到一起了，这样很容易看到修改前和修改后的裁片形状变化了，见图 4 - 9。

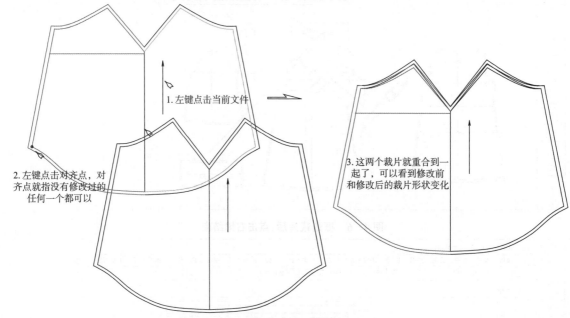

1.左键点击当前文件

2.左键点击对齐点，对齐点就指没有修改过的任何一个都可以

3.这两个裁片就重合到一起了，可以看到修改前和修改后的裁片形状变化

**图 4 - 9　左键点击当前裁片，再点击对齐点**

文件比较完成后，选中其他工具，参考线条就消失了，文字列表可以点击右上角的 ⬛**✕** 来关闭。

**9. 模板文件（用于把已有款式调出进行局部改板，也称翻单操作）/文件**

翻单，也称翻板，就是将已经排料生产的款式文件，通过翻单操作，仅仅少量地改动整体或者局部的尺寸，就能得到所需要的新尺寸纸样文件。

具体的操作方法：首先这个打推文件必须是通过尺寸表的方式进行推板的（就是用公式法输入档差参数的），这种情况下，选中此功能→弹出文件"打开"对话框，见图 4 - 10。

**图 4 - 10　模板文件**

输入修改部位的尺寸,勾选"覆盖",再单击"打开"按钮,这个文件就是修改过的新尺寸了。

注意:不可以单击对话框下方的"更新尺寸"按钮,单击"更新尺寸"按钮,只会使对话框中的尺寸和打开后的尺寸表数值产生变化,图形的尺寸并没有改变。

**10. 设置边名称(用于在比较复杂的款式裁片的边缘上进行编号)/文件**

选中此工具,左键点选或者框选缝合线条的起点端,右键结束,在弹出的"信息输入框"对话框中,输入相关的英文字母编号或者数字编号,注意不能输入汉字,然后点击"确认"按钮,裁片的边缘就显示有编号了,见图4-11。

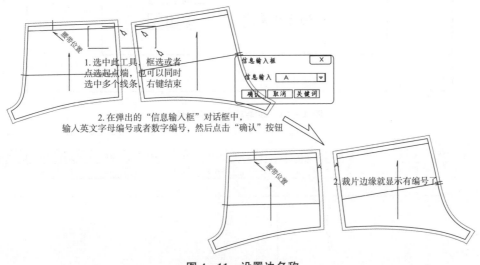

图4-11　设置边名称

**11. 数字化仪文件(用于打开数字化仪读图文件)/文件**

选中此工具,找到读图文件 外来212264读图.dgt ,点击"打开"按钮,打开文件,见图4-12。

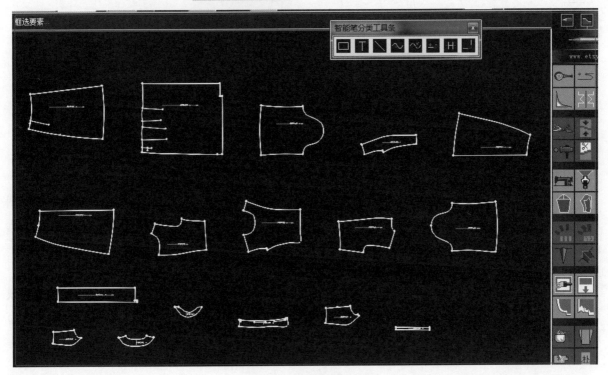

图4-12　数字化仪文件

### 12. 参考模式打开文件(用于打开参考模板文件)/文件

选中此工具,打开 ET 打推文件,这时有"参照模式"和"辅助线模式"可供选择,见图 4 - 13、图 4 - 14。

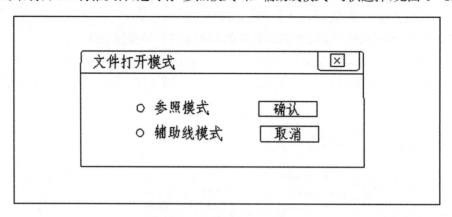

图 4 - 13　参考模式打开文件(1)

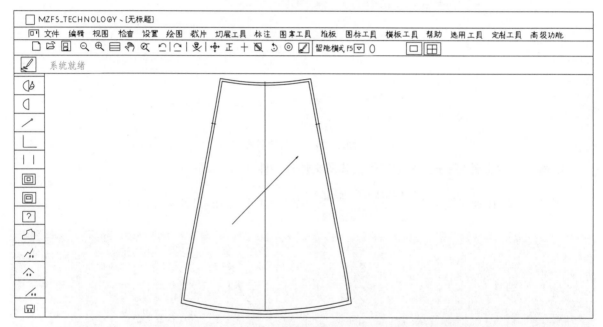

图 4 - 14　参照模式打开文件(2)

### 13. 打开款式文件图(用于打开款式彩图)/文件

打开款式文件图功能可以打开所有图片,并把图片放在界面上用于看图打板。

使用方法:选中此工具,在弹出的 [打开款式图像文件] 对话框中找到需要的图片,点击"打开"按钮,见图 4 - 15,这个图片就被打开了,左键按住图片边框的上方,可以改变图片位置,如果左键按住图片的边框的某个角拖动,可以改变大小,见图 4 - 16。

### 14. 打开 Odp 文件(用于打开线上版本做出的文件)/文件

Odp 文件 ET 线上版(即一种网上注册的先试用后收费的新版本)的一种发送给线上注册的合作伙伴的文件格式,分为高加密 Odp 文件和低加密 Odp 文件,其中高加密 Odp 文件是不可以发给第三方的,而低加密 Odp 文件是可以转发给第三方的,此工具用于打开这种格式的文件,见图 4 - 17。

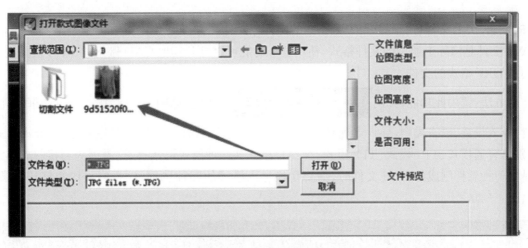

图 4 – 15　打开款式图文件

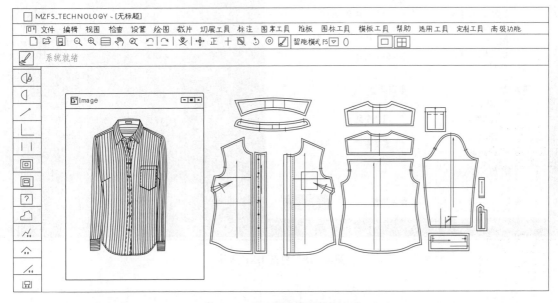

图 4 – 16　可以改变位置和大小

图 4 – 17　打开 Odp 文件

### 15. 打开 DXF 文件(用于打开 DXF 格式的文件)/文件

DXF 文件是国际上通用的文件格式,使用这个功能可以打开其他 CAD 做出的文件,只要这个文件保存的是 DXF 格式的文件。

使用方法:选中此功能,弹出 DXF(AAMA)文件导入 对话框,见图 4-18,在这个对话框中,除了单位设置、导入设置、语言类型、导入点规则、重新放置这几个比较好理解的设置以外,还有导入模式的选择,分别是普通模式、TP1 模式、TP2 模式、ACAD 模式共四种模式可选择,这是因为当接收方不清楚发送方是用何种软件制成的 DXF 文件时,需要切换导入模式的四种选项,以找到最佳的打开效果,见图4-19、图 4-20。

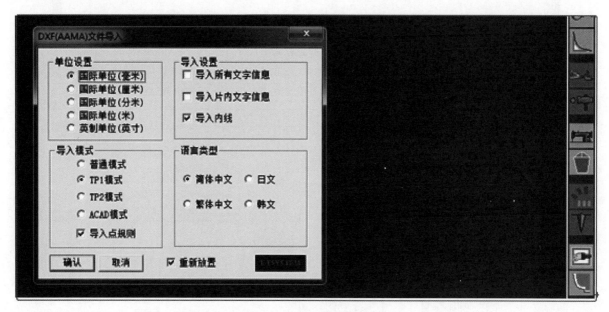

图 4-18　打开 DXF 文件

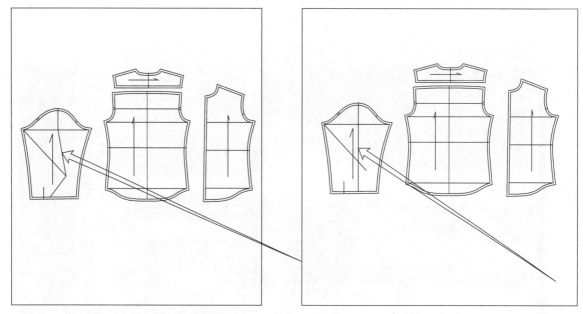

图 4-19　内线变形的效果　　　　图 4-20　切换另一种导入模式后的内线效果

**16. 打开 UK－DXF 文件(用于打开优卡服装 CAD 制成的 DXF 文件)/文件**

当以上几种打开 DXF 文件的方式都不能打开某个 DXF 文件时,就可以尝试用这个打开 UK－DXF 文件的功能。

**17. 保存 DXF 文件(用于把当前的文件保存为 DXF 格式的文件)/文件**

DXF 格式的文件为国际通用的格式,转换成 DXF 格式的文件便于使用其他 CAD 来打开使用,见图 4－21、图 4－22。

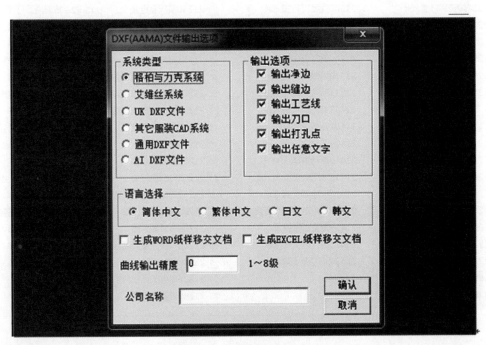

图 4－21  保存 DXF 文件 1

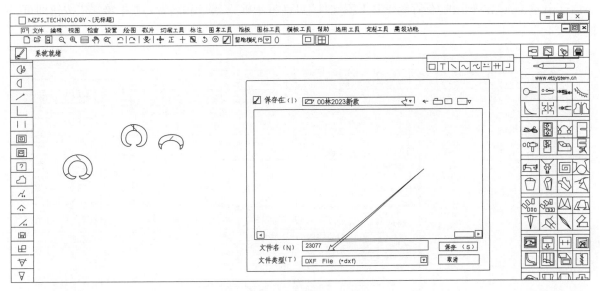

图 4－22  保存 DXF 文件 2

**18. 批保存 DXF 文件(用于把整个文件夹里的 ET 打/推文件全部转换成 DXF 文件)/文件**

使用方法和上一个工具"保存 DXF 文件"基本相同,但是这个工具是把这个文件夹里面批量保存为 DXF 的格式,见图 4－23。

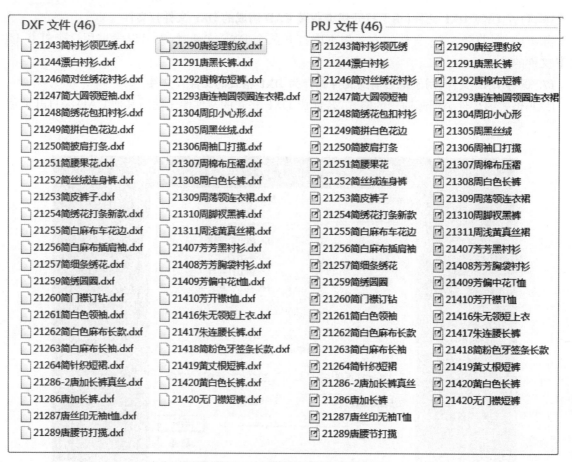

图 4 - 23　批量保存 DXF 文件

**19. 保存切割文件(用于保存为切割机使用的文件)/文件**

选中此工具,在弹出的"保存为 ET 工程文件"对话框中输入款号和名称,点击"保存"按钮即可,见图 4 - 24。

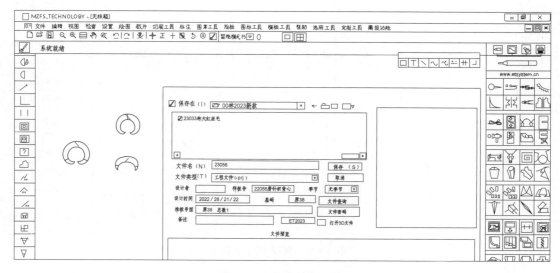

图 4 - 24　保存切割文件

**20. 裁片排料输出(用于把当前打板界面上的裁片快速输出)/文件**

使用方法:选中此工具,框选裁片,或者框选裁片布纹线也可以,右键结束,见图 4 - 25,这时打板界面自动跳入到排料界面,然后把裁片放到排料区,点击"出图"按钮,就可以打印了,见图4-26。

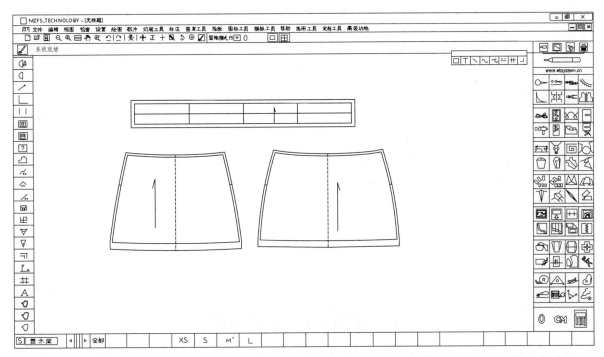

图 4-25 裁片排料输出

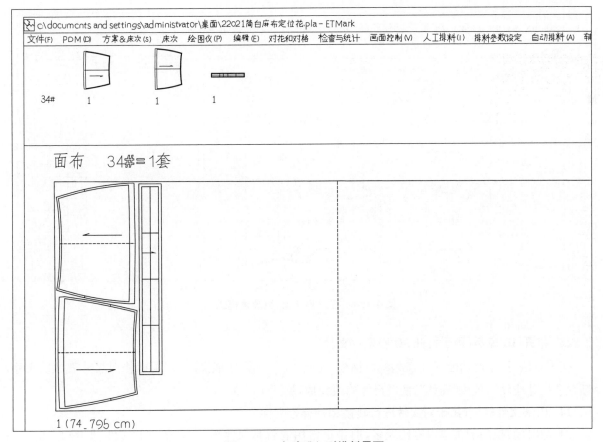

图 4-26 自动跳入到排料界面

### 21. 打开 PLT 文件(裁片模式)/文件

PLT 格式是排料图格式,此工具可以打开所有其他 CAD 输入的排料图格式文件,见图 4-27。

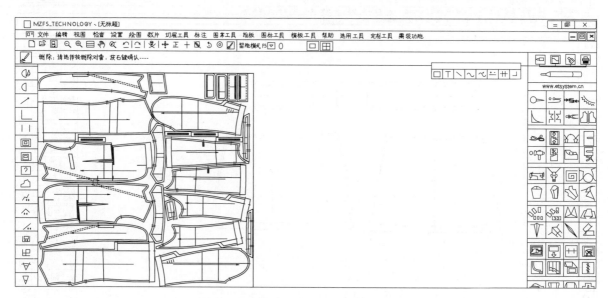

图 4-27 打开 PLT 文件(裁片模式)

### 22. 打开 PLT 文件(要素模式)/文件

要素模式,就是排料图的内线、缝边以及文字都是线条组成的,见图 4-28。

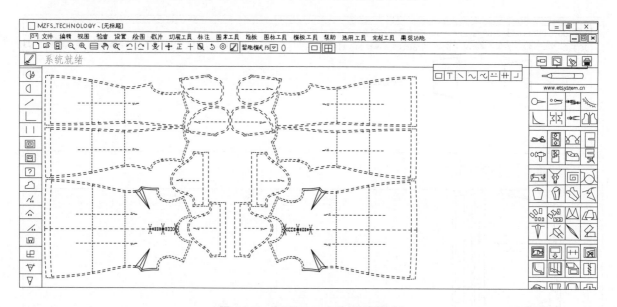

图 4-28 打开 PLT 文件(要素模式)

### 23. 打开 3D 库类(用于打开 3D 原型)/文件

使用方法:选中此功能,弹出 3DView 对话框,见图 10-10,选中底图类型,可以修改尺寸表中的尺寸,然后按"尺寸驱动",再按"确认",底图尺寸修改完成,见图 4-29。

### 24. 内部文件转换(用于对文件进行转换和转存)/文件

内部文件转换的子菜单内容比较多,但是最常用的就是保存为 2008 版 ET 文件,见图 4-30。另外,文件批量转存可以用于不同版本的文件转化和过滤,可以一次性把整个文件夹里面的所有文件都转换过来。使用方法:选择此工具,找到需要转换的文件夹,打开任意一个打推文件,会弹出文件类型的对话框,分别有本系统文件、彩虹 ET 文件、WIUB ET、WIUB UG 文件可供选择,见图 4 - 31,选择后按确认按钮,电脑界面会不停变化和闪动,直到所有文件转换完成,见图 4 - 32。

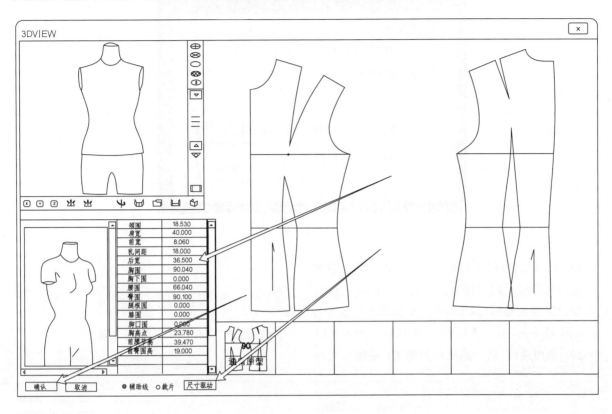

**图 4 - 29  打开 3D 库类**

| 保存为08ET文件 |
| :---: |
| 单文件转存 |
| 文件批量转存 |
| 排料文件定向批转存 |
| 排料文件批转存 |
| 文件批转老版本 |
| 定向打开文件 |
| 定向保存文件 |
| 打开GGT文件 |
| 输出GGT文件 |
| 打开力克VET文件 |
| 打开力克MDL文件 |
| 输出力克VET文件 |
| 输出力克MDL文件 |
| 保存为老版本文件 |
| 保存UL SG文件（老版本） |
| 保存UL SG文件（新版本） |
| 保存UL SG文件（老版本） |
| 保存UL SG文件（新版本） |
| 打开PLT文件（裁片模式） |
| 打开PLT文件（要素模式） |

**图 4 - 30  保存为 2008 版 ET 文件**

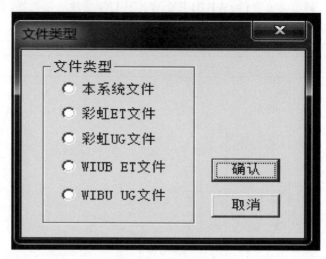

图 4 - 31　文件批转存

**25. 系统属性(用于对系统进行基本设置)/文件**

系统属性设置内容详见第 6 页,此处不再赘述。

**26. ET 视频播放(用于播放 ET 使用教程视频)/文件**

选中此工具,界面跳转到"我的电脑磁盘",可以打开播放磁盘中保存的 ET 教程视频。

**27. 退出系统(用于退出和关闭 ET 系统)/文件**

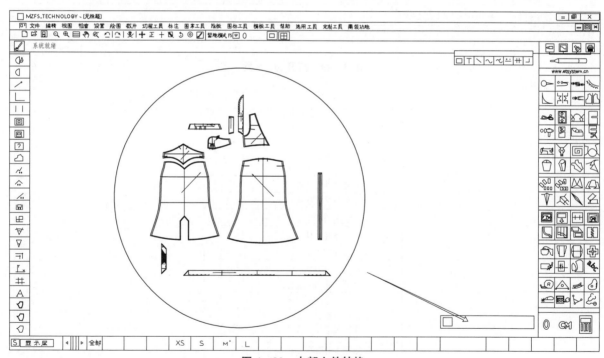

图 4 - 32　内部文件转换

## 第二栏,编辑

**1. 撤销(用于返回上一步操作)/编辑**

**2. 恢复(用于恢复到下一步操作)/编辑**

**3. 设置辅助线(用于把线条变成辅助线)/编辑**

使用方法见第 67 页。

**4. 删除辅助线(用于删除已有的辅助线)/编辑**

选中此工具,界面上所有辅助线都被删除。

**5. 删除裁片序号(用于删除读图产生的文字)/编辑**

在打开读图文件时,单击这个工具可以删除所有裁片上由于读图自动产生的编号文字,见图 4 - 34。

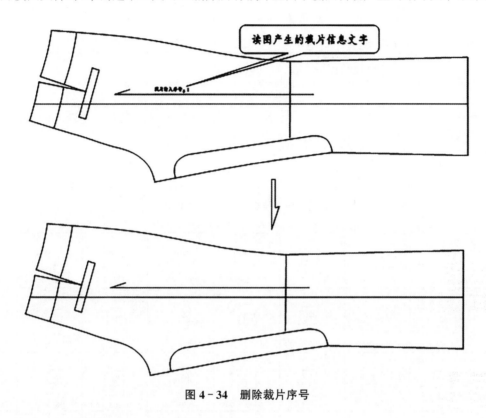

图 4 - 34　删除裁片序号

**6. 删除参照层(用于删除蓝色参考线条)/编辑**

选中此工具,使用 刷新参照层时,所出现的蓝色参考线条就会被删除,见图 4 - 35。

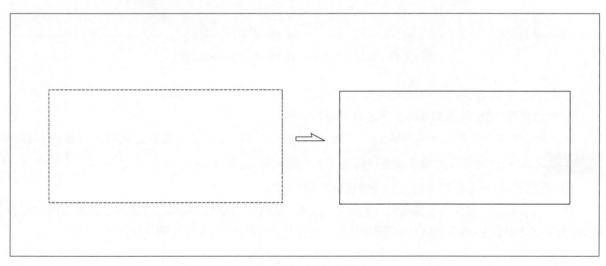

图 4 - 35　删除参照层

**7. 中译外(用于中文和英文互译)/编辑**

**8. 外译中(用于英文和中文互译)/编辑**

在版本目录 sys_dir 中，增加一个名为：CE_TRANS 的 excel 文件，在文件中，把有可能用到的中英文裁片名称编辑好，打开需要转换的文件，选中此功能，再点击"OK"，当前裁片上的文字会变换过来，见图 4 - 36～图 4 - 39。

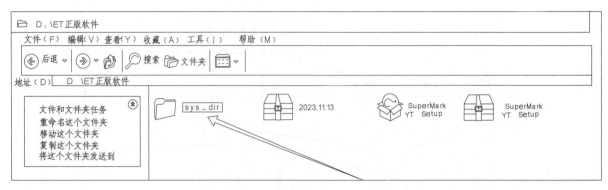

**图 4 - 36 在版本目录 sys_dir 中**

**图 4 - 37 增加一个名为：CE_TRANS 的 excel 文件**

注意：这个文件名称 CE_TRANS 输入时的正确性。

**9. 局部调整(用于线条端点的上下左右调整)/编辑**

在一条或者多条要素上指示调整要素的固定点，右键结束(右键位置要靠近调整侧的端点)，弹出 裁片移动 对话框，这时可以对线条端点进行上下左右的调整，见图 4 - 40。

**10. 局部旋转(用于把图形的局部进行旋转改动)/编辑**

例如，需要把这个裙片的下摆增大一些。使用方法：框选参与旋转的要素，右键结束。点选固定侧要素，并指示旋转中心点；再点选展开侧要素，并指示断开点；然后鼠标拖动旋转到目标位置，见图 4 - 41。

| | A | B |
|---|---|---|
| | A112 ∨ | ⊕ fx | |

| | A | B |
|---|---|---|
| 1 | before the piece | 前片 |
| 2 | of the side | 前侧片 |
| 3 | after the piece | 后片 |
| 4 | the back | 后侧片 |
| 5 | stand collar | 领座 |
| 6 | hanging loop | 领吊袢 |
| 7 | top collar | 领面 |
| 8 | small shoulder | 小肩 |
| 9 | sleeve top | 袖山 |
| 10 | lapel point | 领咀 |
| 11 | mock button hole | 假眼 |
| 12 | armhole | 袖窿 |
| 13 | breast pocket | 胸袋 |
| 14 | button hole | 扣眼 |
| 15 | top fly | 门襟 |
| 16 | front dart | 前褶 |
| 17 | underarm dart | 肋褶 |
| 18 | top sleeve | 大袖 |
| 19 | sleeve button | 袖扣 |
| 20 | sleeve opening | 袖口 |
| 21 | hem | 衫脚 |
| 22 | front cut | 止口圆角 |
| 23 | front edge | 门襟止口 |
| 24 | under sleeve | 小袖 |
| 25 | flap | 袋盖 |
| 26 | change pocket | 零钱袋 |
| 27 | button | 纽扣 |
| 28 | under fly | 里襟 |
| 29 | inside breast pocket | 里袋 |
| 30 | fold line for lapel | 翻领线 |
| 31 | lapel | 驳头 |
| 32 | gorge line | 串口 |
| 33 | lining center back pleat | 里布后中省 |

| | A | B |
|---|---|---|
| 34 | back lining | 后幅里布 |
| 35 | top collar | 领面 |
| 36 | across back shoulder | 总肩 |
| 37 | back armhole | 后袖窿 |
| 38 | half back belt | 半腰带 |
| 39 | vent | 背衩 |
| 40 | side seam | 摆缝 |
| 41 | center back seam | 背缝 |
| 42 | back yoke | 后过肩 |
| 43 | waistband | 裤头 |
| 44 | waistband button | 腰头钮 |
| 45 | button tab | 里襟尖咀 |
| 46 | waistband lining | 裤头里 |
| 47 | bearer button | 裤头钮 |
| 48 | extended tab | 宝剑头 |
| 49 | left fly | 门襟 |
| 50 | fly buttonhle | 钮牌扣眼 |
| 51 | front fly | 裤门襟 |
| 52 | crutch lining | 裤裆垫布 |
| 53 | side seam | 侧骨 |
| 54 | inside seam | 下裆缝 |
| 55 | reinforcement for knees | 膝盖绸 |
| 56 | leg opening | 裤脚 |
| 57 | tun-up cuff | 卷脚 |
| 58 | heel stay | 贴脚条 |
| 59 | crease line | 裤中线 |
| 60 | fly button | 纽扣 |
| 61 | right fly | 里襟 |
| 62 | slant pocket | 斜插袋 |
| 63 | front waist pleat | 前腰褶 |
| 64 | watch pocket | 表袋 |
| 65 | beltloop | 裤耳 |
| 66 | hip pocket | 后袋 |

图 4-38 把有可能用到的中英文裁片名称编辑好(1)

| | A | B |
|---|---|---|
| 67 | seat seam | 后裆缝 |
| 68 | back waist dart | 后褶 |
| 69 | waistband | 裙头 |
| 70 | side opening | 侧骨拉链开口 |
| 71 | inverted pleat | 暗裥 |
| 72 | front center seam | 前中缝骨 |
| 73 | front waist dart | 前腰褶 |
| 74 | back waist dart | 后腰褶 |
| 75 | side openig | 侧骨拉链开口 |
| 76 | front yoke | 前拼腰 |
| 77 | pleats | 裥 |
| 78 | hem | 裙脚 |
| 79 | side seam | 侧骨 |
| 80 | hip pocket | 后袋 |
| 81 | beltloop | 腰带袢 |
| 82 | lining | 里布 |
| 83 | small shoulder | 小肩 |

图 4-39 把有可能用到的中英文裁片名称编辑好(2)

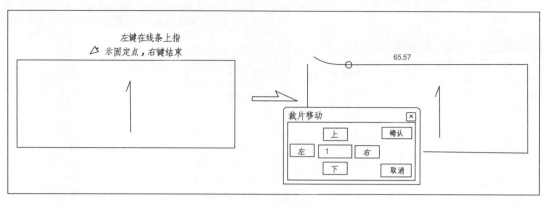

**图 4 - 40　局部调整**

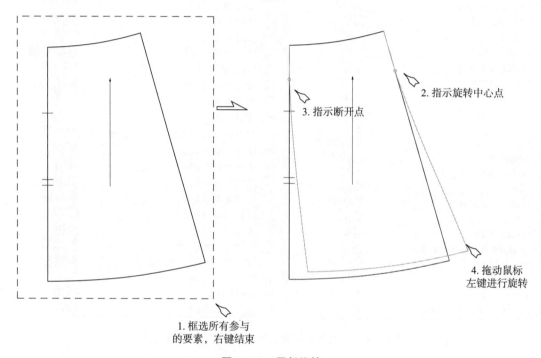

**图 4 - 41　局部旋转**

**11. 曲线减点(用于减少曲线上的点数)/编辑**

使用方法:选中此工具,再框选或者点选曲线,然后按 S 键进行减点,按 A 键可以恢复,按右键完成,见图 4 - 42。

**12. 整层减点处理(用于对整个层的裁片上所有曲线进行减少点数)/编辑**

选中此工具,弹出减点结束的提示,裁片上所有点数都减少了,而线条下面还有一条绿色线,表示图形并没有变形,见图 4 - 43,单击左侧 显示参照层可以删除这些绿色线。

**13. 联动修改 1(用于两个线条同步的修改)/编辑**

通常用于底稿和裁片的同步修改。使用方法:首先确定被联动的修改要素,就是被联动的那个线条,按右键结束,再在另外一条线条上进行修改,这时之前那个线条是同步修改的,右上角有"保长"和

"保型"的选项 就是一个是保持线条长度同步,另一个是保持线条造型同步的选项,见图 4 - 44。

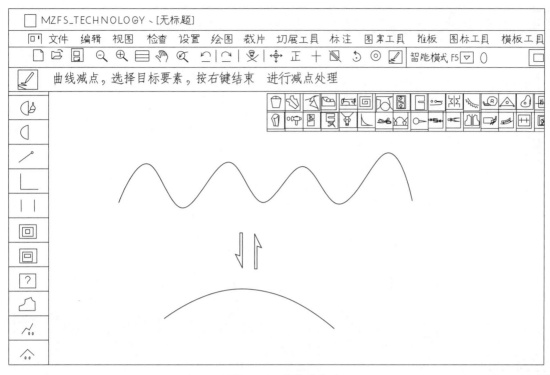

图 4 - 42 曲线减点

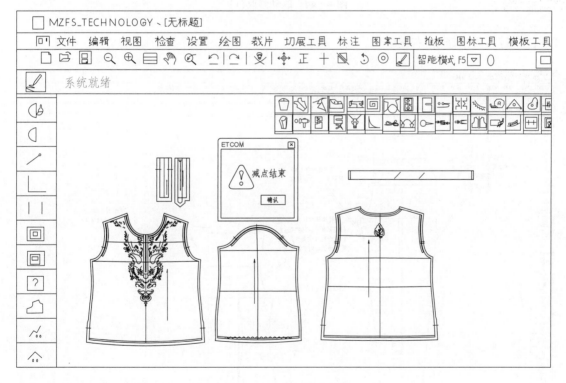

图 4 - 43 整层减点处理

**14. 联动修改 2(用于没有对称轴的局部对称线条进行同步调整)/编辑**

需要注意的是,联动的线和被联动的线必须是由一条线镜像过去的,见图 4 - 45。使用步骤:

第一步,选择联动修改要素 1,按右键结束;

第二步,选择联动要素 2,右键结束;

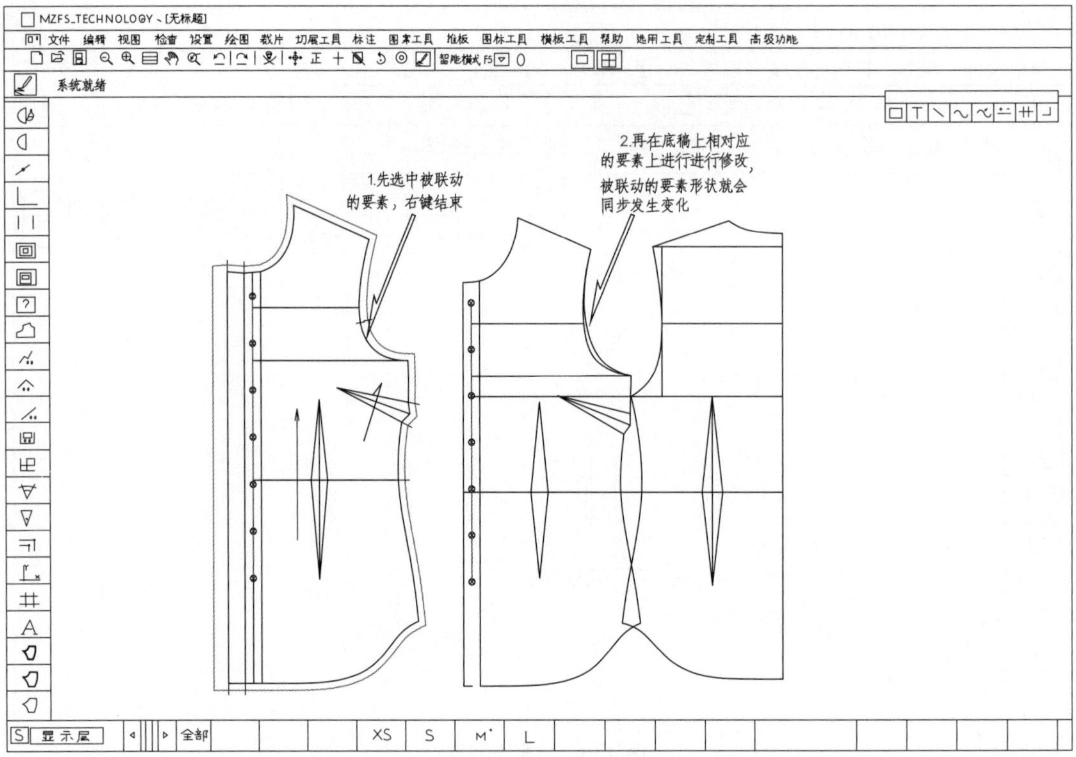

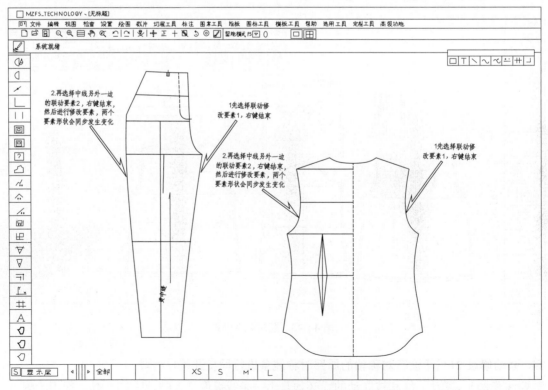

图 4 - 44　联动修改(1)

第三步，进行要素修改，右键结束。

图 4 - 45　联动修改(2)

**15. 解除联动关系(用于解除联动关系)/编辑**

对于提取裁片时,选中了有规则的裁片,取消两者之间的联动关系,使两者变成独立的存在。

**16. 多层修改(用于修改不同号型上的相关信息)/编辑**

选中此工具,框选裁片中的"任意文字""剪切线""充绒量"或者"扣子扣眼",右键结束,这时弹出"多层修改对话框",在对话框中填写需要修改的项目,点击确认按钮。"多层修改"后按"刷新缝边"和"推板展开",并不影响各层的效果,见图4-46。

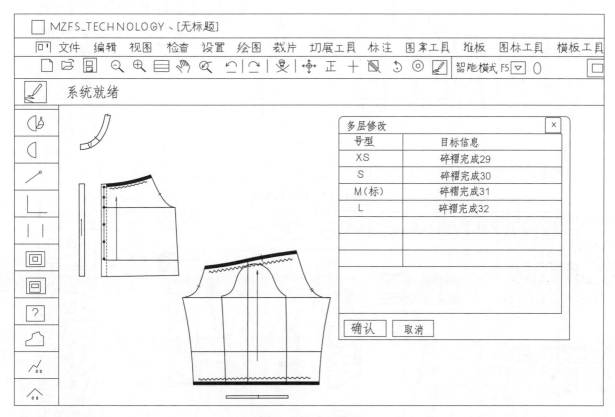

**图4-46 多层修改**

**注**:如果是多层修改"扣子扣眼",那么"扣子扣眼"成串的线不要分割开,选中此工具,框选任何一层的"扣子扣眼"后,在弹出的多层修改对话框里面修改每层不同的"扣子扣眼数"量即可。

**17. 双文档拷贝(用于拷贝出其它文件中的裁片)/编辑**

双文档拷贝功能应用起来非常方便,它并不像其他CAD需要单独设定一个底稿库,再保存底稿进去备用,而是用来把电脑里已经保存过的其他文件全部都当成了底稿,可以随意地调出和拷贝其他文件的内容,ET系统的这个功能非常有特色,非常强大,可以任意取出电脑中保存的所有文件中的全部图形或者局部图形。使用方法:选中这个功能,出现"打开ET工程文件",找到需要拷贝的文件,点击"打开",界面上就出现两个窗口,用左键在左边的窗口中框选需要的图形,在右边的窗口空白处点击左键即可,就可以把短袖拷贝过来了,见图4-47。然后把参考文档关闭,把当前文档最大化,操作完成,见图4-48。

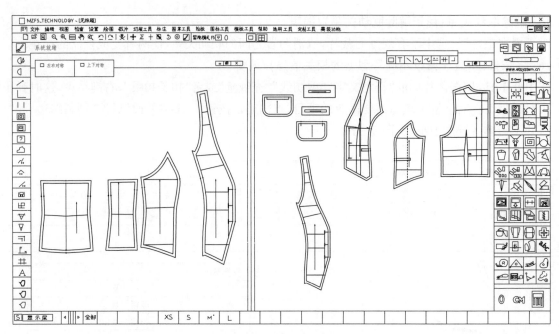

图 4-47　双文档拷贝

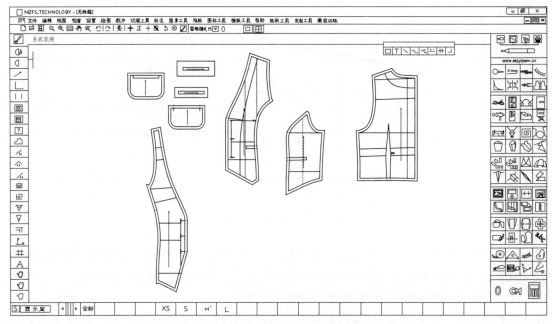

图 4-48　关闭参考文档,把当前文档最大化

　　**注 1:**双文档拷贝不但可以拷贝其他文件中的图形,还可以对当前的文件进行拷贝。例如,可以把当前文件中的大码文件拷贝过来,然后单独保存。

　　**注 2:**在使用双文档拷贝时,当前的文件要在显示基码状态。

　　**注 3:**在使用双文档拷贝时,原文件的布料属性会变成当前文件的布料属性,如果原文件的布料属性设置中的排列顺序和当前文档的布料排列顺序不一样,那么拷贝过来文件的裁片属性就可能变成其他属性,或者是空白的,还有刀口和缝角也会发生变化,因此,双文档拷贝的文件要细心检查这些要素是否正确无误。

　　**18. 回到拷贝状态(用于边操作边拷贝)/编辑**

　　当使用了双文档拷贝,在没有关闭左边窗口的情况下对右边窗口进行操作,如果还需要继续拷贝参考文件中的内容,选中"回到拷贝状态"功能,就可以连续拷贝了,见图 4-49。

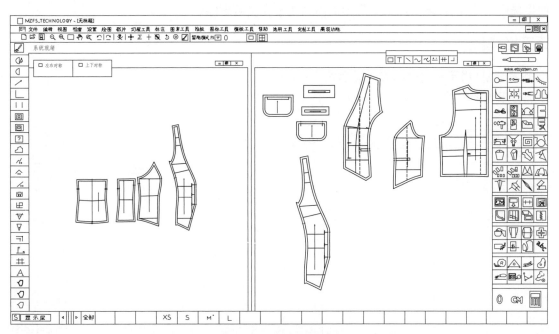

图 4‑49 回到拷贝状态

**19. 层间拷贝(用于把当前号型中的要素拷贝到指定号型上)/编辑**

在推板状态下,先显示当前号型,方法是点击屏幕左下角推板设置和显示层切换按钮,当切换到"显示层"状态时,再用左键点击屏幕最下方需要拷贝的号型,如 S 码。

然后选中此工具,框选当前号型中的要素,右键结束,注意框选当前号型中的要素,既可以是全部裁片,也可以是单个裁片,或者是某个内部线条及文字都可以,这时弹出的"层间拷贝/移动"对话框,见图 4‑50。

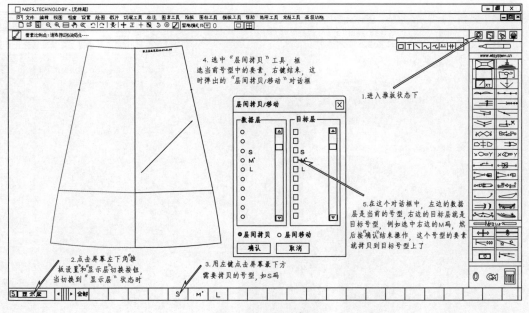

图 4‑50 层间拷贝

在这个对话框中,左边的数据层是当前的号型,右边是目标层就是目标号型。例如,选中右边的 M 码,然后按"确认"结束操作,这个号型的要素就拷贝到目标号型上了。(也可以同时多选目标号型,例如,同时选中右边的 M 码和 L 码,也可以把这些要素拷贝到 M 码和 L 码上。)

如果选中了"层间移动"，那么原号型的内部要素就会被删除。

### 第三栏,视图

#### 1. 轮廓显示(用于按线框的方式显示裁片)/视图

轮廓显示为系统默认的显示方式,见图 4-51。

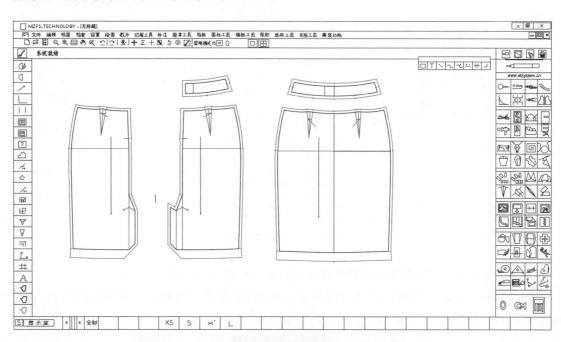

图 4-51 轮廓显示

#### 2. 纹理显示(用于显示面料纹理)/视图

选中此工具,当前界面上所有裁片以纹理的方式显示裁片,见图 4-52。

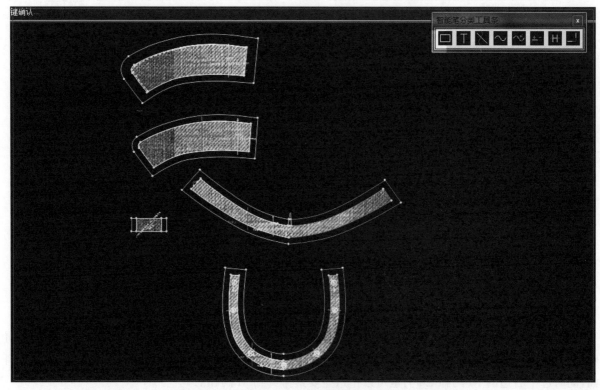

图 4-52 纹理显示

**3. 编辑纹理(用于对填充的图形进行纹理编辑操作)/视图**

单击此功能,点击裁片,弹出"裁片纹理编辑"对话框,点击左边方块按钮可以更换纹理图案,推动右边滑杆可调节纹理比例,见图4-53。

图 4-53　编辑纹理

**4. 显示 3D 影像(用于打开有些工具的 3D 效果)/视图**

在使用有 3D 效果的工具时,如打角,如果已经关闭了 3D 效果,选中此工具,3D 效果会出现,见图 4-54。

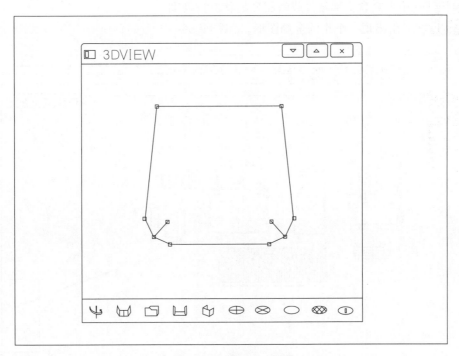

图 4-54　显示 3D 影像

**5. 视点旋转(用于改变观察 3D 效果的角度)/视图**

接上一工具,显示 3D 影像,拖动鼠标左键,可以改变观察 3D 效果的角度,见图 4-55。

**6. 1∶1 显示(用于按 1∶1 的尺寸显示图形)/视图**

详见 131 页。

**7. 显示误差修正(用于校正图形比例)/视图**

详见 130 页。

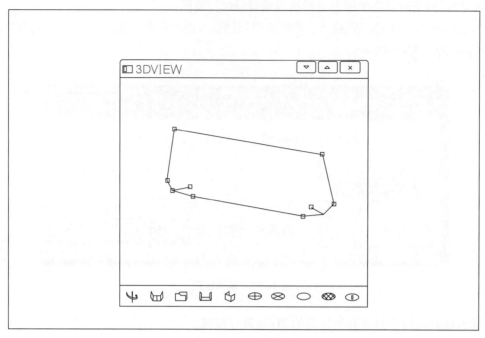

图 4 - 55　视点旋转

## 8. 全局导航图(用于查看全部裁片或者图形的状况)/视图

选中此工具,右下角出现一个小的全局图形,见图 4 - 56。

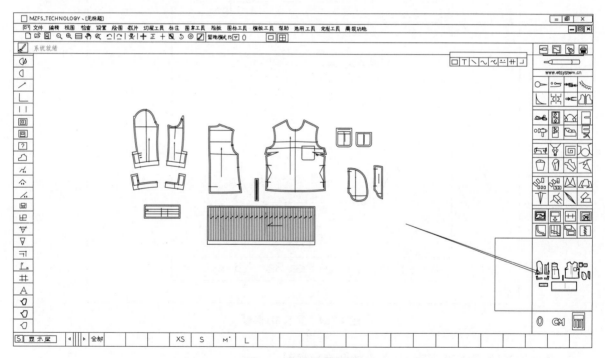

图 4 - 56　全局导航图

## 9. 照片集(用于拍照保存和查看之前的操作步骤)/视图

按快捷键 Alt＋Ctrl＋1 键,可将当前屏幕进行拍照,拍多张照片按 Alt＋Ctrl＋2、3、4 键,依此类推,总共可以拍 10 张照片。按 Shift＋1、2、3、4 键为调出并显示出相对应数字的照片,按显示菜单下的照片集也可以调出照片集对话框,见图 4 - 57。

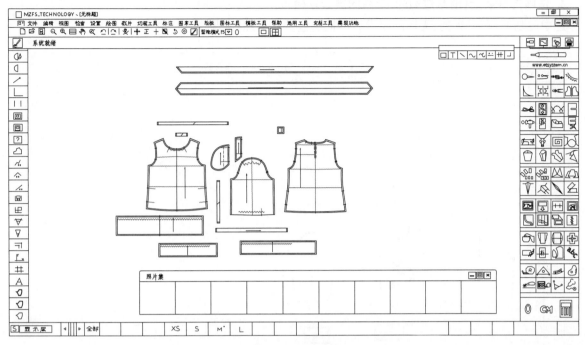

图 4-57　照片集

## 第四栏,检查

**1. 对中处理(用于把屏幕上要素的中点和屏幕中点对上)/检查**

选中此工具屏幕上要素的中点和屏幕中点对上,也就是使屏幕上的所有要素都尽量居中显示,见图 4-58。

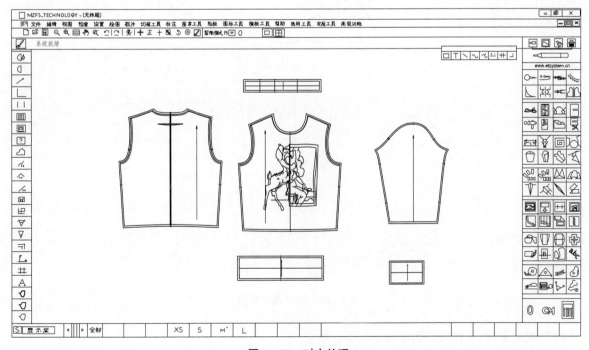

图 4-58　对中处理

### 2. 清除过远要素(清除过远的、无用的要素)/检查

选中此功能,有过远的、无用的要素时可把这些要素清除掉,见图4-59。

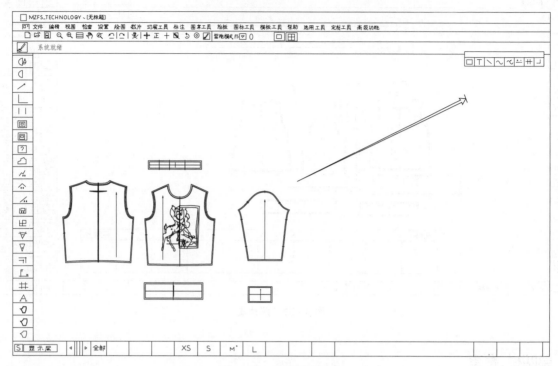

**图4-59 清除过远要素**

### 3. 三点角度测量(用于测量三个点构成的角度)/检查

选中此功能,依次点选三个测量点(点1、点2、点3),弹出角度测量结果,见图4-60。

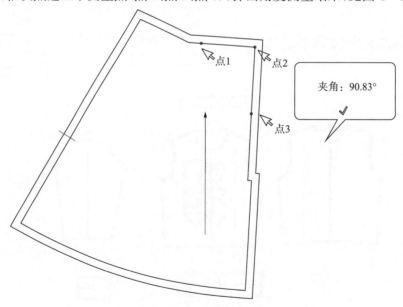

点1　点2

夹角：90.83°

点3

**图4-60 三点角度测量**

### 4. 跨线定点(用于在断开的线条上找点)/检查

这个点可以有虚点、刀口和打孔三种方式可供选择。

使用方法:选中此工具,输入相关数值,然后选中找点方式,如刀口,再依次点选或者框选线条的起点端,如果有多个线条就接着依次点选或者框选其他线条的起点端,再在任意位置点击两次右键,这时

刀口已经显示出来了,见图 4 - 61。

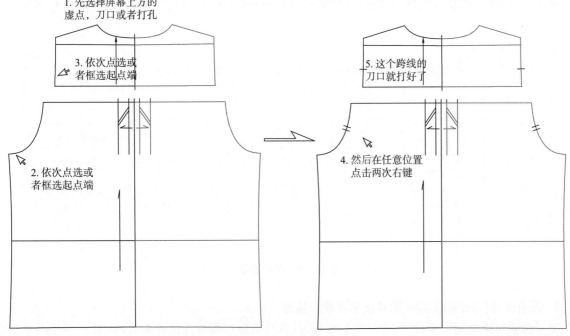

图 4 - 61　跨线定点

### 5. 成本估算(用于估算款式单价)/检查

这个功能可以通过选择布料名称、输入幅宽(注意:幅宽是以米或者码作为单位的,而不是我们打板时使用厘米和英寸来计算的。)、料率(一般为 80％,)和单价,系统会自动计算出这个款的单价,见图 4 - 62。

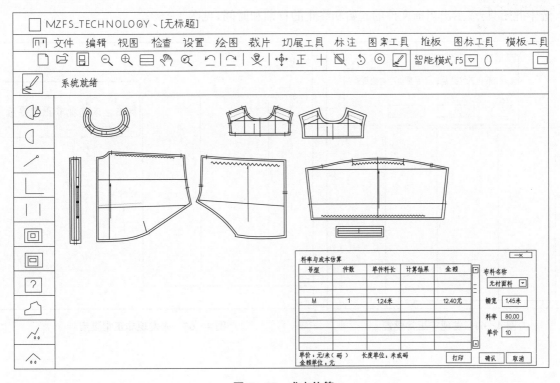

图 4 - 62　成本估算

**6. 裁片情报（用于显示款式相关信息）/检查**

选中此功能，弹出裁片信息对话框，自动显示出布料种类、裁片名称、片数等信息，见图 4-63。

| 布料种类 | 裁片名称 | 2 | 净边面积 | 毛边面积 | 净边周长 | 毛边周长 |
|---|---|---|---|---|---|---|
| 面料 | | 2 | 401.66 | 485.83 | 80.18 | 88.18 |
| 面料 | | 2 | 88.66 | 133.67 | 40.32 | 49.69 |
| 面料 | | 2 | 401.66 | 485.83 | 80.18 | 88.18 |
| 面料 | | 2 | 88.66 | 133.67 | 40.32 | 49.69 |
| 面料 | | 2 | 11.00 | 28.29 | 13.28 | 21.28 |
| 面料 | 门襟 | 2 | 272.04 | 396.07 | 119.51 | 128.09 |
| 朴 | 门襟（辅助） | 2 | 272.04 | 396.07 | 119.51 | 128.09 |
| 面料 | 前中 | 2 | 978.21 | 0.00 | 155.76 | 172.41 |
| 面料 | 后中 | 2 | 737.96 | 890.94 | 149.16 | 156.85 |
| 面料 | 前侧 | 2 | 464.03 | 575.89 | 106.58 | 116.70 |
| 面料 | 后侧 | 2 | | | | |

裁片信息 对话框

号型
□ 所有号型
5

颜色　全色

□ 修改状态

打印　确认　取消

图 4-63　裁片情报

**7. 要素检测（用于检测和清除非正常要素）/检查**

要素检测可以检测出重叠的、非正常的要素，并且自动显示和清除这些要素，见图 4-64、图 4-65。

**8. 缝边检测（用于检测和清除非正常缝边）/检查**

选中此工具，凡是非正常的缝边，如交叉、重叠、未连接的缝边和裁片都显示成红色，方便检查和修改，见图 4-66。

**9. 时间查询 1（用于查看创建文件的时间）/检查**

选中此工具，显示出当前文件的创建日期和时间，见图 4-67。

**10. 时间查询 2（用于查看文件起始和终止的时间）/检查**

选中此工具，显示出当前文件的起始和终止的日期和时间，见图 4-68。

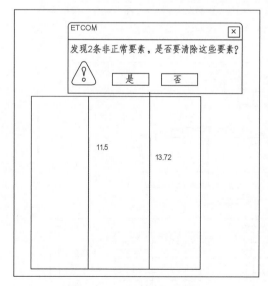

图 4-64　发现非正常要素

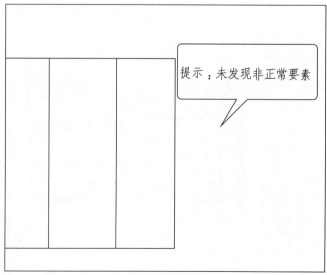

图 4-65　未发现非正常要素

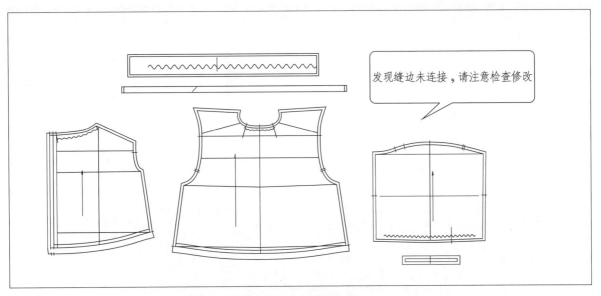

图 4-66　缝边检测

图 4-67　时间查询(1)

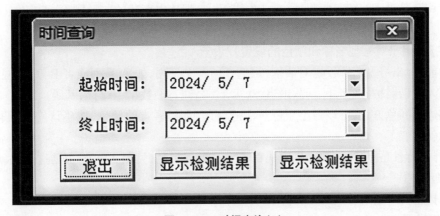

图 4-68　时间查询(2)

## 第五栏,设置

**1. 布料名称(用于增加或者减去布料属性种类)/设置**
点击这个功能,弹出"布料代名设定"对话框,可以重新编辑新面料名称,见图 4-69。

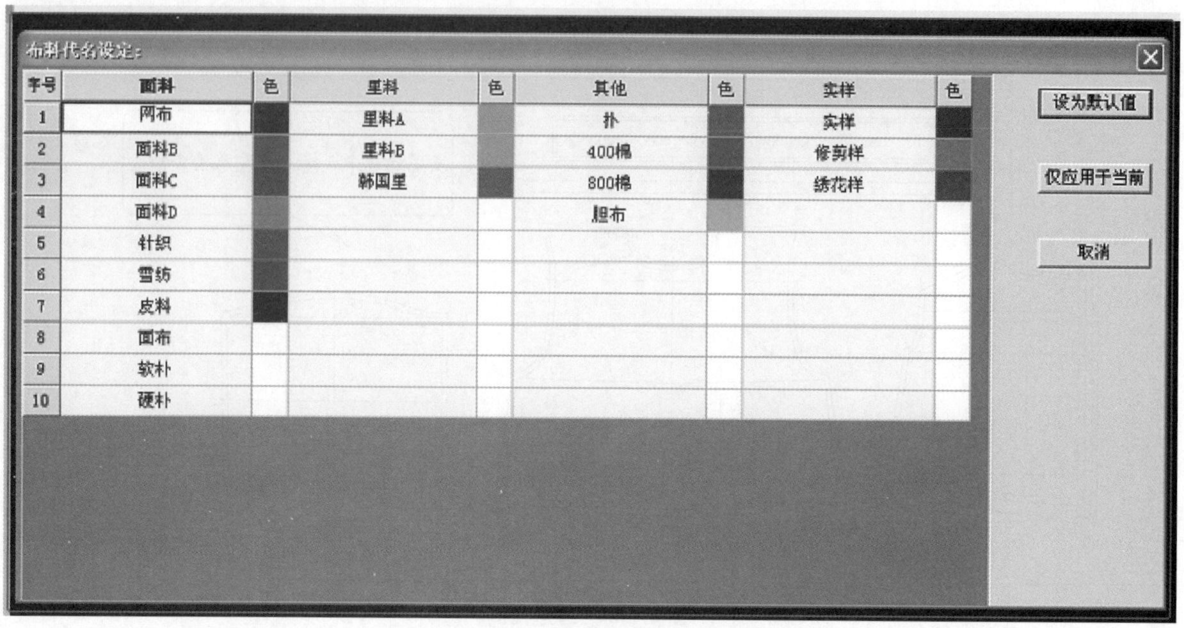

图 4－69　布料名称

**注 1：**如果鼠标的光标无法放到空白行中，而无法输入新的布料名称，可以把光标放在已有的名称后面，按 Enter（确认键），光标会跳到下一行，这样就可以输入新名称文字了。

**注 2：**如果在当前已有属性名称中改变已有的布料属性，点击 仅应用于当前 ，如果按 设为默认值 就会使以后再新建的文件中的布料名称设置发生变化。

**2．关键字（用于常用文字的积累和保存）/设置**

在写面料属性和任意文字时，可以调出来使用。

单击此功能，弹出"关键词输入"对话框，见图 4－70。按添加新组，出现分类名对话框，见图 4－71，可以加入新分类名，接着可以在下方的横格中双击左键输入部位名称等关键词，点击"确认"结束；点击编辑组，对当前组名的下方横格中的部位名称关键词进行编辑，可以增加或者减少关键词，点击"确认"结束；点击"应用"，是进入当前打板界面；点击"删除"，是把选中变蓝的一行删除；点击"插入"，是在选中变蓝一行的下方插入新的空白行，见图 4－71。

**3．号型名称（用于对号型名称和颜色的设置）/设置**

单击此功能，弹出号型名称设定对话框，可选任何一个系列，如 A 系列或者 B 系列，见图 4－72。

也可以输入号型名称，如 2、4、3 码，或者 S\M\L 码，注意顺数第 10 行为基码。

单击最左边的颜色方块，可以弹出颜色对话框，可以选择喜欢的颜色，按确认完成，再按缝边刷新，这个码的颜色就改变了。

**注：**如果屏幕背景是黑色的，那么各个码都不要设置成黑色，见图 4－73，否则这个码就会看不见。

**4．尺寸表/设置**

同推板图标工具中的尺寸表用法，详见 159 页。

**5．规则表/设置**

规则表是指把公式法推板的常见款式提前输入好，即规则组，如裤子、衬衫、连衣裙等。选中规则表设置，在弹出的"放码规则表"对话框中的规则组后面输入新的组名，如短裤，点击"刷新工作组"按钮，新组已经加好。如果是把已有的组名更改名称，就把已有的组名涂蓝后按刷新规则组即可。而规则组中每个放码点就是规则名称，在规则名称行双击左键就可以输入名称，分水平方向档差和垂直方向档差。如规则组为短裤，规则名称为后裆上端（也可以用代号来表示如：a1，b1 或者其他都可以），x（水平）方向规则为：－腰围/8，y（垂直）方向规则为外侧长/2，见图 4－74。

图 4-70 关键词(1)

图 4-71 关键词(2)

图 4-72 选择 A 系列

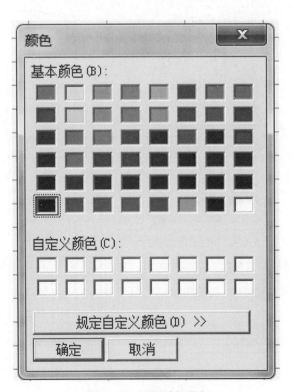

图 4-73 不要选择黑色

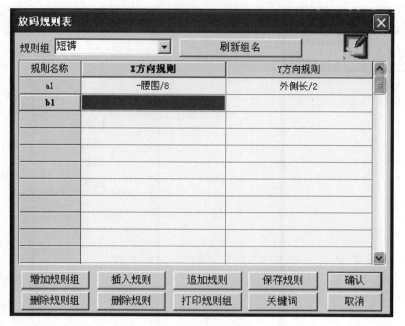

图 4-74　规则表

　　放码规则表推板的使用方法是用"移动点"工具 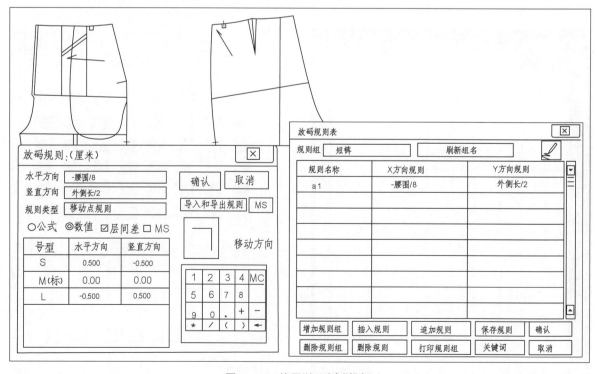 框选后片上对应的后裆上端放码点，在弹出的"放码规则"对话框中，点击"导入"或"导出"规则，就会弹出"放码规则表"对话框，找到规则组，再点击相应的放码点代号一栏，这时放码点已经完成推板，见图 4-75。"放码规则表"对话框的下方其他各按钮用法类似推板右边图标工具尺寸表，不再赘述。

图 4-75　使用"规则表"推板

**6. 曲线登录(用于把领圈、袖窿等曲线保存起来备用)/设置**

左键点选或框选曲线,弹出"曲线库"对话框,单击"调入新曲线"按钮,在系统自动生成的新曲线的输入框处输入曲线名称,按"确认"完成曲线登录,见图 4 - 76。

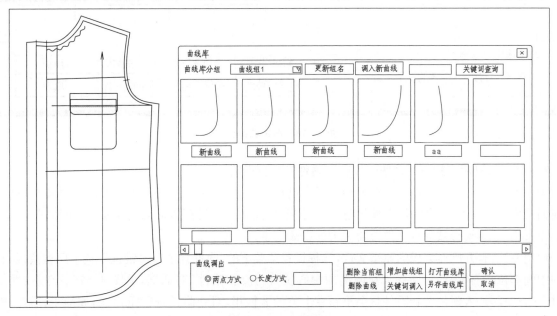

**图 4 - 76 曲线登录**

**7. 曲线调出(用于把曲线调出曲线库,设置在当前纸样上)/设置**

选择此功能,弹出"曲线库"对话框,左键在曲线库中选择要调出的曲线,再选择曲线调出方式,如两点方式,点击"确认",在当前工作区里,左键指定曲线调出参考位置点1,再指示曲线弹出参考位置点2,结束操作,见图 4 - 77。

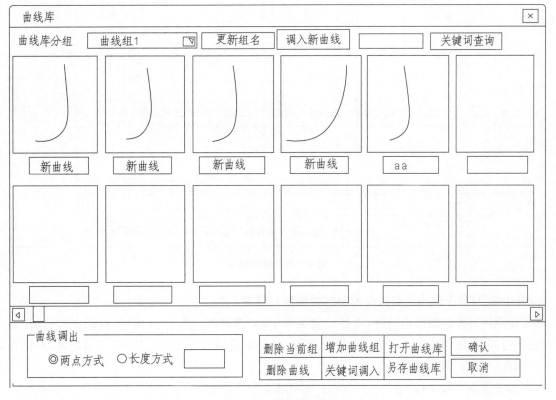

**图 4 - 77 曲线调出(1)**

如果选中的是"长度方式"就需要再左下角的长度方式按钮前点击，加上小黑点，在后面输入长度数值，按确认，再在屏幕上点击位置点 1 和位置点 2，结束操作，见图 4-78。

图 4-78　曲线调出(2)

### 8. 附件登录(用于把小部件图形保存到附件库中)/设置

为了方便实际工作，可以把原型模板或者自己擅长的、习惯使用的基本型放到 ET 服装 CAD 系统为我们提供的附件库中，免除原型使用过程中，需要寻找和反复另存重命名的麻烦，更可以避免由于保存操作不当，原型模板被现有文件覆盖丢失的事故发生。

使用方法：打开已经完成的原型文件，选择设置菜单下的"附件登录"，左键选中整个原型模板，在图形的中间部位点右键，即附件登录和调出的中心位置，弹出"附件"对话框，见图 4-79。点击"增加新组"按钮，选择"加入附件"，新附件就会重新在上方的方框里，对新附件进行重命名，如袖子、后片、裤钩或者其它的数字、字母代号也可以，点击"确认"，完成建立原型模板的附件。

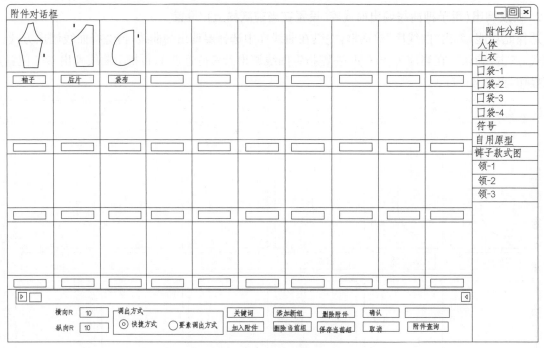

图 4-79　附件登录

### 9. 附件调出(用于调出预先保存的小部件图形)/设置

需要使用附件库的原型模板时，选择设置菜单下的"附件调出"，弹出"附件对话框"，这时"加入附件"按钮不可用，在附件库中找到相应的原型模板，点选要素调出方式的选择框，按确定键，左键在屏幕单击一下，即可得到需要的附件了。

在屏幕上点击右键，可以重复操作"附件"对话框，见图 4-80。

图 4-80 附件调出

## 10. 设置平剪附件(用于填充小图案)/设置

新版本设置平剪附件工具,不需要把小图案添加到附件库里面,而是在裁片上任何位置画好一个小图案,选中此工具后,框选小图案,右键结束,再在上方输入框 水平间距 5 垂直间距 5 中输入相关数值,然后点击"缝边刷新"即可,见图 4-81。

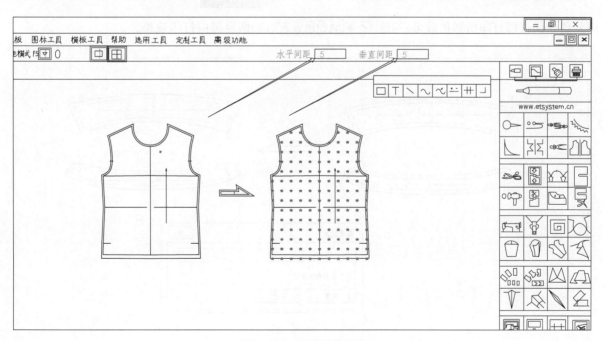

图 4-81 设置平剪附件

### 11. 更改颜色(用于把线条或者文件的颜色进行改变)/设置

使用方法：选中此工具,框选要素后,右键结束,在弹出的 颜色 中选中需要的颜色,然后按"确定"按钮,见图 4 - 82。

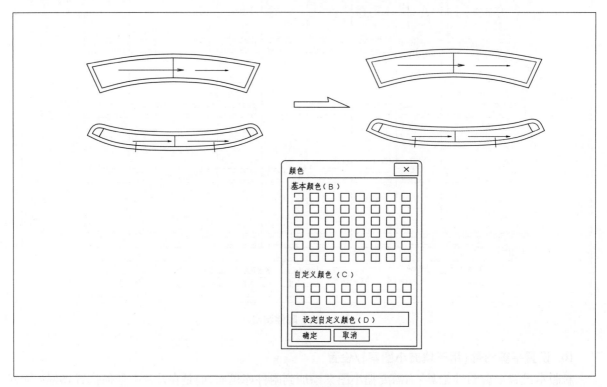

**图 4 - 82  变更颜色**

如果选中要素后,按住 Shirt 键,再点右键结束,则弹出 颜色设定 对话框,见图 4 - 83,选中颜色后,用彩色绘图仪可打印出彩色效果;勾选 ☑ 取消颜色设定 ,则恢复黑白打印效果。

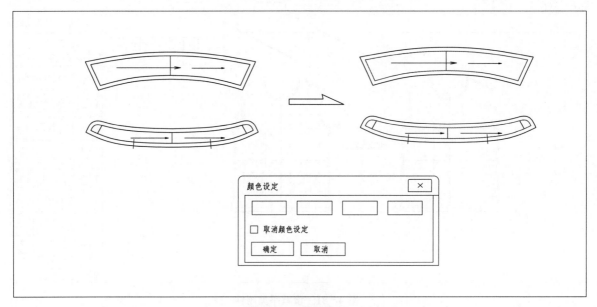

**图 4 - 83  颜色设定**

**12. 更改线宽(用于改变线条宽度)/设置**

选中此工具,框选要素后,在上方输入线条宽度,右键结束,可以改变图形线条宽度,见图4-84,这种改变不会影响绘图仪出图效果,但是会影响切图到Office的打印效果。

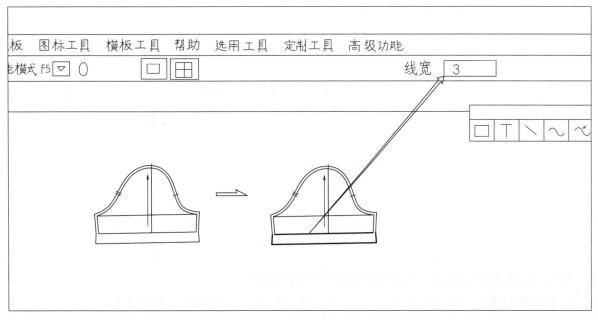

图4-84 更改线宽

## 第六栏,绘图

在"绘图"这一栏的下拉列表中,有28个工具,分别是:

1. 切线
2. 单向省
3. 两点做省
4. 平行线
5. 角度线
6. 连续线
7. 要素合并
8. 要素打断
9. 明线
10. 等分线
11. 波浪线
12. 等分间隔线
13. 半径圆
14. 角平分线
15. 直角连接
16. 两点镜像
17. 两点相似
18. 要素相似
19. 曲线圆角处理
20. 定长调曲线
21. 切线端矢调整
22. 刀口拷贝
23. 捆条
24. 拉链
25. 打枣工具
26. 扣子
27. 分割扣子扣眼
28. 转换成袖对刀

这些工具的用法多数已在前文有过阐述,这里就不再赘述了,在此只介绍其中的新工具用法,分别是:

**第8个,要素打断(用于把线条在参考要素的位置打断)/绘图**

选中此工具,左键框选被打断的线,右键结束,然后再用左键点选参考要素,无需按右键,这个线条就被打断了,见图2-85。如果按住Shift键则可以交叉相互打断。

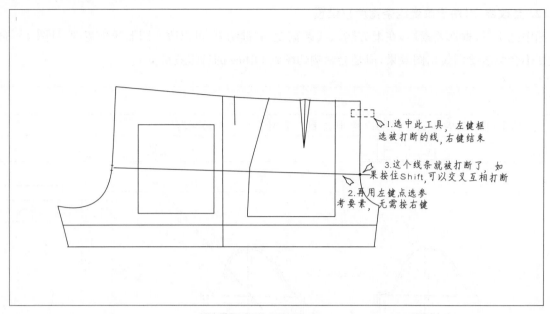

**图 4-85　要素打断**

**第 12 个,等分间隔线(用于一次做出多条分割线)/绘图**

使用方法是先输入等分数,例如输入 10,见图 8-30.框选参与操作的两条线条,并指示起点侧,右键结束,如果先按下 Shift 键,可以直接进入"衣褶"功能,见图 4-86。

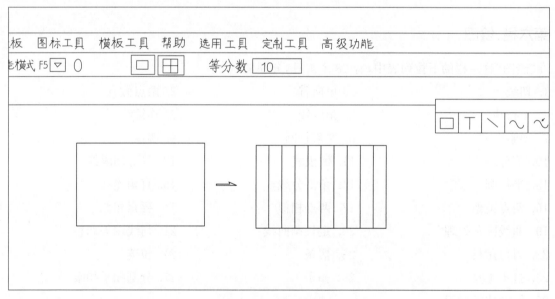

**图 4-86　等分间隔线**

**第 17 个,两点相似(用于把参考线条的形状复制到另一个位置)**

使用方法:选中此工具,框选或者点选参考要素的起点端,注意新版本要按右键结束,而传统版本则不需要按右键结束,再框选或者点选模板要素的起点和终点,这个线条的形状就被复制过来了,见图 4-87。

**第 18 个,要素相似(用于把参考线条的形状替换到另外一个位置)**

使用方法:点选或者框选参考要素的起点端,再点选或者框选目标要素的起点端,右键结束,这个线条的形状就被替换了,见图 4-88。

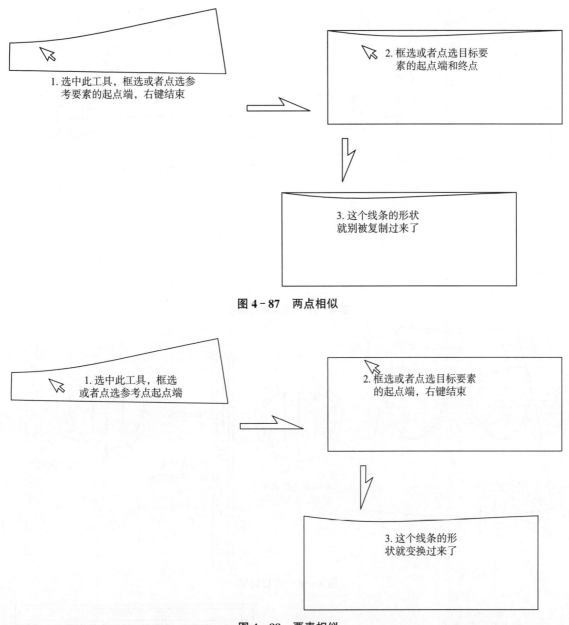

图 4 - 87　两点相似

图 4 - 88　要素相似

**第 21 个,切线端矢调整(用于调整曲线的弯度)/绘图**

在曲线端点击左键,把线条激活,变成红色,然后左键拖动线条,这时线条端点会出现小手柄一样的小线段,可以调整曲线的弯度,见图 4 - 89。

**第 22 个,刀口拷贝(用于把刀口复制到另外裁片上)/绘图**

图 4 - 90 的口袋裁片上已经打好刀口了,这时选中此工具,依次点选口袋裁片上的参考要素,右键结束,再点选目标要素,即这个口袋布边条的裁片线条,右键结束,这些刀口就复制过来了。

**第 23 个,捆条(用于自动生成捆条裁片)/绘图**

选中此工具,先在屏幕上方输入相关数值,再依次选择参考要素,右键结束,这时光标上已经出现一个和参考要素等长的捆条了,见图 4 - 91。

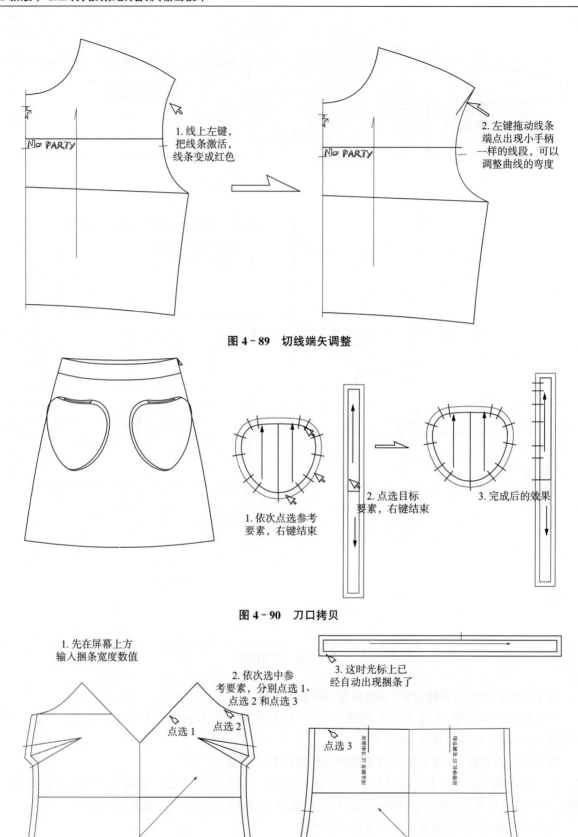

**图 4-89 切线端矢调整**

1. 线上左键，把线条激活，线条变成红色

2. 左键拖动线条端点出现小手柄一样的线段，可以调整曲线的弯度

1. 依次点选参考要素，右键结束

2. 点选目标要素，右键结束

3. 完成后的效果

**图 4-90 刀口拷贝**

1. 先在屏幕上方输入捆条宽度数值

2. 依次选中参考要素，分别点选1、点选2和点选3

3. 这时光标上已经自动出现捆条了

点选1    点选2

点选3

吊带净长 37 右有调节扣

吊带净长 37 有调节扣

**图 4-91 捆条**

**第 24 个,拉链(用于绘制拉链图形)/绘图**

使用方法:先选择拉链的类型、长度和宽度,然后点击起点和终点,右键结束再用左键指示方向侧即可,见图 4‐92。

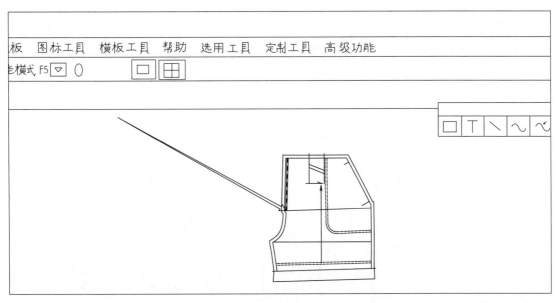

**图 4‐92 拉链**

**第 25 个,打枣工具(用于绘制打枣,也称打套结)/绘图**

使用方法:在输入框中输入相关数值,在起点处左键点击第一点,再在终点处点击第二点,右键结束,见图 4‐93。

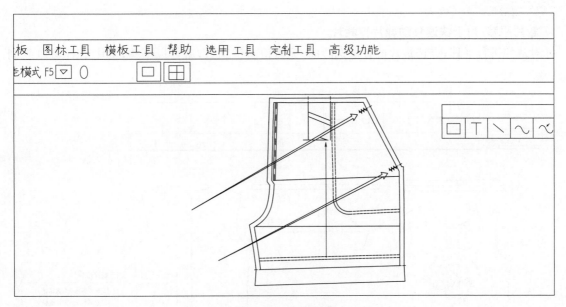

**图 4‐93 打枣工具**

**第 27 个,分割扣子扣眼(用于把成串的扣子扣眼分割开)/绘图**

选中此工具,框选成串的扣子扣眼,右键结束即可。

**第 28 个,转换成袖对刀(用于把打好的"普通刀口"转换成"袖对刀")/绘图**

用于把一枚袖或者两枚袖上的已经打好的"普通刀口"转化成"袖对刀"做成的刀口,不需要删除已经打好的普通刀口。选中此工具,按左上方提示栏的提示,先依次选择前袖窿线条下端,不要超过黄点,右键结束，再选则前袖山线条下端，右键结束，再依次选中后袖窿线条下端，右键结束，最后选中后袖山线条下端，右键结束，这时弹出"袖对刀"对话框，可以更改这个对话框里面的数值，然后按"确认"键，这些刀口就变成袖对刀打出刀口了，见图4－94。

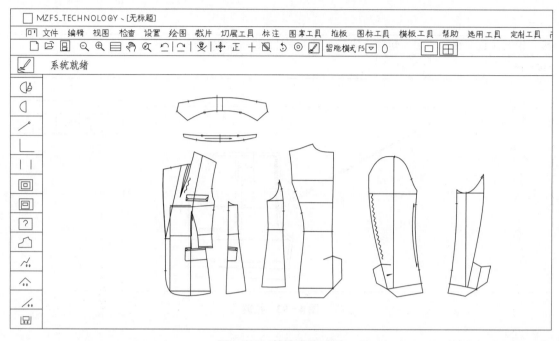

图 4－94　转换成袖对刀

# 第七栏，裁片

## 1. 裁片平移（用于快速移动裁片）/裁片

针对裁片进行平移，点选裁片或者框选纱向，无需按右键结束，就可以平移，按住 Ctrl 可以复制，见图4－95。

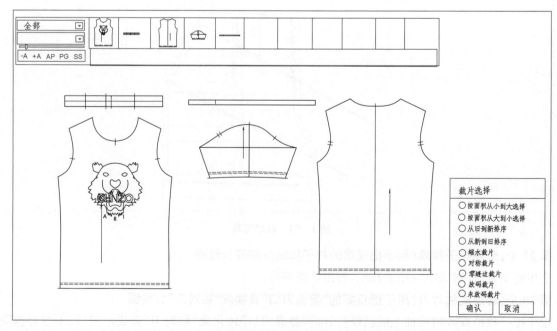

图 4－95　裁片平移

**2. 裁片选择(用于裁片的不同显示方式)/裁片**

选中此工具,可以自动对裁片进行分类并显示出来,见图4-96重复选中此工具,屏幕上方的对话框就消失了。

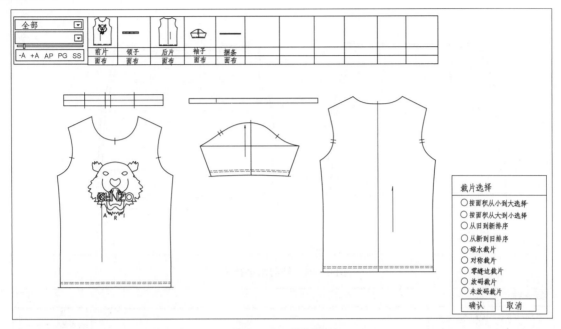

图4-96 裁片选择

**3. 裁片对齐(用于不改变其他裁片位置的前提下,把某个裁片各码对齐)/裁片**

选中此工具,先点击基码上的对齐点,再点击S码上的对齐点,接着点击L码的对齐点,右键结束,然后就可以看到这个裁片的对齐效果了,见图4-97。

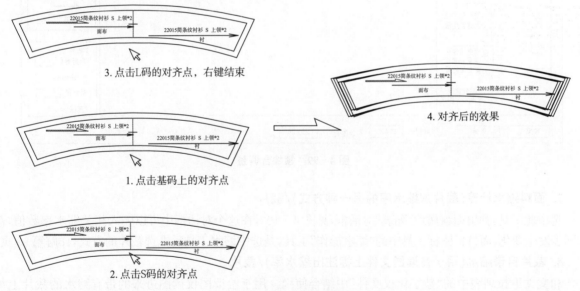

图4-97 裁片对齐

**4. 纱向水平补正/裁片**

**5. 纱向垂直补正/裁片(这两项用于按纱向线把全部裁片水平或者垂直补正)**

选中此工具,裁片按不同的要求自动补正,见图4-98。

**6. 领综合调整(用于领子的弯度和长度等综合调整)/裁片**

选中此工具,点击领子后中线,右键结束,弹出"领综合调整"对话框,然后可以对领子的相关形状和参数进行调整,见图4-99。

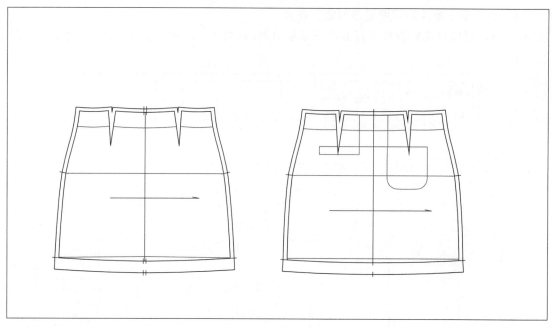

图 4-98　纱向水平补正

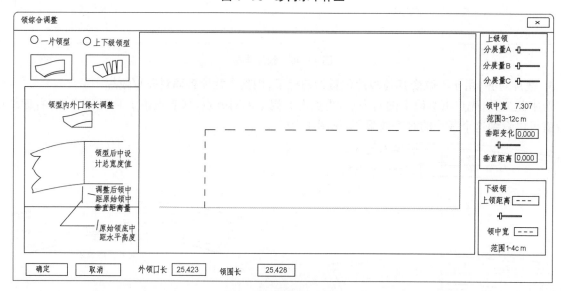

图 4-99　领综合调整

**7. 面料缩水计算(裁片加缩水率的另一种方式)/裁片**

选中此工具,弹出面料属性"列表"对话框,见图4-100,在这个对话框中可以输入相关缩水率数值,裁片同步发生变化,而打板图标工具中的"缩水操作"工具,是选中缩水工具后框选裁片的方式,详解第99页。

**8. 裁片自带缩水(用于在读图文件上标注出缩水率)/裁片**

和文件下拉列表中的"数字化仪文件"中结合使用。用于给读图仪读图进来的带有缩水的裁片上加缩水标注,此工具仅仅用于标注缩水,不能改变裁片大小。

先打开"数字化仪文件",再选中此工具,在屏幕上方输入缩水数值,然后框选裁片纱向线,右键结束,见图4-101。

**9. 缝边改净边(用于把缝边改成净边)/裁片**

选中此工具,框选裁片的纱向线,右键结束,这个裁片的缝边就变成净边了,见图1-102。

**10. 缝净边互换(用于把缝边和净线互相切换)/裁片**

选中此工具,框选裁片或者纱向线,右键结束,缝边和净线被互相切换,见图4-103。

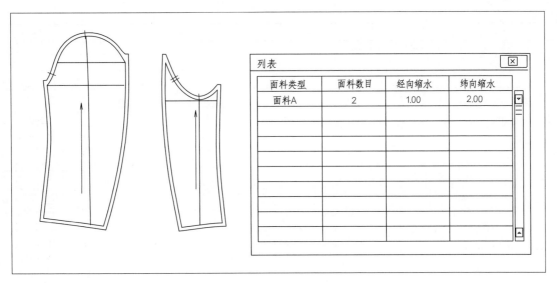

图 4-100　面料缩水计算

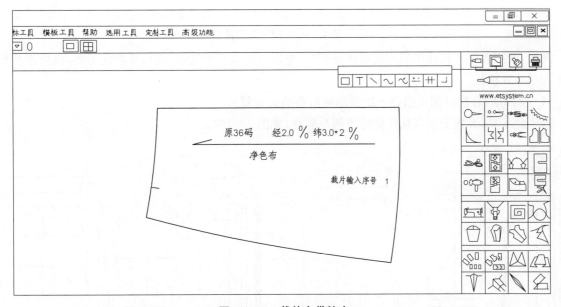

图 4-101　裁片自带缩水

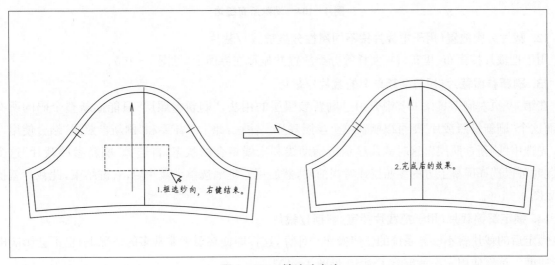

图 4-102　缝边改净边

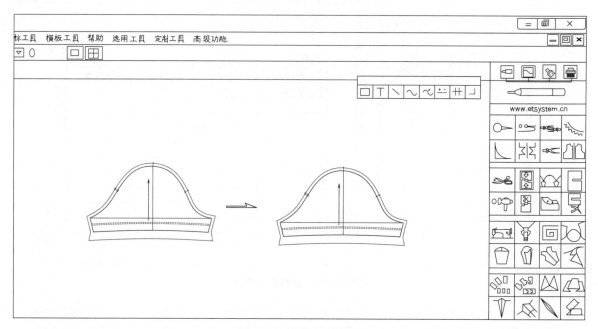

图 4 - 103　缝净边互换

例如，使用数字化仪读图得到的裁片轮廓线，可以先输入负的缝边，然后使用此工具，就能很快地把缝边和净边互换。

**11. 清除所有缝边(用于快速一次性删除所有缝边)/裁片**

选中此工具，界面上所有裁片的缝边都被删除，见图 4 - 104。

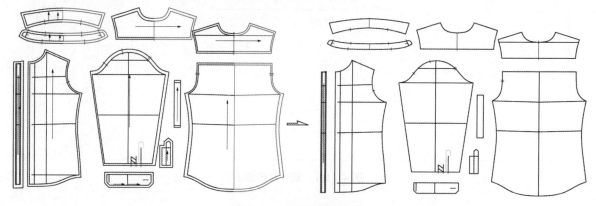

图 4 - 104　清除所有缝边

**12. 裁片分类放置(用于把裁片按不同属性分类放置)/裁片**

用于把裁片按面布、里布、衬、实样等分类放置并显示在界面上，见图 4 - 105。

**13. 刷新参照裁片(用与刷新单个的裁片)/裁片**

在第 49 页左侧工具条一节中介绍过刷新参照层的用法，"刷新参照层"只能刷新整个码的所有裁片，而这个"刷新参照裁片"则可以刷新单个参照裁片。注意：此工具需要和"刷新参照层"结合使用。

先选中"刷新参照层"，这时裁片显示出辅助线和实线结合的状态，再选择"刷新参照裁片"这个工具，此时可以选择屏幕上方的参照层或者当前层，然后用左键框选单个裁片后，右键结束，此裁片就被刷新，见图 4 - 106。

**14. 锁定解锁裁片(用于把裁片锁定/解锁)/裁片**

锁定后的裁片就不参与系统的任何操作和计算，这样即使在要素非常多的情况下，也不会影响电脑运行速度。重复使用一次就解除了锁定，见图 4 - 107。

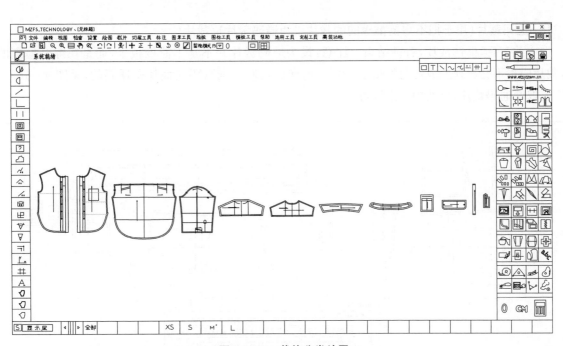

图 4－105　裁片分类放置

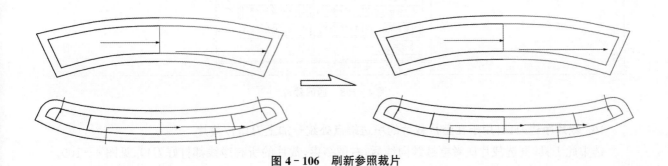

图 4－106　刷新参照裁片

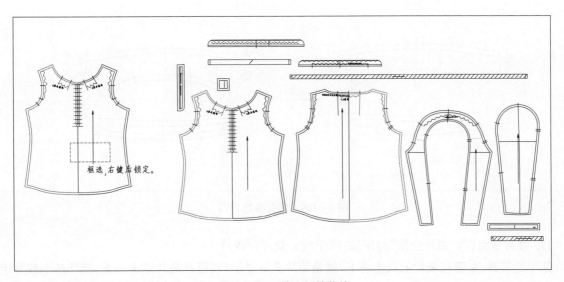

图 4－107　锁定解锁裁片

　　注意：锁定后，裁片仍然自动进入排料和输出。如果不需要进入排料，就要解锁后删除它，然后刷新，点击"推板展开"后保存。

### 15. 通码裁片(用于把不需要推板的的裁片设为通码裁片)/裁片

选中此工具,框选裁片,右键结束。注意:设为通码裁片并不是不能推板了,而是在综合检测的时候,裁片门襟不会出现变成红色的提示;另外,这样也是便于查看哪些裁片是通码的,见图 4 - 108。如果需要取消通码裁片,再使用一次即可。

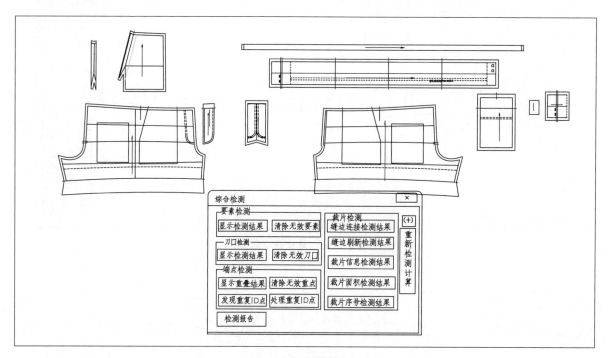

图 4 - 108　通码裁片

### 16. 裁片净边刀口(用于在整片裁片的净边端点处统一加上刀口)/裁片

选中此工具,框选裁片或者框选纱向线后,右键结束,裁片的所有净线都打好刀口,见图 4 - 109。

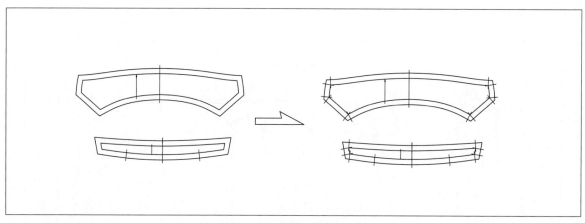

图 4 - 109　裁片净边刀口

### 17. 裁片放大(同"单片全局"的用法,用于放大裁片)/裁片

选中此工具,左键在裁片上点击一下,就是裁片全屏显示,右键在裁片点击一下,就是这个裁片上的属性文字的全屏显示,见图 4 - 110。

### 18. 净边延长处理(用于把每条净边都延长到缝边的边缘)/裁片

选中此工具,框选裁片纱向线,右键结束,这个裁片的净线就延长到缝边了,见图 4 - 111。

如果改变了缝边宽度,只要刷新缝边,净边仍然延长到缝边的边缘。

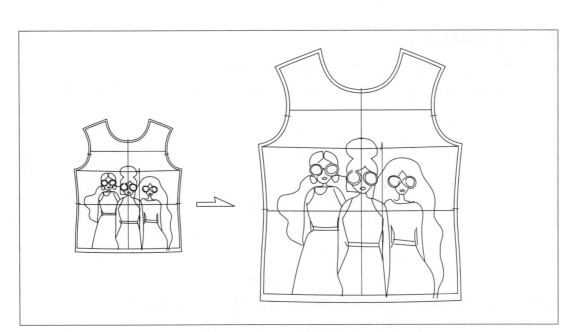

图 4 – 110　裁片放大

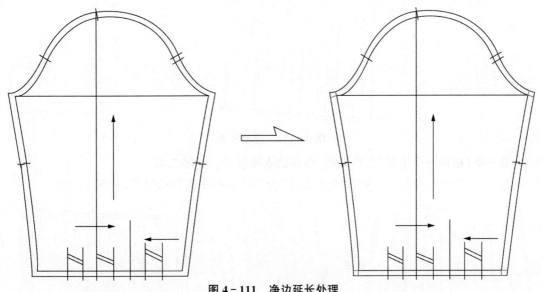

图 4 – 111　净边延长处理

**19. 延长到环边(用于裁片画条纹和格子时内线自动延长到环边)/裁片**

在推板时,把内线定义为延长到环边,可以使内线都与环边相连接。

选中此工具,框选裁片中的内部线条,不需要受黄点方向(即线条中点)的限制右键结束即可。

注意:后添加的内部线条,需要刷新缝边使之成为裁片后,才能使用此工具,见图 4 – 112。

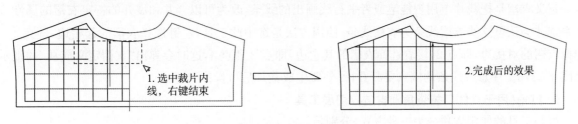

图 4 – 112　延长到环边

### 第八栏,切展工具

**1. 衣褶收放(用于对衣褶进行合并收拢和展开处理)/切展工具**

选中此工具,框选裁片或者框选纱向线,衣褶就全部收拢,见图 4 – 113。再次使用一次,则为衣褶全部展开。

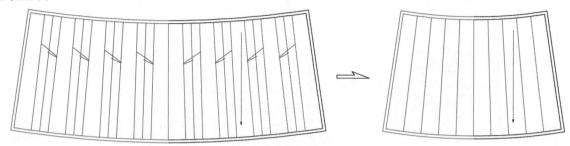

图 4 – 113　衣褶收放

**2. 全收衣褶(用于推板时对界面上所有衣褶进行合并收拢处理)/切展工具**

选中此工具对界面上所有衣褶进行合并收拢处理,见图 4 – 114。

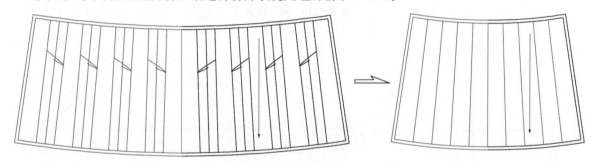

图 4 – 114　全收衣褶

**3. 全展衣褶(把前一个工具"全收衣褶"合并的衣褶展开)/切展工具**

选中此工具,界面上所有已经使用"全收衣褶"合并的衣褶全部自动展开,见图 4 – 115。

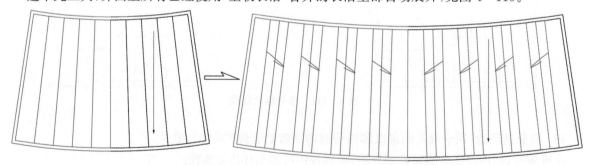

图 4 – 115　全展衣褶

**4. 定义衣褶(用于把普通线条改为可收可展的衣褶属性)/切展工具**

定义衣褶是把裁片上用智能笔或者平行线画出的线条,改为可以合并和展开的特定衣褶的属性,这样系统才会认可这些衣褶线条为衣褶线条,使用方法是选中此工具,左键选择衣褶的起始边,即点 1,再选择衣褶的对接边,即点 2,接着选择衣褶的其它边,即点 3 和点 4,这时会弹出"衣褶定义成功"的提示,见图 4 – 116。注意各线条的端点要断开,另外要生成裁片后再操作。

**5. 打角(用于立体口袋袋角画省道)/切展工具**

打角工具的使用方法分为三种方式,分别是:

第一种:输入分割量打角,选中此工具,在屏幕上方输入相关数值,(同时选择圆顺或者不圆顺的选项)例如分割量为 2.5cm,省深度为 3cm,然后框选全部要素,右键结束,再左键点击点 1,点 2,接着点击省尖点 3 和点 4,右键结束,这时打角完成并加好缝边了,见图 4－117。

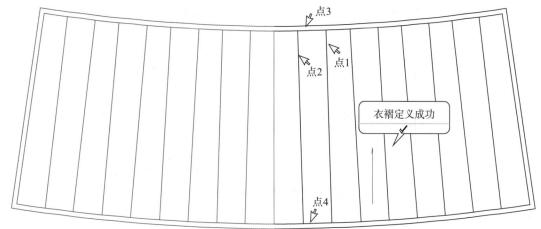

图 4－116　定义衣褶

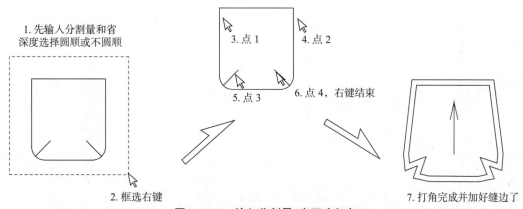

图 4－117　输入分割量,省深度打角

第二种方法是输入目标量打角,所谓目标量是指口袋打角前和打角后,在裁片下方产生的差数,具体用法是选择此工具,先再屏幕上方输入分割量,省深度和目标量,例如分割量为 2.5cm,(分割量可以输入然后一个数字),省深度为 3cm,目标量为 1cm,然后框选全部要素,按住 Shift 键,左键单击最下面这个线条后右键结束,再依次单击点 1,点 2,点 3 和点 4,右键结束,这时打角完成并加好缝边了,见图 4－118。(注:之前输入的分割量只是一个估计的大概数字,操作完成后,分割量会自动变成正确的数字)。

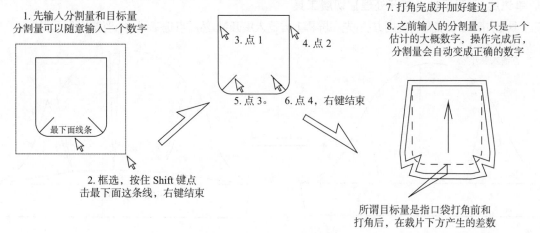

图 4－118　输入目标量打角

第三种方式是显示 3D 仿真打角,仿真打角必须在裁片状态下进行,先选中屏幕右上角的"3D 仿真",其它操作步骤同前两种方法,操作完成后屏幕左上角显示出 3D 的立体效果,见图 4 - 119。

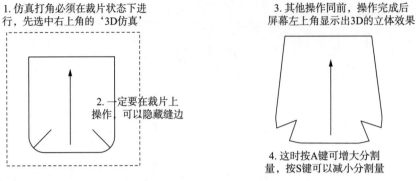

**图 4 - 119　3D 仿真打角**

仿真效果见图 4 - 120。

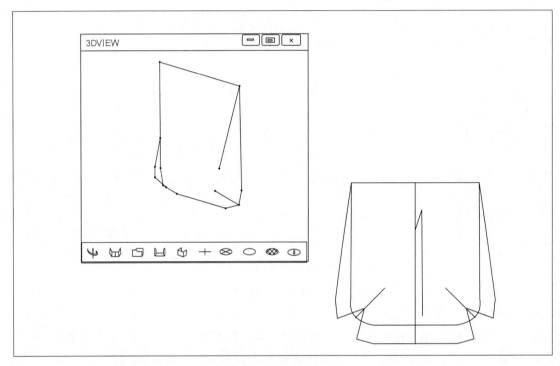

**图 4 - 120　仿真打角效果**

### 6. 单边展开(用于袖山展开处理)/切展工具

此工具常用于袖山展开。使用方法:先在屏幕上方输入展开量,然后点选基线,右键结束即可,见图 4 - 121。

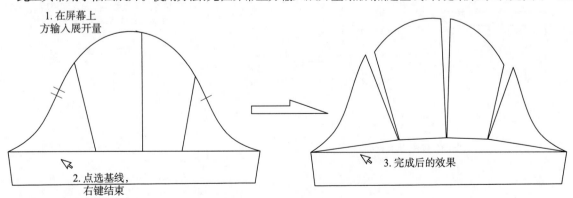

**图 4 - 121　单边展开**

**7. 插入省(用于在裁片的一边插入一个省)/切展工具**

先把要做省的交点线条打断,然后输入省量,用鼠标左键选中(框选或点选)要做省线条的指定边,框选侧缝线上下两段,右键结束,再点选1展开方向参考线,点选2省线,完成插入省的操作,插入省时侧缝下半段的长度保持不变,见图4-122。

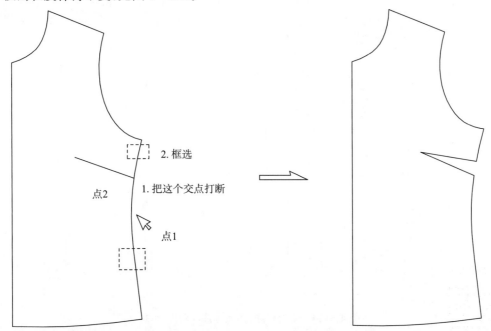

**图4-122　插入省**

**8. 掰开省(用于把裁片掰开,加入省道。)/切展工具**

选中此工具,先输入省量,然后框选所有要素,右键结束,再点选省尖,然后点选省线,接着点选基线,同时就点选了方向侧,最后点选转折点即可,见图4-123。

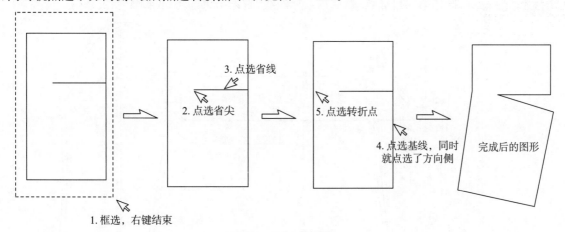

**图4-123　掰开省**

## 第九栏,标注

**1. 长度标注(用于标注线条长度)/标注**

选择目标要素,指示长度数值标注的位置和方向,并输入标注文字即可,见图4-124。

**2. 两点标注(用于标注线条两点间的长度和横向/纵向偏移量)/标注**

选择第一目标点,再选择第二目标点,指示标注线,右键结束即可,见图4-124。

**3. 角度标注(用于标注角度)/标注**

选择两条夹角要素,并在夹角交点上指示标注线,右键结束即可,见图4-124。

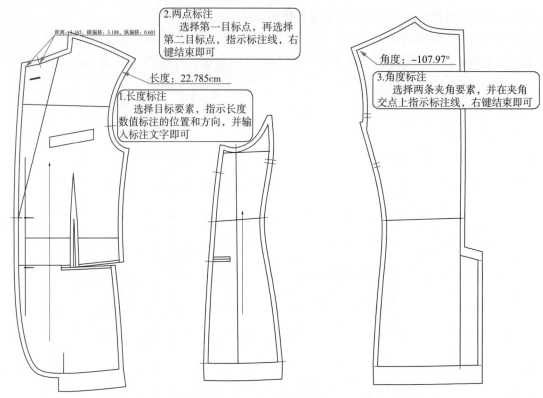

距离：3.165，横偏移：3.108，似偏移：0.601

2.两点标注
　　选择第一目标点，再选择第二目标点，指示标注线，右键结束即可

长度：22.785cm

1.长度标注
　　选择目标要素，指示长度数值标注的位置和方向，并输入标注文字即可

角度：-107.97°

3.角度标注
　　选择两条夹角要素，并在夹角交点上指示标注线，右键结束即可

图 4 - 124　长度标注、两点标注和角度标注

**4. 黏衬标注(用于标注黏衬)/标注**

选择目标要素，指示标注线，右键结束即可，见图 4 - 125。

**5. 要素上两点标注(用于在线条上选择两点进行长度标注)/标注**

选择第一目标点，选择第二目标点，然后指示标注线，右键结束即可，见图 4 - 125。

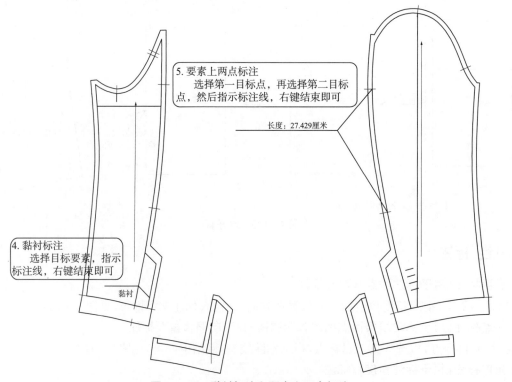

5.要素上两点标注
　　选择第一目标点，再选择第二目标点，然后指示标注线，右键结束即可

长度：27.429厘米

4.黏衬标注
　　选择目标要素，指示标注线，右键结束即可

黏衬

图 4 - 125　黏衬标注和要素上两点标注

**注**:"两点标注"和"要素上两点标注"的使用方法基本相同,两者的区别是,"两点标注"会显示出要素的长度和横向/纵向的偏移量,而"要素上两点标注"则只显示长度。

**6. 裁片标注充绒量(用于标注裁片充绒量)/标注**

在图4-126所示的屏幕上方输入框中,充绒量框输入的是每平方厘米的充绒量,克重框输入的是充绒总重量的克数,这两个输入框通常只需要输入一个就可以了。

**图4-126 充绒量和克重只需要输入一个就可以了**

如果输入充绒量0.02,就表示每立方厘米的充绒量是0.02g,框选全部裁片后,会自动显示每一片裁片的充绒克数,见图4-127。

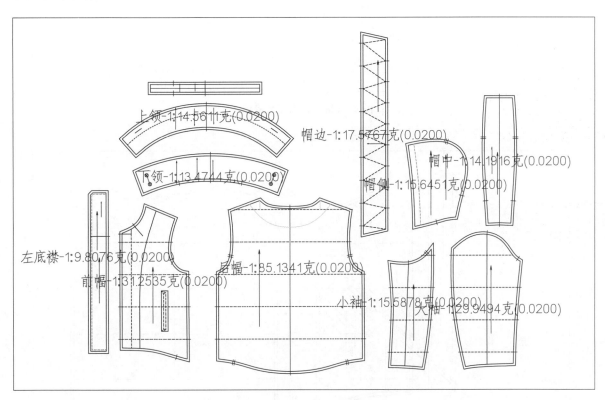

**图4-127 显示每一片的充绒量克数**

例如,帽子显示的充绒量标注见图4-128。在帽侧裁片上显示出的这三个数值中:-1表示区域代号,因为有的裁片是分多区域充绒的,那么还会有-2、-3,15.6457g表示这一个裁片需要的充绒克重;0.0200表示每平方厘米的充绒量。

**7. 标注充绒量(用于区域充绒标注)/标注**

先在裁片内部画上内部线,然后用"要素属性定义"功能定义为充绒线,接着选中标注充绒量功能,在每个区域点击左键,这个区域会变成白色填充,在标注的位置点击右键,就可以进行区域充绒量标注了,见图4-129。

**8. 刷新充绒标注(用于修改充绒标注)/标注**

就是对当前的裁片选择进行修改,例如,把图4-130中的侧缝由原来的直线改成弯线,然后选择刷

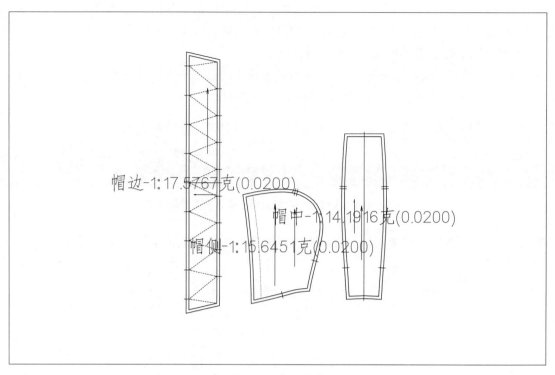

**图 4 - 128　显示充绒量标注**

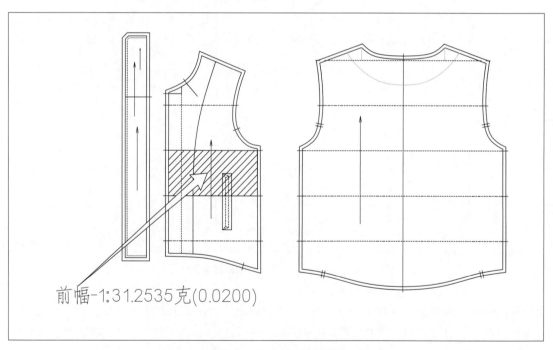

**图 4 - 129　区域充绒量标注**

新充绒标注功能，框选这个裁片，右键结束，这时相关标注数值会被刷新，见图 4 - 130。

推板后充绒量标注的变化按"推板展开"不同号型上的充绒量标注随着裁片面积的变化会产生变化。

**9. 输出充绒量标注(用于打印充绒统计表)/标注**

选中此功能，弹出当前文件的充绒量统计表 Excel 文件，自动记录每一个裁片的充绒量信息，和充绒量总数，见图 4 - 131。

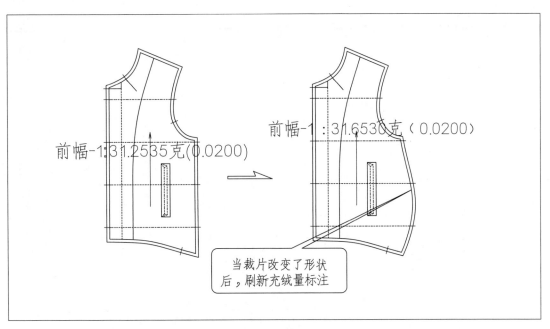

前幅-1:31.2535克(0.0200)

前幅-1:31.6530克（0.0200）

当裁片改变了形状
后，刷新充绒量标注

**图4-130 刷新充绒标注**

| | A | B | C | D | E | F | G | H |
|---|---|---|---|---|---|---|---|---|
| 1 | 充绒表 | | | | | | | |
| 2 | 次号：Q19-026短羽绒服 | | 导出时间：2022/11/2 | | 克/平方厘米 | | | |
| 3 | | | | | | | | |
| 4 | | | | | | | | |
| 5 | 裁片充绒表 | 原M | 充绒系数 | | | | | |
| 6 | 前幅-1 | 31.2535 | 0.02 | | | | | |
| 7 | 合计 | 31.2535 | | | | | | |
| 8 | | | | | | | | |
| 9 | | | | | | | | |
| 10 | | | | | | | | |
| 11 | | | | | | | | |
| 12 | 裁片充绒表 | 原M | 充绒系数 | | | | | |
| 13 | 后幅-1 | 85.1341 | 0.02 | | | | | |
| 14 | 合计 | 85.1341 | | | | | | |
| 15 | | | | | | | | |
| 16 | | | | | | | | |
| 17 | | | | | | | | |
| 18 | | | | | | | | |
| 19 | 裁片充绒表 | 原M | 充绒系数 | | | | | |
| 20 | 小袖-1 | 15.5878 | 0.02 | | | | | |
| 21 | 合计 | 15.5878 | | | | | | |
| 22 | | | | | | | | |
| 23 | | | | | | | | |
| 24 | | | | | | | | |
| 25 | | | | | | | | |
| 26 | 裁片充绒表 | 原M | 充绒系数 | | | | | |
| 27 | 大袖-1 | 29.9494 | 0.02 | | | | | |

Sheet1 +

**图4-131 输出充绒量标注**

**10. 充绒系数估算(用于估算充绒系数)/标注**

就是用总克数除以总面积(平方厘米)，相当于计算器的功能。例如，一件羽绒服准备充绒的总重量是330g，在这里查找到的总面积为16641.4cm²，那么用330/16641.4，约等于0.0198g/cm²，见图4-132、图4-133。

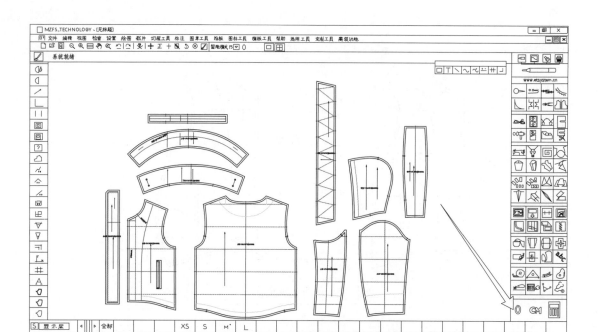

图 4 - 132　充绒系数估算 1

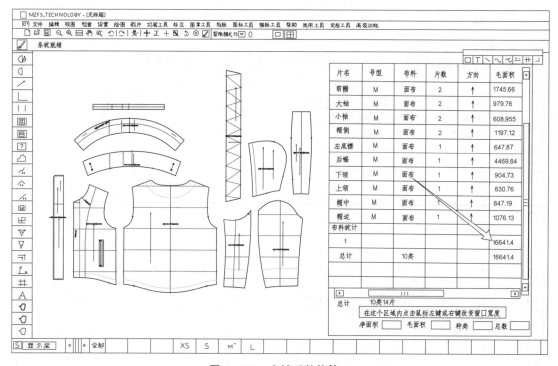

| 片名 | 号型 | 布料 | 片数 | 方向 | 毛面积 |
|---|---|---|---|---|---|
| 前幅 | M | 面布 | 2 | ↑ | 1745.66 |
| 大袖 | M | 面布 | 2 | ↑ | 979.76 |
| 小袖 | M | 面布 | 2 | ↑ | 608.955 |
| 帽侧 | M | 面布 | 2 | ↑ | 1197.12 |
| 左底襟 | M | 面布 | 1 | ↑ | 647.87 |
| 后幅 | M | 面布 | 1 | ↑ | 4469.84 |
| 下领 | M | 面布 | 1 | ↑ | 904.73 |
| 上领 | M | 面布 | 1 | ↑ | 830.76 |
| 帽中 | M | 面布 | 1 | ↑ | 847.19 |
| 帽边 | M | 面布 | 1 | ↑ | 1076.13 |
| 布料统计 | | | | | |
| 1 | | | | | 16641.4 |
| 总计 | | | 10类 | | 16641.4 |

总计　10类14片
在这个区域内点击鼠标左键或右键改变窗口宽度
净面积 □　毛面积 □　种类 □　总数 □

图 4 - 132　充绒系数估算 2

## 第十栏,图案工具

### 1. 绣花位处理(用于在裁片上画出绣花位置和绣花形状)/图案处理

此工具不仅用于绣花的图形和位置,还可以用于画出印花、钉珠和钉钻的图形和位置。

使用方法:选中此工具后,左键指定绣花位初始位置,然后在弹出的"打开款式图像文件"中找到并选中花稿图片,注意图片类型选择 All files(所有格式),点击"打开"按钮,见图 4 - 134。再在弹出的"My Page"(我的页面)对话框中点击需要的图片,对里面的选项,如底色变白、清理杂点、恢复原图、自动寻找图的边界、图的实际宽和高(注意单位是 mm)、阴影图、线条图进行设置,然后点击"下一步"按钮,见图4-135。如果选择的是阴影图,就可以在弹出的"阴影图"对话框中对其中的滑动条和相关选项进行设置,见图4-136。同样的原理,如果这时选择的是线条图,也可以在弹出的对话框中"My Page"进行相关的设置,最后按"完成"按钮。这时点击左键,绣花图就会放置在界面或者裁片上,也可以用"比例变换",改变绣花图的尺寸大小,用"平移"改变绣花图的位置(如果裁片是有对称轴的,就需要把花稿设为不对称)。确认后点击"刷新缝边"和"保存文件",见图1-137。

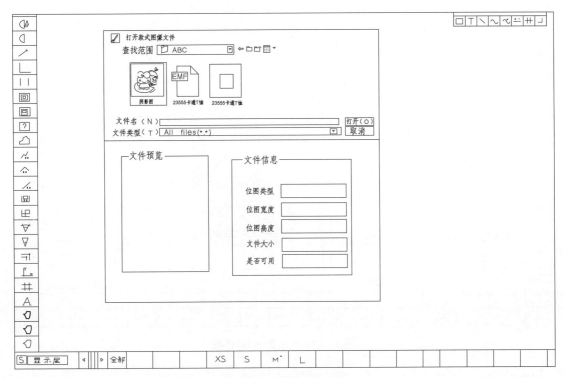

**图 4 - 134　绣花位处理**

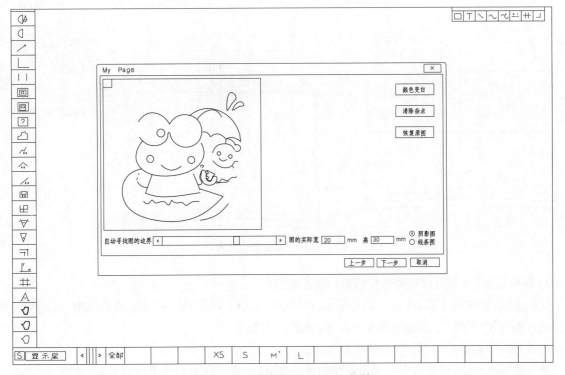

**图 4 - 135　弹出的"My Page"对话框**

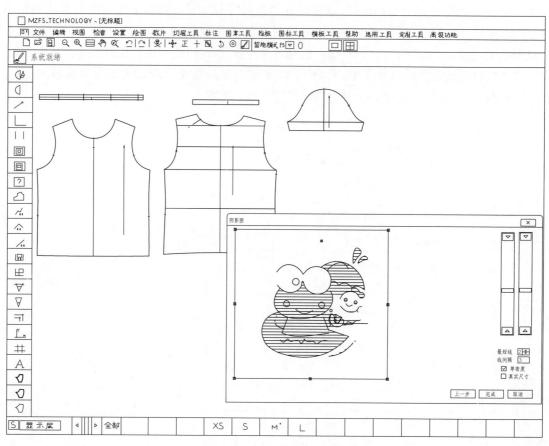

图 4－136 "阴影图"对话框

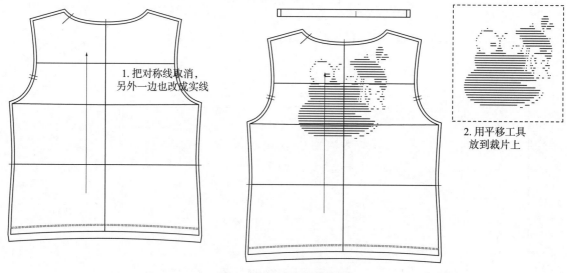

图 4－137 确定绣花位置

### 2. 部件切割(用于对绣花图进行切割)/图案处理

使用方法:选中此工具,框选整个绣花图,右键结束,然后左键点击分割线,右键结束,再把相关的边缘线条打断后用"平移"工具拖动移开绣花图,见图 4－138。

另外,使用"提取裁片"的工具,也可以分离裁片。

进入推板状态后,绣花位会显示出蓝色的放码点,可以在这些放码点上进行推板,见图 4－139。

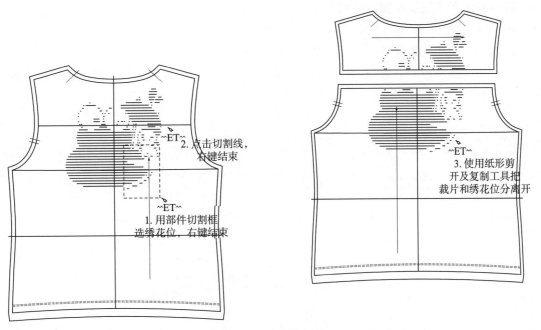

图 4 - 138　部件切割

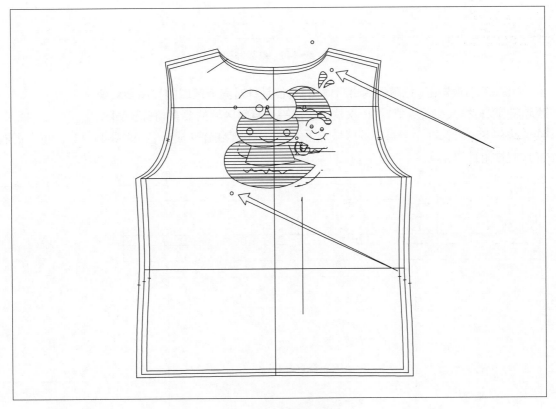

图 4 - 139　绣花位推板

**3. 编辑花稿**(用于把图片设置成花布格式)/图案处理

**4. 切图至 OFFICE**(用于把图形转移到办公文档中)/图案处理

**5. 调入底图**(用于把图片以底图的方式打开)/图案处理

**6. 关闭底图(用于退出底图)/图案处理**

这四个工具的用法,详见第 122～130 页,不再赘述。

**7. 单线阵列(用于把附件调出来当作图案)/图案处理**

选中此工具,输入相关数值,左键点击起点和终点,右键结束,这个附件就显示在裁片或者线框上了,见图 4–140。

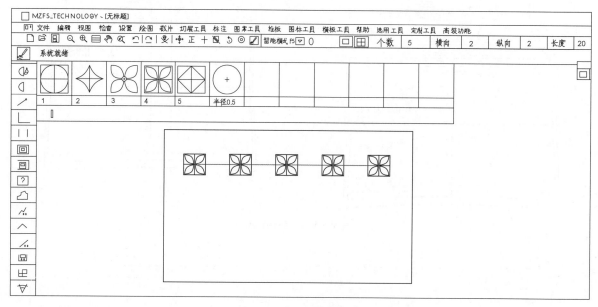

图 4–140　单线阵列

**8. 区域阵列(同样用于把附件调出当作图案,但是针对某个区域的)/图案处理**

选中此工具,输入相关数值,再依次框选组成一个封闭区域的要素,右键结束。

或者按住 Shift 键,在一个封闭的区域点击左键,这个区域就变成蓝色,见图 4–141。再点击右键,这个区域就被附件填充满了,见图 4–142。

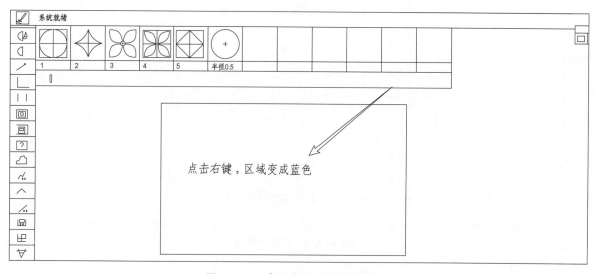

图 4–141　点击右键,区域变成蓝色

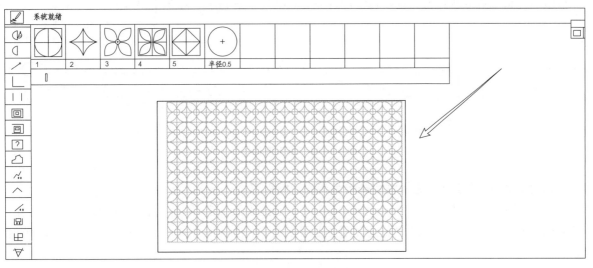

图 4 - 142 区域阵列

**9. 定义横条对位点(用于设定横条对格点)/图案处理**

**10. 定义竖条对位点(用于设定竖条对格点)/图案处理**

**11. 删除所有对位点(用于删除横、竖对格点)/图案处理**

这三个工具的用法详见第 325~328 页。

## 第十一栏,推板

推板下拉菜单中的所有内容在前文已经介绍过,此处不再赘述。

## 第十二栏,图标工具

图标工具下拉菜单中的所有内容在前文已经介绍过,此处不再赘述。

## 第十三栏,模板工具

服装模板是一种服装生产的新型技术,它是把服装部件制成多层胶板夹具,然后把裁片夹住,放在模板缝纫机上,让缝纫线迹沿着固定的轨道进行运行,使工业生产成品更加规范、统一和快速。

**1. 缝合工具(用于缝合衬衫上、下领)/模板工具**

首先确定要在裁片上操作,选中此工具,点击固定侧点 1 和点 2;再点击展开侧点 3 和点 4;然后点击参考要素点 5 和点 6,右键结束,见图 4 - 143。

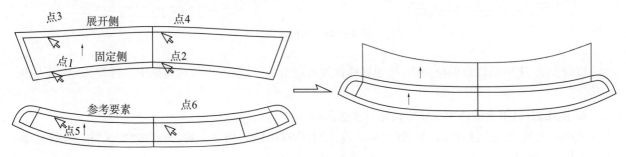

图 4 - 143 缝合工具 1

这时需要把上领翻转过来,只需要在方向侧点击左键,上领就翻转过来了,见图 4 – 144。

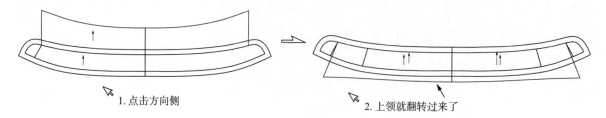

图 4 – 144　点击方向侧

**2. 转为普通线(用于把其它属性线条转为实线)/模板工具**

选中此工具,弹出"转为普通线"对话框,勾选其中的选项后按确认,这时裁片的缝边和中线另外一边都变成了普通线,这样做的目的是为了让"线槽工具"在普通线上操作,也就是在实线上操作,见图 4 – 145。

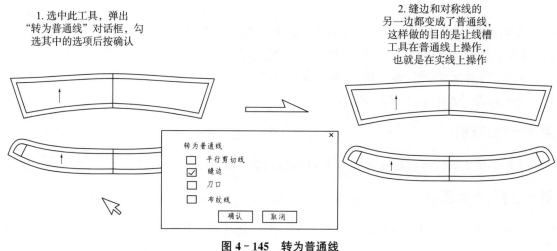

图 4 – 145　转为普通线

**3. 线槽工具(用于生成线槽)/模板工具**

选中此工具,先在屏幕上方输入合理参数,然后选中目标要素,右键结束,见图 4 – 146。

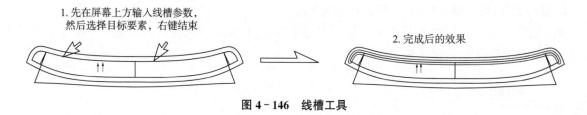

图 4 – 146　线槽工具

以制作上、下级领拼合模板为例,框选目标裁片后点击右键,在弹出的对话框中进行勾选,然后点击确认。

**4. 生成边框(用于快速生成模板边框)/模板工具**

选中此工具,框选目标边,在弹出的"模板裁片"对话框中输入相关参数,再点击"确认"按钮,就自动生成边框了,见图 4 – 147。

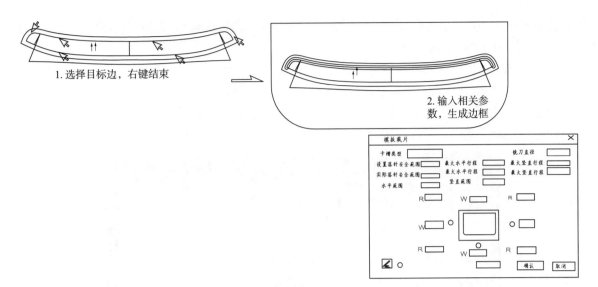

1.选择目标边,右键结束

2.输入相关参数,生成边框

图 4-147 生成边框

## 第十四栏,帮助

**1. 关于 ETCOM(用于查看系统版本信息)/帮助**

选中此工具,显示本系统的版本等相关信息。

**2. 自定义快捷菜单(用于把系统栏工具加到鼠标滚轮,也可删除或变换位置)/帮助**

详见第 114 页。

**3. 自定义工具组(用于少数工具进行组合)/帮助**

在使用打板工具的时候,按"Tab"键就可以让两个工具互相切换了。使用方法:选中此工具,弹出"菜单组"对话框,点击"加入主菜单"按钮,再点击某一个工具,如"图标工具"→"扣眼",然后在点击"加入子菜单"按钮,接着点击"绘图"→"分割扣子扣眼",点击"确认"退出,见图 4-148。

图 4-148 自定义工具组

在打板界面，使用"扣子扣眼"的工具时，按一下"Tab"键，就切换到"分割扣子扣眼"了，如果再按一次"Tab"键，则又回到"扣子扣眼"的工具。

如果按下"删除菜单"按钮，再点击已有的工具，则会删除已经选中的工具组。

**4. 自定义快捷键（用于客户根据自己的爱好设置快捷键）/帮助**

例如，图 4 - 149 中，在任意文字前面输入 Alt+q，另存为前面输入 k，然后在打板时按下 Alt+q 键，就出现任意文字工具了，见图 4 - 150；同样的操作方法，按下 k，就进入另存为的对话框了，见图 4 - 151。

图 4 - 149　输入 Alt+q 和 k 键

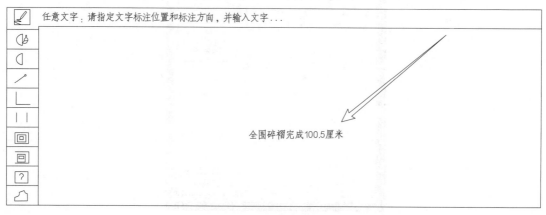

图 4 - 150　任意文字快捷键

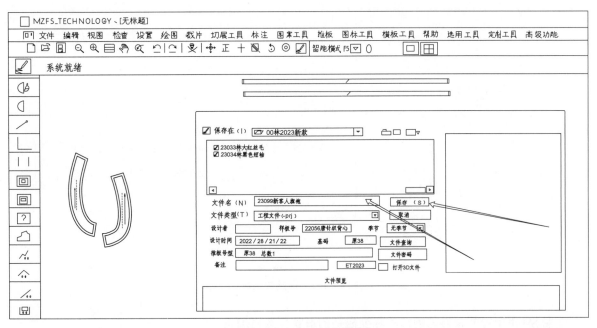

图 4 – 151   另存为快捷键

## 第十五栏,选用工具

### 1. 椭圆(用于画指定长度和宽度的椭圆)/选用工具

选中此功能,在长半径和短半径后面的输入框中输入需要的数值 **长半径 6    短半径 3**,

左键单击点 1、再点 2 即可,见图 4 – 152。

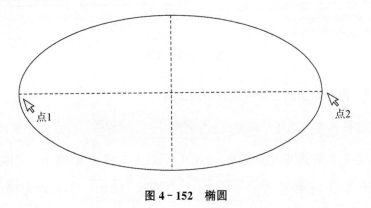

图 4 – 152   椭圆

### 2. 手动对号/选用工具

### 3. 自动对号/选用工具

用于数字化仪读入系列号型的网状图,可以手动或者自动将相同号型的纸样区分开来,进行对号排列。

### 4. 调整袖窿深(用于激活和拼合前后袖窿,然后调整袖窿深度)/选用工具

选中此功能,点选 1 前袖窿深,右键结束,点选 2 后袖窿深,右键结束,点选 3 前侧缝线,右键结束,点选 4 后侧缝线,右键结束,这时袖窿线条被激活,呈拼合状态,同时,弹出"袖窿深调整"对话框,可以左键拖动袖窿底交点进行调整,也可以在对话框右边输入新的前、后袖窿长数值,点击"自动调整按钮"即可,见图 4 – 153。

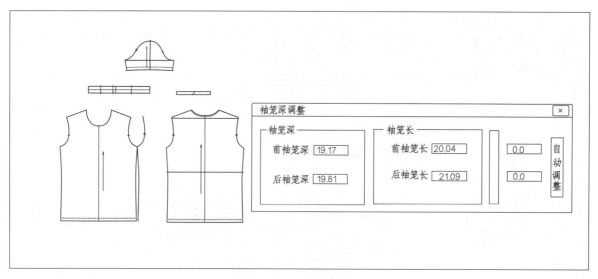

图 4 - 153　调整袖窿深

**5. 替换(用于把要素当前的形状替换成别的形状)/选用工具**

选中此功能,选择参考要素,按住左键拖动它到被替换的对应点上,点击左键即可,见图 2 - 154。

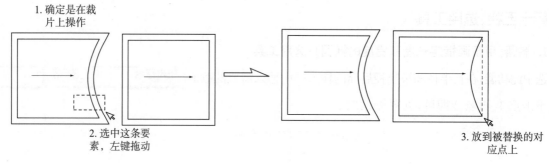

图 4 - 154　替换

**6. 衣袖联动调整(用于调整袖山溶位量)/选用工具**

选中此功能,先选择调整袖肥还是调袖高 ⊙ 调袖肥　○ 调袖高 。点选 1 前袖窿,右键结束;点选 2 前袖山,右键结束;点击 3 后袖窿,右键结束;点击 4 后袖山,右键结束;点击 5 前袖窿,这时屏幕上方显示出前、后袖山的溶位量(即吃势量) 前溶位 0.971 后溶位 -0.002 ,拖动左键进行微量调整,右键结束,见图 2 - 155。

**7. 领身联动调整(用于领脚线和衣身领圈线长度同步调整)/选用工具**

使用方法:选中此工具,点击后领圈点选击 1,再点击前领圈点选击 2,右键结束;接着点选击后肩缝点 3,点选击前肩缝点 4,右键结束;最后点选击领子后中线点 5,见图 4 - 156。这时左键拖动领圈线条,领子也就联动发生变化了,见图 4 - 157。

**8. 衣领倒伏设计(用于翻领的弯度调整)/选用工具**

先框选所有参与要素,右键结束;再点选领口内线,右键结束;接着点选领外线,右键结束;左键点击领图前端,按住左键拖动鼠标。这时,领子的弯度就发生变化了,完成后的内领口线长度保持不变,仅仅是领子弯度产生变化,见图 4 - 158。

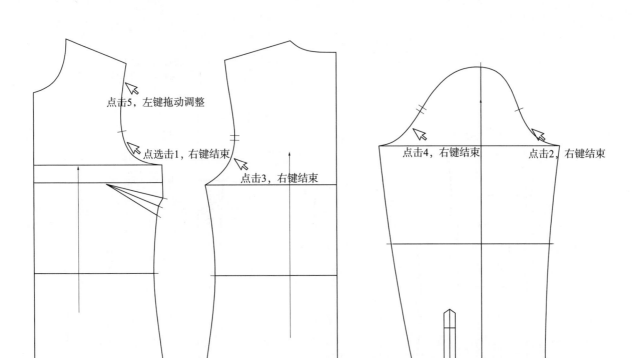

图 4 - 155　衣袖联动调整

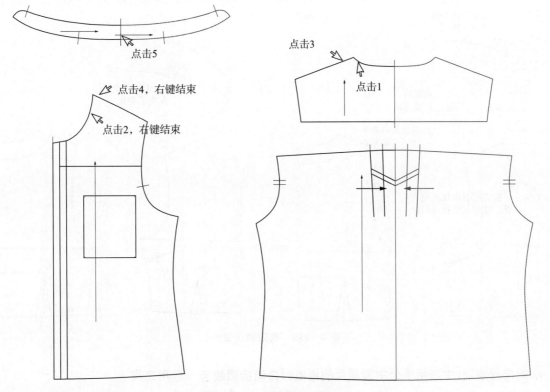

图 4 - 156　领身联动调整(1)

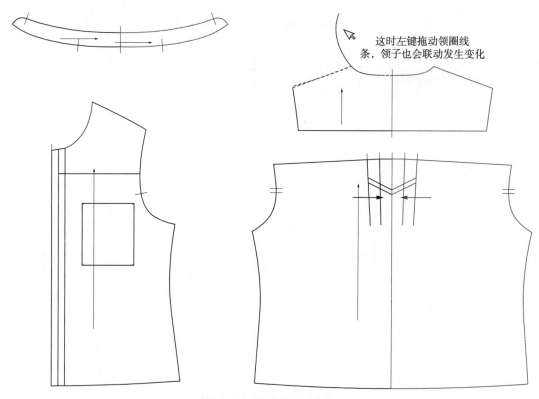

图 4 - 157   领身联动调整(2)

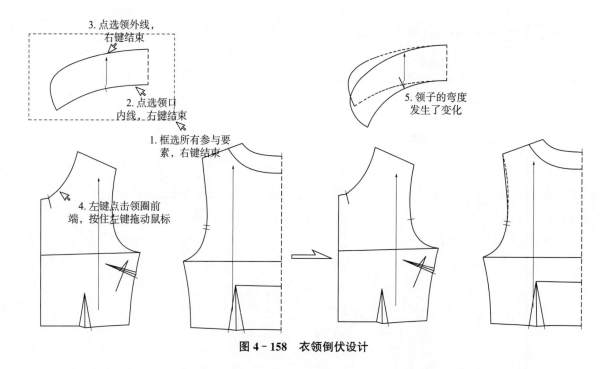

图 4 - 158   衣领倒伏设计

### 9. 对接点规则(主要用于公主缝裁片的推板时自动接顺线条)/选用工具

先把其他各部位都推放好,再选中此工具,左键框选放码点,在弹出的"放码规则"对话框中,不用输入任何数值,直接点击"确认"按钮即可,这时前侧线条和前中片上的袖窿线会自动对接圆顺,见图 4 - 159。

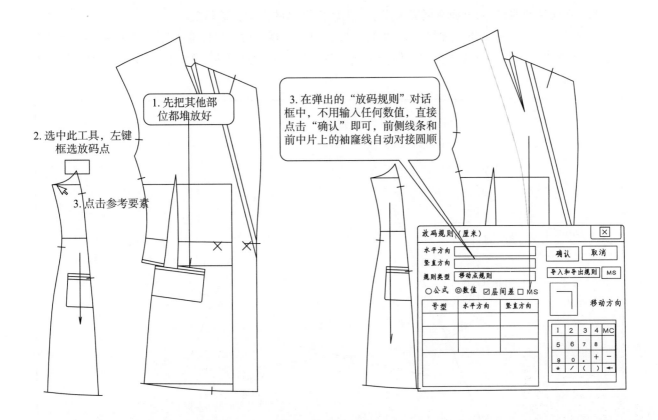

图 4-159 对接点规则

### 10. 定义辅助纱向点(用于排料优先识别的纱向)/选用工具

选中此工具,在裁片上点击起点和终点,这时裁片上会出现两个蓝色点,即辅助纱向点,然后刷新保存。在进入排料系统后,这个纱向会优先被识别,见图 4-160。

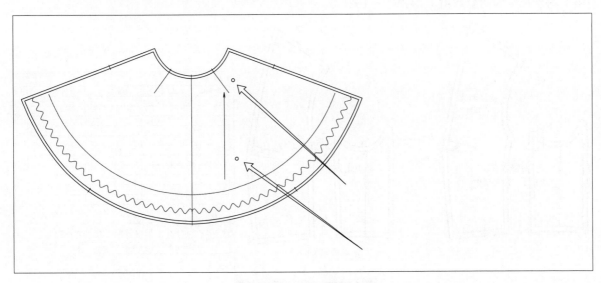

图 4-160 定义辅助纱向点

**注:**如果需要删除辅助纱向点,选中删除工具,框选蓝色点,右键结束即可。

**11. 定向长度调整(用于调整要素长度的同时确定要素的方向)/选用工具**

框选或点选要素移动端,这时移动端出现坐标方向,在屏幕上方的"长度量"输入框中输入要素长度数值,沿着需要的方向按住左键拖动鼠标会出现一条白色线条,松开左键,要素的长度和方向即被确定,见图 4-161。

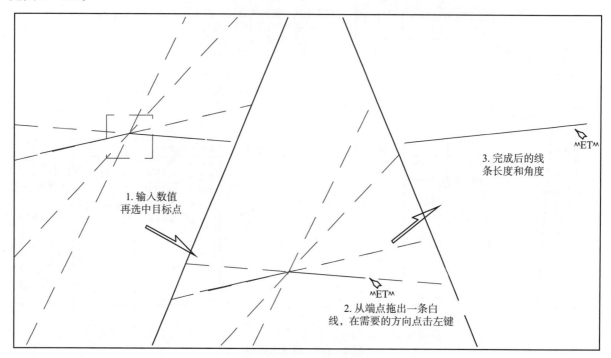

**图 4-161  定向长度调整**

**12. 要素组两点长度(用于在成组的要素上量取两点长度)/选用工具**

依次选择多条要素的起点端,右键结束,再指示点 1,然后在另一条要素上点击点 2,就可以查看要素组上两点长度的测量数值了,见图 4-162。

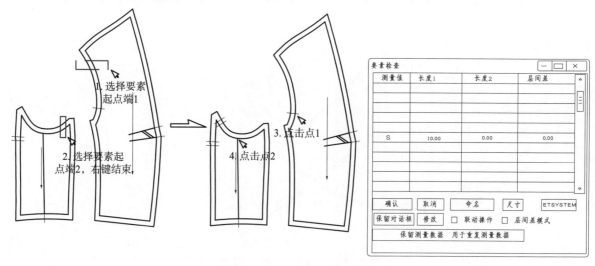

**图 4-162  要素组两点长度**

**13. 两点做省(用于点击两点画出省道)/选用工具**

先输入相关数值,如省的位置为 3cm,省量随意,省深度为 10cm 智能模式F5 ▾ 3 ▢ 省深度 10 ,见图 4-163。

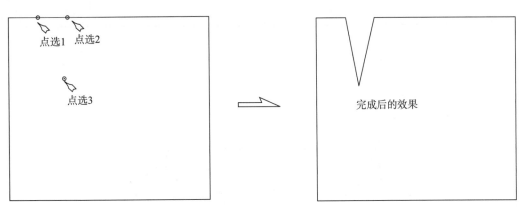

图 4 - 163 两点做省

### 14. 实线虚线(用于实线和虚线之间的切换)/选用工具

选中此工具,框选或者点选线条,右键结束,这个线条就变成虚线,再使用一次,就又变成实线了,见图 4 - 164。

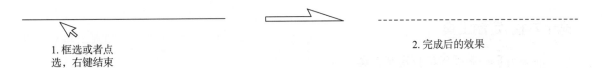

1. 框选或者点
选,右键结束

2. 完成后的效果

图 4 - 164 实线虚线

### 15. 裁片信息输出(用于打印裁片信息清单)/选用工具

选中此工具,在弹出的 Pattern Info Export 对话框中,输入清单表格名称,点击"保存"按钮,然后用办公打印机打印出来,见图 4 - 165。

图 4 - 165 裁片信息输出

### 16. 扩展缝边(用于添加裁片四周的空位)/选用工具

选中此工具,在屏幕上方输入相关数值 扩展宽 1 ,框选裁片,右键结束,见图 4 - 166。

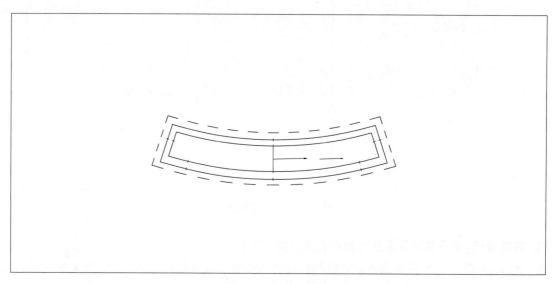

图 4 - 166    扩展缝边

## 第十六栏,定制工具

### 1. New window(新建窗口)/定制工具

选中此工具,当前文件出现两个相同的窗口,见图 4 - 167。

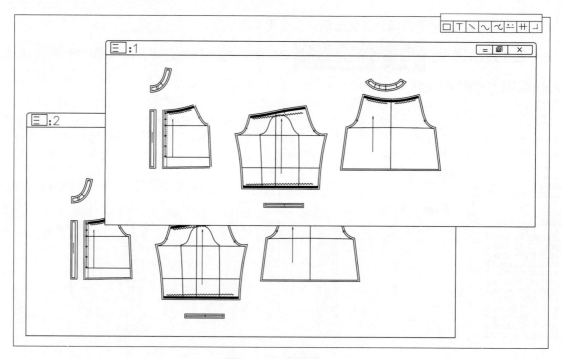

图 4 - 167    新建窗口

### 2. Cascade(串联层叠)/定制工具

选中此工具,屏幕上以串联层叠的方式显示两个窗口,见图 4 - 168。

### 3. Tile(平铺)/定制工具

选中此工具,屏幕上以平铺的方式显示两个窗口,见图 4 - 169。

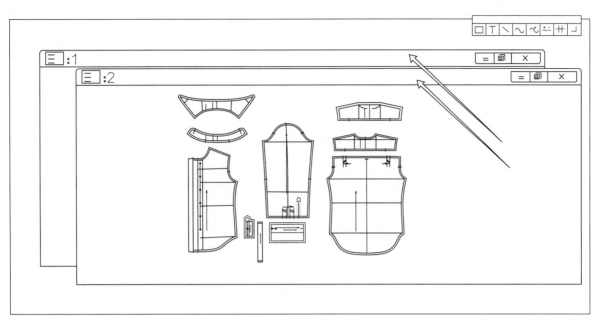

图 4 - 168　串联层叠

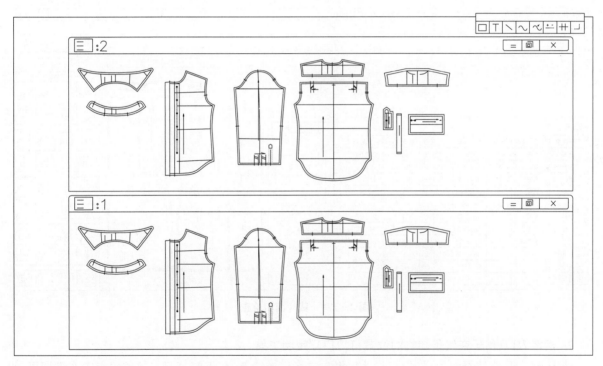

图 4 - 169　平铺

**4. 要素检测(用于清除非正常线条)/定制工具**

选中此工具,在弹出的"ETCOM"对话框中点击"是",就可以清除非正常线条了,见图 4 - 170。

**5. 裁片面积检测(用于自动显示裁片面积信息)/定制工具**

选中此工具,可以弹出"裁片信息"对话框,在这里可以查看裁片的面积、周长等信息,见图 4 - 171。

**6. 单向省(用于画指定省量的省道)/定制工具**

选中此工具,先在屏幕上方输入省量数值,然后框选或者点选省道起点,就自动生成单向省了,见图 4 - 172。

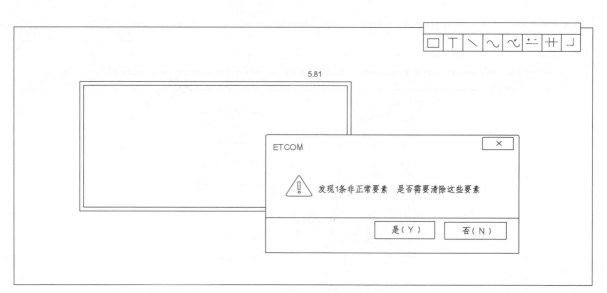

图 4 - 170　要素检测

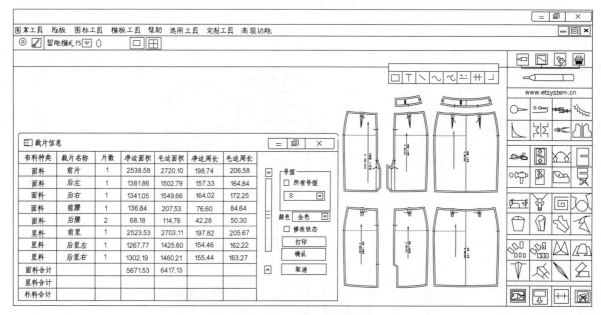

图 4 - 171　裁片面积检查

**7. 指定刀口(用于在线条随机的位置打刀口)/定制工具**

选中此工具,先选择单刀或者双刀,然后框选或者点选线条,在需要打刀口的位置点击右键即可,见图 4 - 173。

**8. 裁片明线(用于在裁片四周一次性画出明线)/定制工具**

选中此工具,现在屏幕上方输入相关数值 `距离1 6` `距离2 6` `距离3 0` ,然后选中目标裁片,右键结束,这个裁片四周就都加好明线了,见图 4 - 174。

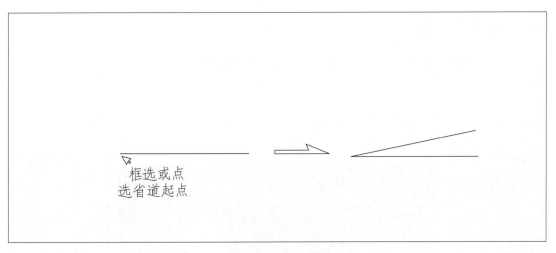

图 4 - 172 单向省

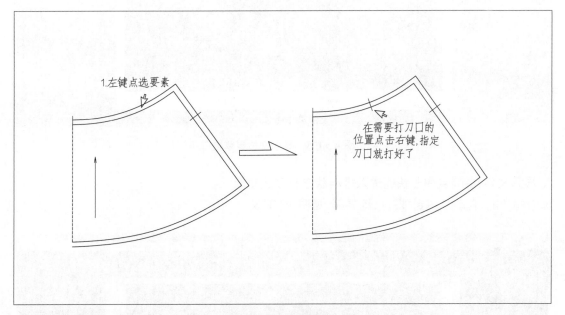

图 4 - 173 指定刀口

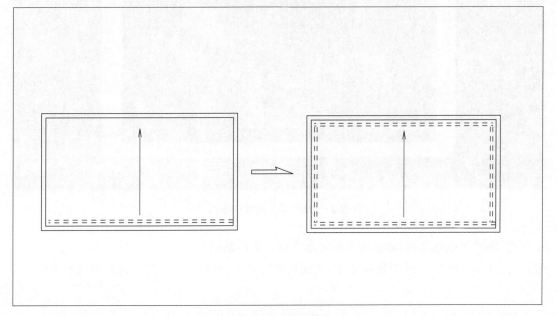

图 4 - 174 裁片明线

### 第十七栏,高级功能

**1. 导入文件到单裁(用于快速进入单裁输出状态)/高级功能**

选中此功能,自动跳转到单裁输出系统界面,见图 4 - 175。

图 4 - 175　导入文件到单裁

**2. 导入文件到排料(用于快速进入排料状态)/高级功能**

选中此功能,自动跳转到排料系统界面,见图 4 - 176。

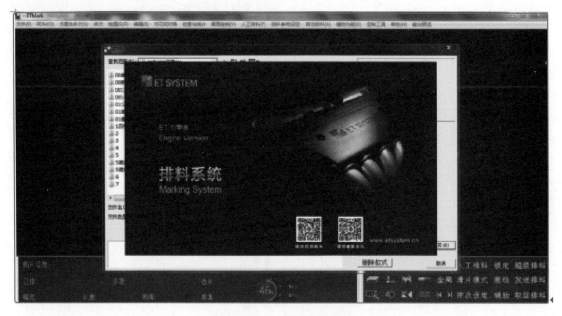

图 4 - 176　导入文件到排料

**3. 保存 2008 万能版文件(转换为传统版本文件)/高级功能**

选中此工具,保存为 2008 万能版文件,该版本比较普及,大多数用户都可以打开这种文件。

**4. ET 界面(用于保存为当前文件)/高级功能**

ET 界面就是当前默认的界面。

**5. 优力圣格(用于保存为优力圣格版本的文件)/高级功能**

优力圣格和 2008 版的界面很相似,但是右边工具图标是草绿色的,见图 4 - 177。

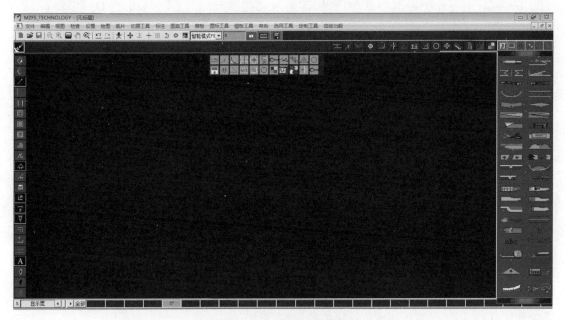

图 4 - 177　优力圣格界面

**6. 智慧之蓝(用于把右边图标工具栏底色变成蓝色)/高级功能**

智慧之蓝右边工具图标是赏心悦目的蓝色,也是比较常见的界面,见图 4 - 178。

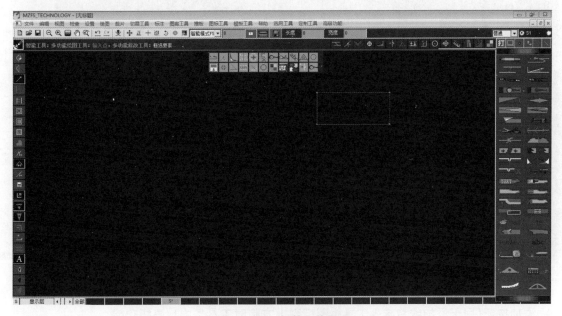

图 4 - 178　智慧之蓝界面

**7. 黑客帝国(用于把右边图标工具栏底色变成黑色)/高级功能**

选中此工具,右边工具图标变成较深的黑色,见图 4 - 179。

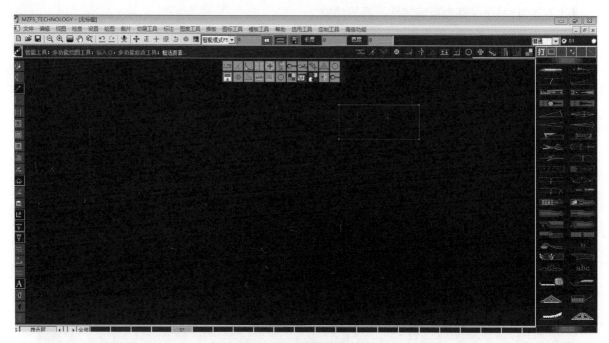

图 4 - 179　黑客帝国界面

## 8. 传统风格(用于把界面变成传统风格)/高级功能

选中此工具，右边工具图标变成传统风格的界面，见图 4 - 180。

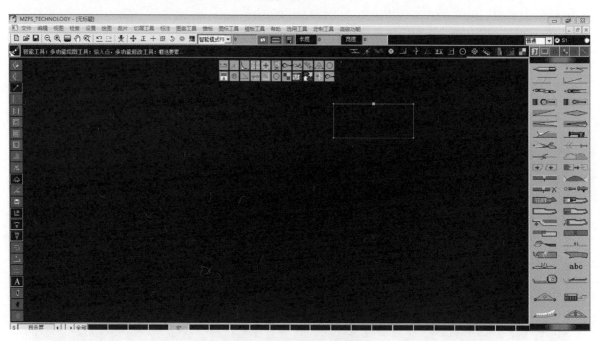

图 4 - 180　传统风格界面

## 9. 添加按钮(用于添加或者减少工具小图标到上方临时工具条中)/高级功能

使用方法：选中此工具，出现图 4 - 181 的界面，点击左上角的蓝色小方框，再点击屏幕中间的所需要的工具小图标，点击下方的 ✚ 号，这个工具就添加好了。

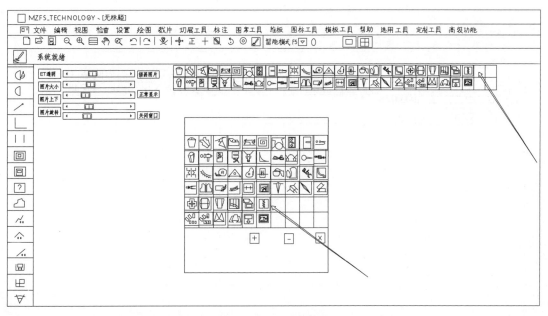

**图 4 - 181 添加按钮**

如果按动下方 ▬ 号的小按钮,就会从右边依次减去已有的工具小图标,如果按 ✖ 即为关闭此工具。

如果需要关闭临时工具条,按高级功能,在弹出的小对话框中把工具条前面的钩去掉即可,见图 4 - 182。

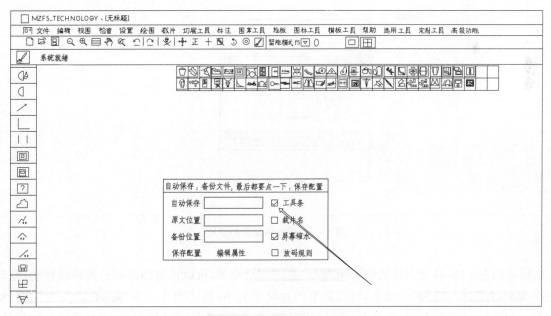

**图 4 - 182 关闭临时工具条**

**10. 调入底图(这是"调入底图"的高级用法)/高级功能**

选择此工具,弹出图 4 - 183 窗口,在中间的蓝色区域双击左键,选中需要的图片,见图 4 - 184。单击"打开"按钮将图片打开。这里不需要转换图片格式,也可以重复操作,可以用来打开多个图片,见图 4 - 185。

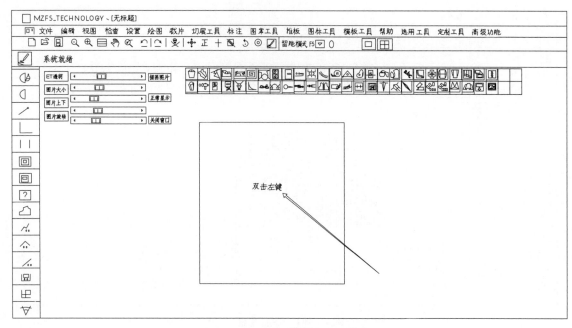

**图 4 - 183　调入底图的另一种用法**

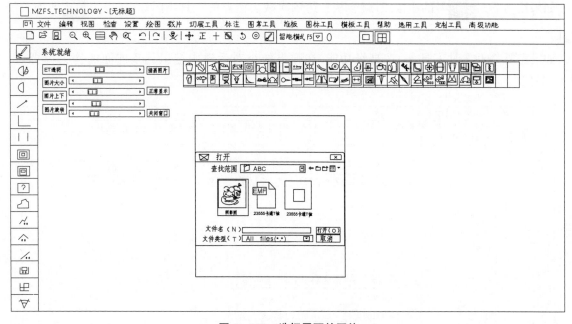

**图 4 - 184　选择需要的图片**

在屏幕的左上角,拖动图片透明 ET透明◀▭▶ 滑动条,可以调节图片底色的浓淡程度;拖动图片大小"图片大小◀▭▶"滑动条,可以调节图片尺寸大小;拖动图片上下"图片上下◀▭▶"滑动条,可以调节图片上下的位置;拖动图片旋转"图片旋转◀▭▶ 关闭窗口"滑动条,可以旋转图片倾斜角度;按描画图片"描画图片"按钮,可以用智能笔或者曲线工具临摹图片中的图形;点击正常显示"正常显示"按钮使图片恢复正常默认的方式显示;点击关闭窗口"关闭窗口"按钮可以关闭此工具。

**11. 截图翻译 F1(用于截屏并翻译成英文)/高级功能**

选中此工具对,跳转到截图状态,左键款选屏幕上的中文,右键结束,就可以自动翻译成英文,见图 4 - 186。

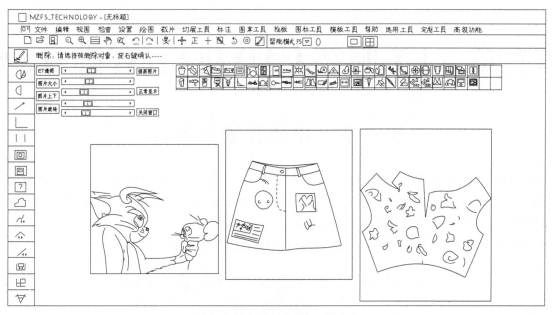

图 4 - 185 可以打开多个图片

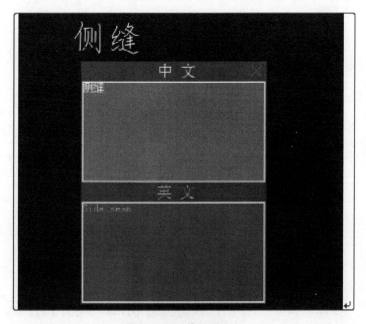

图 4 - 186 截图翻译

## 12. 截图工具 F12(用于截屏)/高级功能
选中此工具,自动进入截图状态,也可以按快捷键 F12 进行截图。

# 第五章 ET服装CAD排料(睿排)技术

## 第一节 排料界面和睿排

ET新版本的排料系统界面,见图5-1,其主要特点是增加了超级排料系列工具。超级排料也称SUPER自动排和睿排,睿排经过实际工作的验证,是一种实用性和普及性很高的技术,它可以在快速排料的同时达到智能、自动、省料和简单易学的效果。

为了区分这两种排料方式,我们可以把常规排料的方式称为普通排料,将睿排的方式称为超级排料。

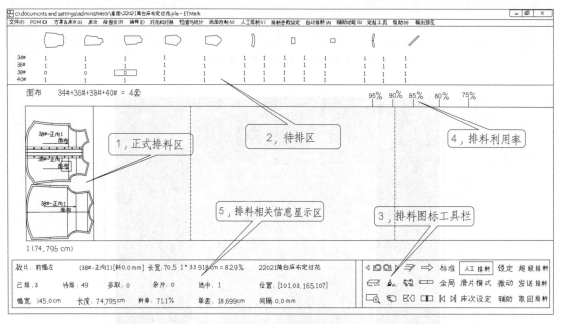

**图5-1 排料界面**

## 第二节 排料系统图标工具的用法

排料系统图标工具的用法见表5-1。

**表5-1 排料系统图标工具的用法**

| | | |
|---|---|---|
| 1 | ◀ ⟲ ▶ 撤销 | |
| | 依次撤销到上一步,不限制次数 | |
| 2 | ⟳ ▶ 重新执行 | |
| | 撤销过多步数时重新恢复到下一步 | |
| 3 | 清空唛架 | |
| | 把排料区的使用裁片都清空到待排区 | |

续表

| 4 | **杂片清除**<br>凡在正式排料区以外的上、下、左、右任何位置摆放的裁片都叫杂片,杂片清除就是把排料区所有未正式放置的裁片都收回到待排区 |
|---|---|
| 5 | **放大**<br>框选排料区域,放大画面;另外,按住 Shift 键,转动鼠标滚轮,也可以放大或者缩小当前的排料界面 |
| 6 | **平移**<br>选中工具,按住鼠标,用来移动裁床 |
| 7 | **刷新视图**<br>刷新视图是用于去掉选位线 |
| 8 | **右分离**<br>如果在排料过程中对前部分排料结果满意、对后部分排料结果不满意,可以选中此工具,按住左键向右拖动,这部分裁片会被向右分离,然后再重新进行排料 |
| 9 | **裁片寻找**<br>裁片寻找有三种方式:<br>　　第一种是点击小数字,排料区的相应裁片变成线框,告诉裁片位置;<br>　　第二种是鼠标放在排料区的裁片上时,裁片信息会显示裁片名称、号型、倾斜度等相关信息;<br>　　第三种是点击排料区的裁片时,这一套的裁片颜色都有变化,可以删除整套裁片 |
| 10 | **接力排料**<br>框选待排区的多个小裁片,或者框选临时放置区的多个小裁片,接着用左键摆好一片后按左键,就可以自动传输小裁片,不需要来回移动鼠标 |
| 11 | **选位**<br>取一个小裁片→选位→系统指出位置(如果想去掉选位线,按刷新即可) |
| 12 | **裁片切割**<br>裁片切割对于腰带、领底、领贴、裤子和裙子的腰贴等裁片。<br>方法:选中工具→在需要切割的裁片画一条切割线。<br>注意:切割线必须贯穿整个裁片,而切割线的方向系统默认为直和45°的斜线。<br>如果想划任意角度的分割线,就要在左键点击第一点后按下 Ctrl 键,这时弹出"裁片切割"对话框,见图5-2,在这个对话框中可以修改切割线的位置、切割处的缝边宽度等数值→OK<br><br><br>图 5-2　裁片切割 |

续表

| | |
|---|---|
| 13 | **标准** 标准<br>使用标准显示方式时,排料区上方会显示待排区,可以看到待排的裁片 |
| 14 | **全局** 全局使用<br>全局显示方式时,可以看到全部的排料图,按 Home 键可使床头线移到鼠标位置,按 End 键可使床尾线移到鼠标位置 |
| 15 | **◄◄ ►►** 上下一床<br>上下一床是指选择上一床面布或者选择下一床衬和新加自由方案的选择床次是一样的 |
| 16 | **人工排料** 人工排料<br>人工排料是采用压片的方式进行排料。裁片转动的方法如下:<br>在合掌时,按空格键,第一次为 180°转动,第二次为水平方向转动,第三次为垂直方向转动。如果是单方向不可以转动,如果是双向可以 180°转动 |
| 17 | **辅助** 辅助<br>用于在当前排料图上增加水平、垂直、45°的辅助线。选中此功能,屏幕任意位置单击左键,就会出现一条垂直的辅助线,按空格键可以改变辅助线方向,确定方向后再次按左键,弹出"辅助线"对话框,见图 5-3,在对话框中可以修改到边界、线间距、线条数,点击"OK"。当屏幕上有辅助线时要使用滑片式排料。当辅助线在鼠标上时,可以按 Delete 键,将辅助线删除;如果辅助线在屏幕上已经确定,可选择辅助功能中的清除所有辅助线功能来删除辅助线。<br><br>图 5-3 辅助线工具 |
| 18 | **滑片模式** 滑片模式<br>选中滑片模式,左键框选裁片,裁片就会吸附到光标上,这时按方向键上、下、左、右,就可以摆放裁片了,滑片模式是相对于系统默认的压片模式而言的,压片模式是当裁片吸附到光标上时,把裁片压住左边或上、下裁片及边线,松开鼠标,这个裁片就靠边摆放了 |
| 19 | **床次设定** 床次设定<br>用于修改当前款式的套数、幅宽、布料属性等项目 |
| 20 | **锁定** 锁定<br>锁定是用来锁定床尾线的。选中"锁定"工具后,床尾线就不动了,这时可以把裁片以床尾线为齐摆放,这样就可以保证裁片的左边是一条直线 |

续表

| 21 | 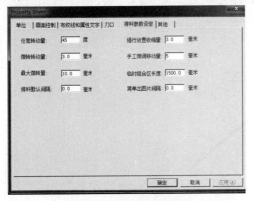<br><br>**微动**微动<br><br>使用这个工具之前,可以先设置微动移动量数值,点击系统工具栏中的排料参数设定 **排料参数设定** ,在下拉列表中点击"系统参数"在弹出的 Property Sheet ,然后在"手工微调移动量"输入框中输入毫米数值,如5,见图5-4<br><br>图5-4　排料参数设置<br><br>这时选中 **微动** 工具,点击裁片后,按上、下、左、右键,每点击一次裁片就移动了5mm,可以连续移动,见图5-5<br><br><br><br>图5-5　按上、下、左、右键进行微动 |
|---|---|
| 22 | **超级排料** 用于进入超级排料 |
| 23 | **发送排料** 用于进入后台排料 |
| 24 | **取回排料** 用于取回排好的后台排料文件 |

# 第三节　新建一个普通排料文件

### 1. 排料之前要检查打推文件

首先要检查打推文件中的裁片是否齐全,有没有写错布料属性、写错裁片数量的现象。如果在排料过程中,发现裁片的片数、纱向、裁片属性或者推板有问题,也可以返回到打推状态,进行修改,修改完成后使用排料"刷新款式"的工具,把之前的排料替换掉,再接着完成排料的操作。

### 2. 新建排料文件的步骤

新建排料文件的步骤是:文件→ 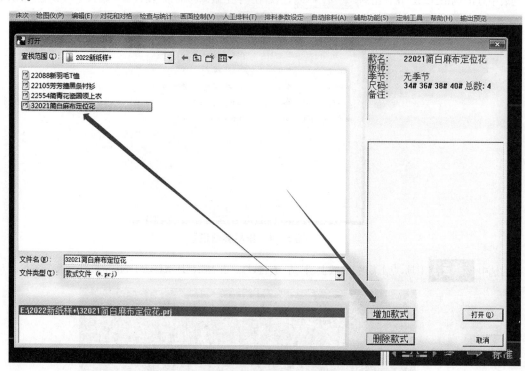 ,然后找到打推文件→点击"增加款式"按钮,

见图 5-6。

图 5-6 找到打推文件,点击"增加款式"按钮

可以多选款式进行套排→点击第二个款式→点击"增加款式"按钮→点击"打开"按钮(如果是单个的款式也可以在打推文件上直接双击左键打开),见图 5-7。

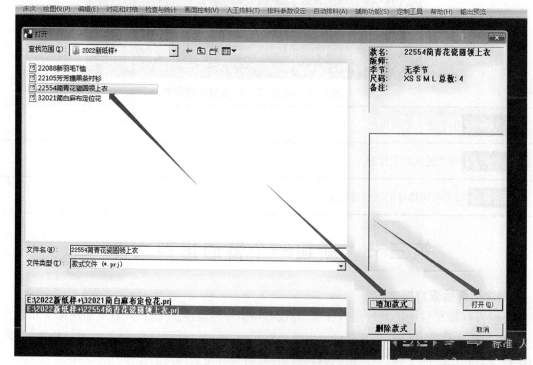

图 5-7 在打推文件上直接双击左键打开

设置排料方案→点击"标准组合"或者"算料组合"(这一步很重要,不要直接点击增加床,否则会出现所有属性的裁片都变成一种属性裁片的问题)。

注:"标准组合"和"算料组合"的区别是,"标准组合"排料结果会紧密一点,而"算料组合"的排料结果会疏松一点,两种相差几厘米,一般情况下,全部选择标准组合也是可以的,见图 5-8。

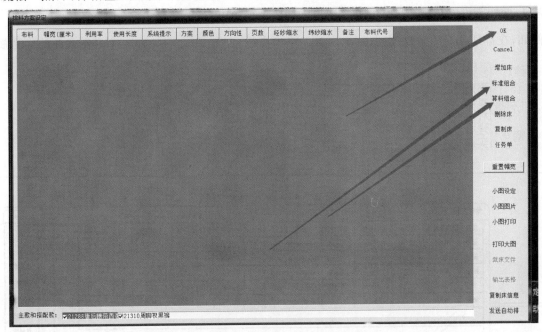

图 5-8 不要直接点击增加床,而是先点击标准组合

点击面料→输入幅宽→单/双方向→码数和件数→点击"OK"→这个排料文件就新建好了,接下来就可以手工排料或者自动排料了,见图 5-9。

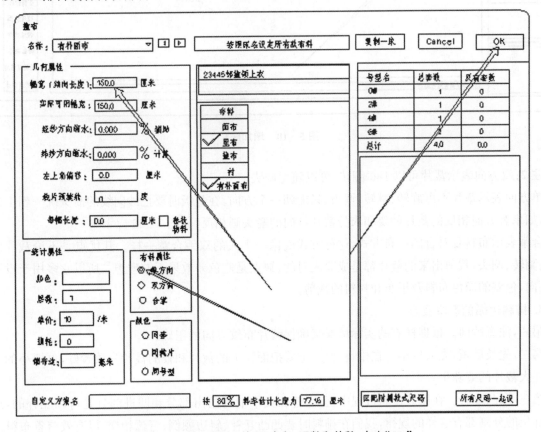

图 5-9 输入幅宽、单/双方向、码数和件数,点击"OK"

**小结**

以上步骤可以简化为：进入排料系统→点击文件→新建→找到打推文件→点击"增加款式"，可多选→点击"打开"→设置排料方案→点击"标准"组合（这一步很重要，不要直接点击增加床）→点击面料→输入幅宽→单/双方向→码数和件数→点击"OK"。

**注1：**增加床可以在已经打开的这一床再添加一个自由方案。

例如，在排某款式的时候，点击 方案&床次(S) 再点击 增加床 ，再选择需要增加的面料属性、

床次—几何属性 ，就会出现两个"面布"床次，见图5-10。

幅宽(

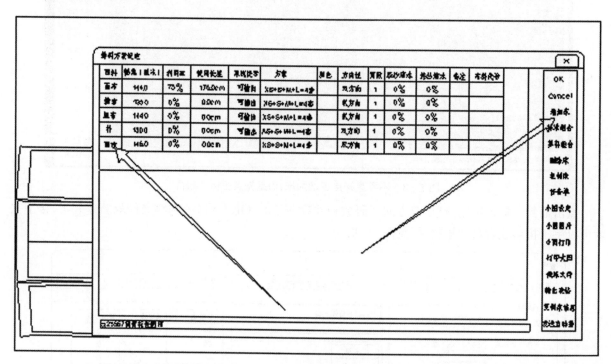

**图5-10　增加床**

**注2：**双方向表示裁片可以180°翻转，可以随意调头。

单方向表示裁片不可旋转、翻转、调头，只能朝一个方向，在打板时要把纱向线的箭头统一朝上或者朝下，如果有方向相反的裁片就要和衣身裁片纱向的箭头画相反，见图5-11。

合掌表示布料是对合的拉布方式，这种方式就像一个人的双手合掌一样。其优点是不论裁片怎样旋转、翻转、调头，裁剪出来的裁片都是成双成对的；缺点是避色差效果不够理想。所以它多用于没有图案、毛向、色差的净色布料及里布和衬料的裁剪。

**3. 排料遵循的基本要点**

第一，注意纱向。根据样衣的实际情况来确保裁片布纹方向的正确。

第二，先长后短，先大后小。在排料时，一定要把面积大的裁片和长的裁片先放置好，再把小的裁片穿插在大裁片的缝隙中。

第三，凹凸吻合。在服装排料过程中，公主缝和大小袖的凸出部分和凹进部分是可以互补的，还有许多部位的分割都有这样的规律，我们在排料时要凹凸互补、斜边颠倒、弯弧相交，以有效节省布料。

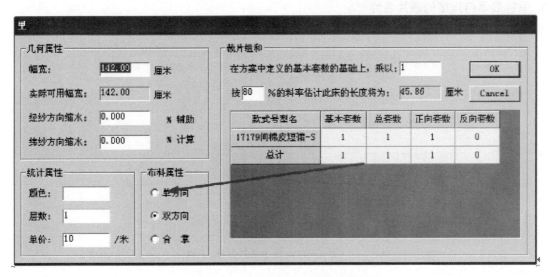

图 5 - 11　选择单/双方向或者合掌

第四,注意倒顺。当布料有毛向(或者有图案、文字)时要注意倒顺,一般情况下,毛较长的顺毛向下,毛较短的逆毛向上。只有领子和衣片的毛向是相反的。

第五,合理切割。在不影响外观和客户允许的情况下,可以把腰带、内贴切断,以达到节省布料的目的。

### 4. 怎样取下裁片

取裁片方法有四种:

第一种:在待排区,左键点选裁片下的数字,就可以取下相应的裁片,无论数字为几,每点击一次只可以取下一片。

第二种:在待排区,左键框选裁片下的数字,就可以取下框中的裁片。

第三种:在待排区,左键点击号型名称,就可以取出此号型的一套裁片,见图 5 - 12。

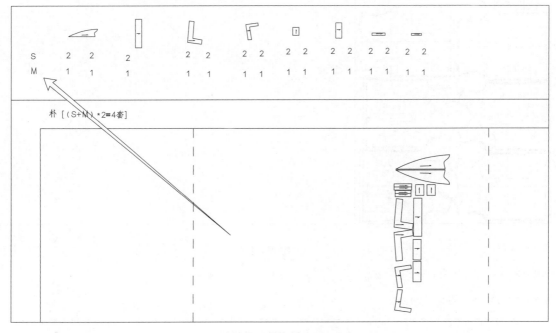

图 5 - 12　点击号型名称

### 5. 怎样显示待排区的裁片名称

在待排区内点击右键，自动显示裁片名称，见图 5 - 13。

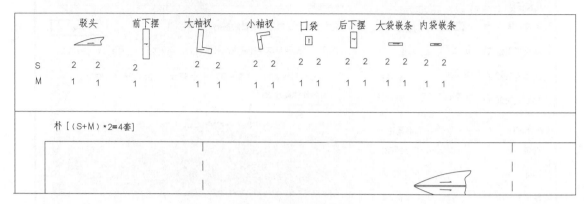

**图 5 - 13　显示裁片名称**

### 6. 同步显示排料信息

排料界面的下方会显示裁片的名称、款号、倾斜程度、已排的片数、未排的片数、多取的片数，幅宽、唛架的长度、料率等相关信息，见图 5 - 14。

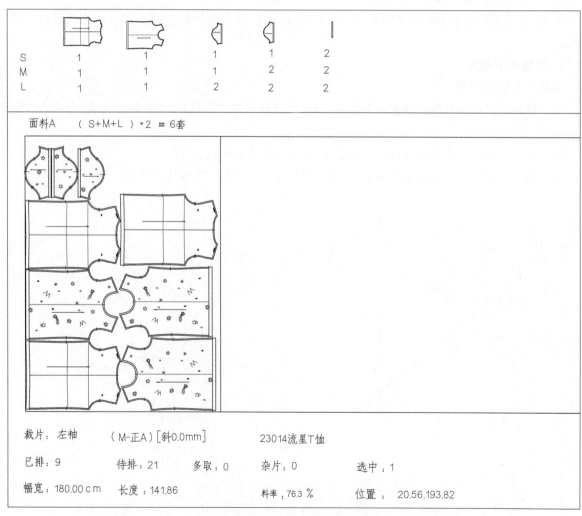

**图 5 - 14　同步显示排料信息**

### 7. 怎样显示出款号

打开排料界面后,如果没有显示出这款的款号,这种情况下只要取下或者移动一下任何一个裁片,就看到当前款号了,见图5-15、图5-16。

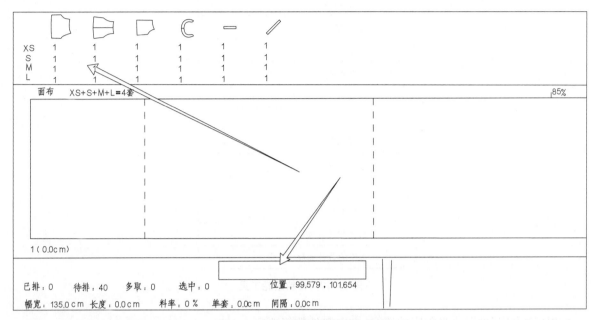

**图5-15 打开后没有显示出款号**

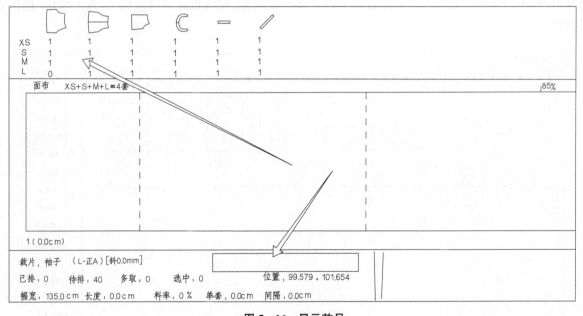

**图5-16 显示款号**

### 8. 排料滚轮工具组

和打板推板一样的原理,排料的工具也可以加入到鼠标滚轮里面的,这样使用起来就比较方便快捷,见图5-17。

### 9. "方案床次"中的"排料方案设定"和"床次设定"的区别

排料"方案设定"可以改使用床的幅宽、方向和件数等选项。

| 床次设定 | |
|---|---|
| 出图 | F4 |
| 综合检查 | F2 |
| 输出预览 | |
| 测距 | |
| 适时检查 | |
| 平移 | F7 |
| 放大 | F5 |
| 全局视图 | F8 |
| 标准视图 | |
| 外取片 | |
| 系统默认参数 | |
| 当前床次参数 | |
| 本床的裁片间隔 | |

**图 5-17　排料滚轮工具**

而"床次设定"可以改当前床的幅宽、方向和件数等选项。

点击"方案床次"，这时弹出"排料方案设定"对话框，然后点击布料的种类，如撞布，见图 5-18，这时弹出"撞布"对话框，见图 5-19，然后就可以重新改变幅宽、方向和件数等选项了，点击"OK"按钮完成修改。

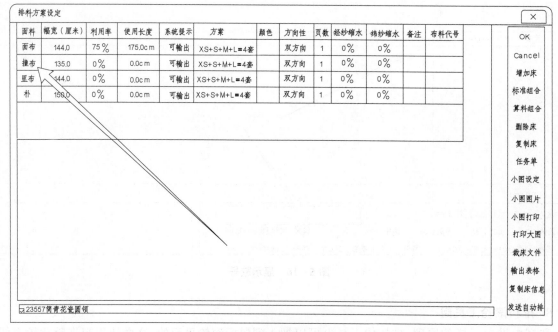

**图 5-18　点击"撞布"这一床次**

如果只改当前正在排料的这一床次的幅宽和件数，就点击方案床次中的床次设定，弹出"面料"对话框，修改幅宽、方向和件数等选项后，点击"OK"完成修改，见图 5-20。

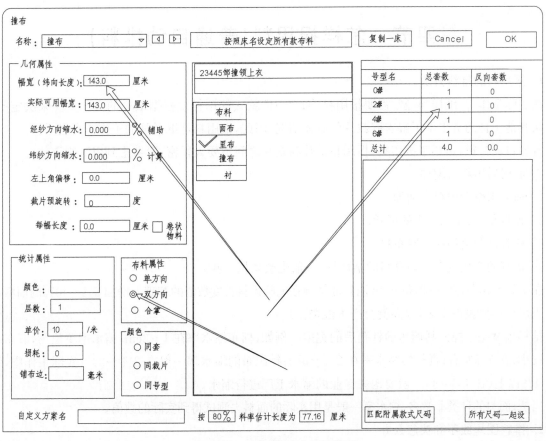

图 5-19　设置幅宽、方向和件数

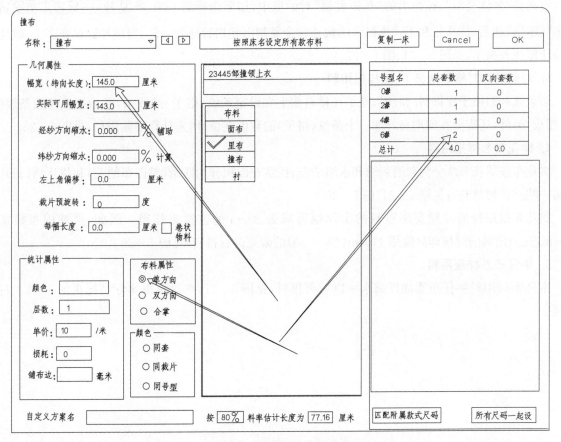

图 5-20　修改幅宽、件数和方向

# 第四节　怎样报用料(普通自动排料)

**1. 报用料的排料方法**

在实际工作中,纸样师经常需要报用料,因为一件款式的用料是根据纸样的实际情况来决定的,服装公司其他工种的员工不了解衣服裁片的具体情况,因此,报用料是纸样师的工作职责之一。

普通自动排料,多用于报用料,报用料裁片与裁片之间不要太紧密,要考虑到以下因素:

① 放码后用料会增加;

② 加缩水率后用料会增加;

③ 布料布头、布疵产生的损耗;

④ 样衣试制会用掉一些布料;

⑤ 幅宽的变化也会影响算料的精确性,一般也会多报一些。

在实际工作中,真丝、棉布、化纤面料通常会在电脑排料长度数值的基础上增加 5%～10% 的面料,当然也不要报得太多,太多就会产生浪费。

排料幅宽是去掉面料两边的针孔后的宽度。例如,棉布缩水率在 1～3cm;缩水率单位%,麻布缩水率比较小,在 1% 左右;真丝的缩水率在 2%～6%;针织布的缩水率一般在 2%～3%;实际工作中,缩水率在 4% 以上(含 4%)时,一般要送去专业的缩水工厂进行缩水。

当然,面料的种类非常多,缩水率一般是用实际的面料去测试得到实际的数值。

**2. 排料图尾线不齐头怎么办**

有时候会遇到排料图的尾线不齐头的问题,遇到这种情况可以点击屏幕上方排料系统栏中的"编辑",再选择"整体复制",在弹出的"整体复制"对话框中,如果选择第一项 ⑥ **互补——旋转之后咬合** ,点击"OK"按钮后,待排区和正式排料区的裁片就会复制出互相后补的一份,当裁片数量变多了,就比较容易让尾线齐头了,见图 5-21、图 5-22。

**3. 对条纹和对格子情况下,怎样报用料**

对条纹和对格子在排料的时候,除了在排料图上先设定条纹(格子)的线条,然后把裁片按条纹(格子)摆放,另外,还需要在四周另外加一个条纹(格子)的宽度空位,用来计算实际用料,见图 5-23。

**4. 绣花布怎样报用料**

绣花布按绣花方法分为普通刺绣和水溶绣花;按绣花面积分为匹绣(整匹布绣花)和裁片绣(裁片四周加一些空位再绣花),见图 5-24、图 5-25。

绣花布报用料的时候要用布料的实际幅宽减去 30cm 的方法来排料。例如,这款棉布幅宽为 145cm,在报用料的时候却只能用 115cm(145-30)的幅宽进行排料,见图 5-26。

**5. 牛仔布怎样报用料**

牛仔布报用料牛仔布要加好缩水率以后再排料,见图 5-27,然后根据实际情况再加 10% 左右的损耗。

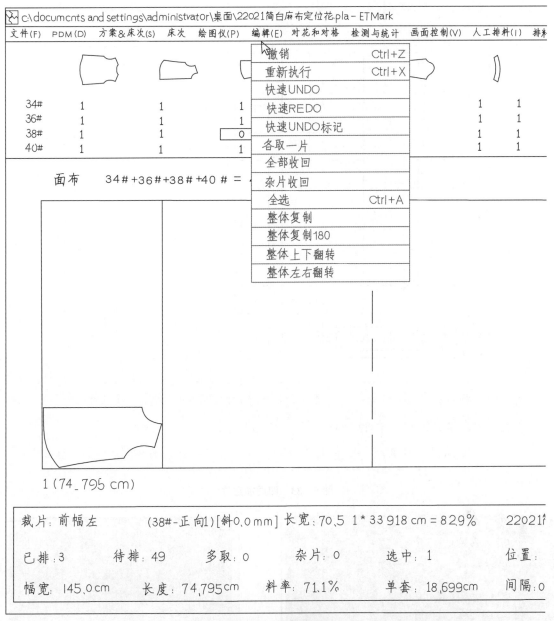

图 5-21　整体复制

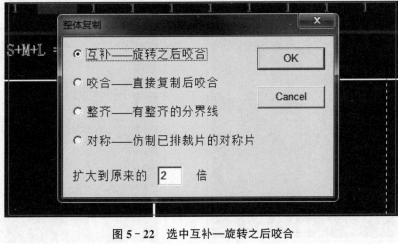

图 5-22　选中互补—旋转之后咬合

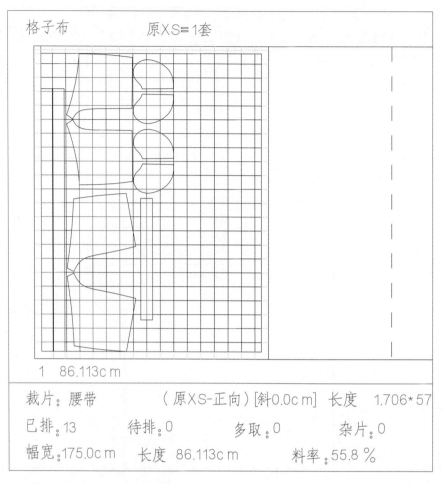

图 5-23　四周加空位

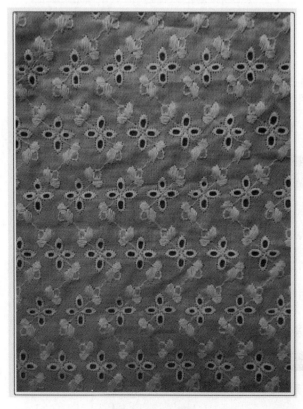

图 5-24　匹绣

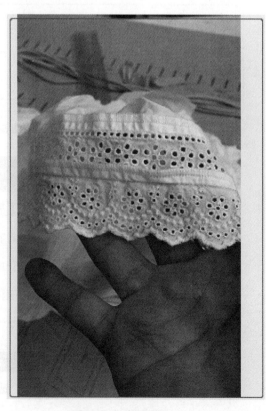

图 5-25　裁片绣

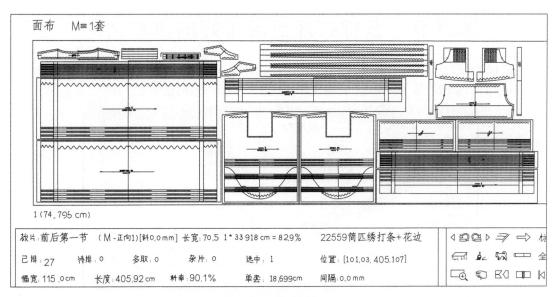

图5-26　绣花布报用料

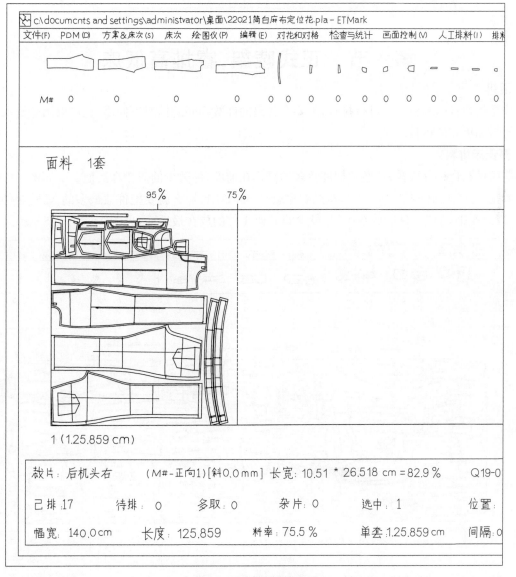

图5-27　牛仔布报用料

## 第五节　怎样打开已经排好的排料文件

如果需要打开已经排好并保存的排料文件，操作方法是打开排料系统后，点击文件→打开→弹出"打开"对话框→找到文件所在的磁盘→找到这个排料文件名→点击"打开"按钮，这个文件就被打开了，见图 5-28。

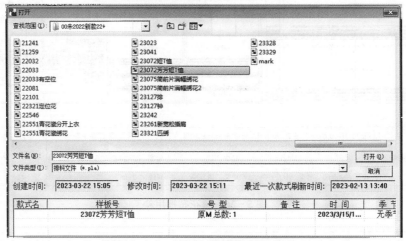

图 5-28　打开已经排好的排料文件

## 第六节　正式唛架，睿排高低床

### 1. 混排

混排是指把各码混在一起进行排料，需要在各码的件数相同的情况下使用，也可以用于要求不是很严格的衬料和里布的排料。

### 2. 高低床排料

高低床排料也称分段排料，通常把件数多的码排在前面，件数少的码排在后面。下面例子中这款的裁床码数是 S、M、L，比例是 2：3：1，按照顺序就是 S2M3L1，那么就要把件数最多的 M 码 3 件的放在最前面，以此类推，S 码 2 件的放在中间，最少的 L 码 1 件的放在最后面，见图 5-29、图 5-30。

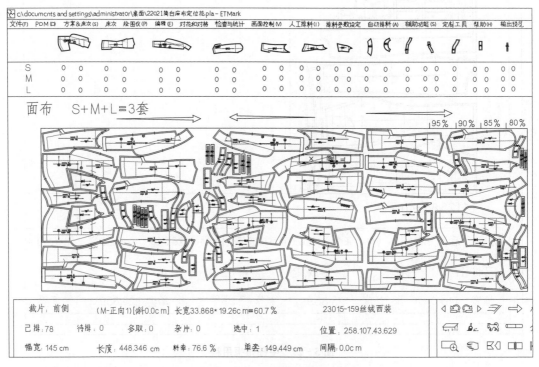

图 5-29　高低床排料

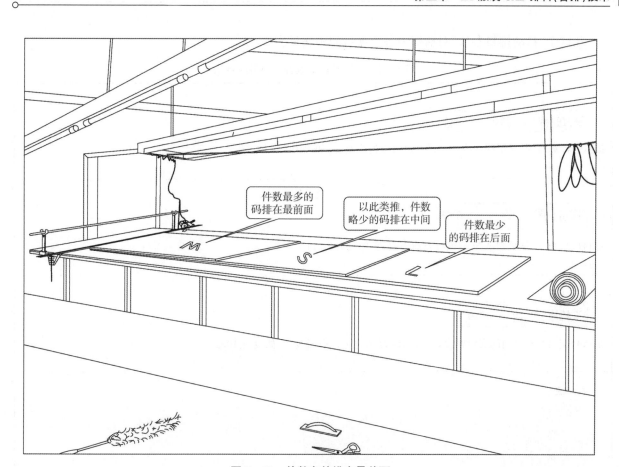

图 5 - 30　件数多的排在最前面

### 3. 新建前台超级排料文件

新建一个前台超级排料文件的步骤和新建一个普通排料文件的方法基本相同,只是把这个打推文件打开后,点击系统工具栏的 **自动排料(A)** ,然后在下拉列表中点击 **SUPER自动排** →在弹出的"自动排参数"对话框中输输入时间以及其他的参数→点击"OK",这个文件就开始自动超级排料了,见图 5 - 31。

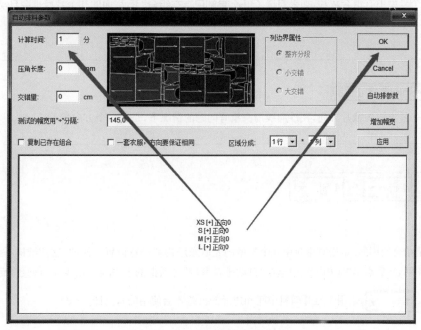

图 5 - 31　前台超级排料文件

在这个"自动排料参数"对话框中各个项目的用法见表 5-2：

表 5-2　自动排料参数各个项目的用法

| |
|---|
| 1. 计算时间：10 分<br><br>排料的计算时间，系统默认为 10 分钟，也可以适当改变，如改为 2 分钟 |
| 2. 压角长度：0 mm<br><br>排料压角长度，系统默认为 0，也可以适当改变，如改为 2mm |
| 3. 交错量：0 cm<br><br>是指号型与号型之间的交错幅度，系统默认为 0，也可以适当改变，如改为 10cm |
| 4. 列边界属性<br>　⊙ 整齐分段<br>　○ 小交错<br>　○ 大交错<br><br>列边界属性也是指号型与号型之间的交错幅度，系统默认为整齐分段，也可以根据实际情况来选择，如可选择小交错或大交错 |
| 5. ☑ 复制已存在组合<br><br>是指排料时，第一个号型中有组合裁片，如果勾选了 ☑ 复制已存在组合 ，后面的几个号型也会自动复制这个组合裁片 |
| 6. ☑ 一套衣服，方向要保证相同<br><br>是指排料完成后，一件衣服的裁片方向，在纱向线箭头没有问题的情况下，是朝一个方向的 |
| 7. 区域分成：1行 ▼ * 1列 ▼<br><br>8. 应用<br><br>区域分成和应用是结合使用的，是指对排料中几个号型的先后顺序排料进行设置。例如，这款纸样一共有 4 个号型，那么就可以选择 4 列，然后点击"应用"，这时这个"自动排料参数"对话框的下方就会出现 4 个列数（而区域分成的行数 区域分成：1行 ▼ 是用于避开面料中间和边缘的色差才会使用的），见图 5-32 |

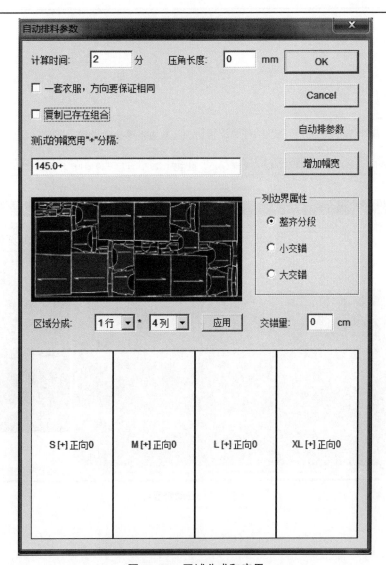

图 5 - 32　区域分成和应用

左键在任何一列中点击,都会出现号型选择的列表,可以点击其中的一个号型,那么这个号型就设定在这一列中了,见图 5 - 33

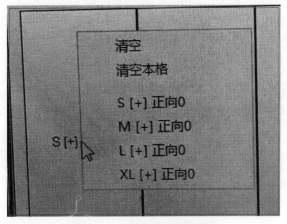

图 5 - 33　号型排料顺序设置

注意:一列中,可以选择一个或者多个号型,但是不可以重复相同的号型。

9.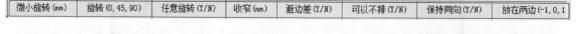

是指对当前排料中的裁片进行微小旋转、旋转、任意旋转、收窄、避边差等选项设置，见图 5 - 34

| 微小旋转(mm) | 旋转(0,45,90) | 任意旋转(Y/N) | 收窄(mm) | 避边差(Y/N) | 可以不排(Y/N) | 保持同向(Y/N) | 放在两边(-1,0,1 |

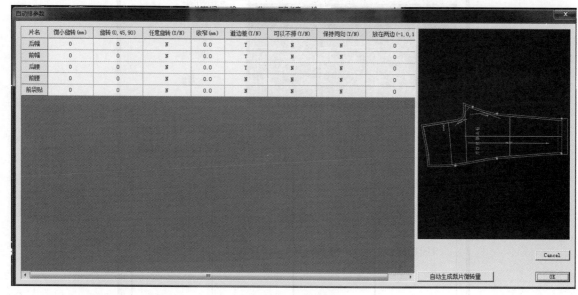

图 5 - 34　自动排参数

10. 增加幅宽

在输入框中按照一定的递增规律填写一个数字，如当前是 145，那么再填写一个 146，点击一下"增加幅宽"按钮，就会自动出现一个 147，再按一次就会出现 148 145.0+146+147.0+148.0，然后选择 OK 按钮，系统会把这四个幅宽都进行排料，见图 5 - 35

续表

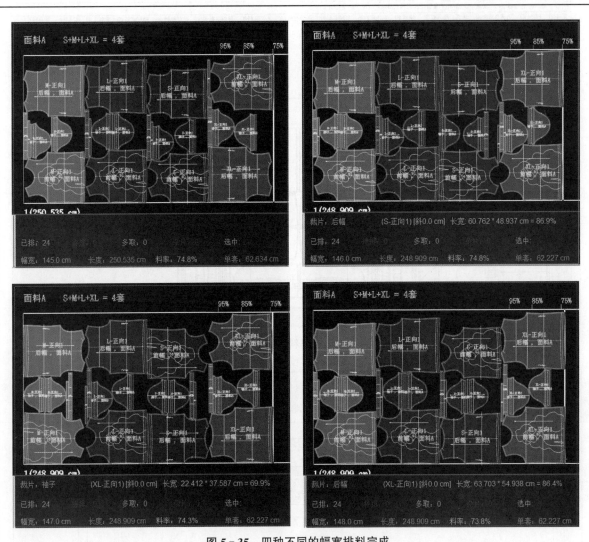

图 5-35　四种不同的幅宽排料完成

等待这四个幅宽的排料都完成后,如果想看到其他幅宽的排料图,需要确认一下排料方法,如果是自动排的,可以在撤销和恢复中寻找,如果是发送排料的,则可以在"方案床次中"选择"当前床次历史记录"中找寻。

在这个四个幅宽的排料中,我们找到最佳的、最满意的一个排料图后,保存这个文件

如果需要在排料过程中停下来,点击时钟图标下面的小手掌图案即可,见图 5-36。

**4. 进行后台超级排料**

后台排料就是排料工作在电脑后台运行,而不需要去等待,你可以同时用这台电脑去做其他的工作,等排料的时间到了之后,把完成后的排料文件取回即可。后台排料是 ET 睿排的一个特色和创新,它解决了排料需要花费一定的时间去等待的难题。

和前两种新建排料文件的操作不同,后台超级排料需要打开打推文件,然后设置好方案床次后,要先保存,然后点击 发送自动排 按钮,再输入时间等相关参数,点击"OK",这时会看到右下角发送成功的提示和正在运行的情况,见图 5-37、图 5-38。

**5. 取回后台排料文件**

等待排料完成后,取回文件点击 取回排料 按钮,见图 5-39～图 5-41。

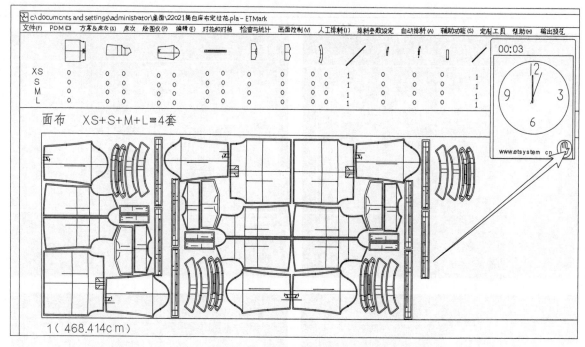

**图 5－36　在排料过程中停下来**

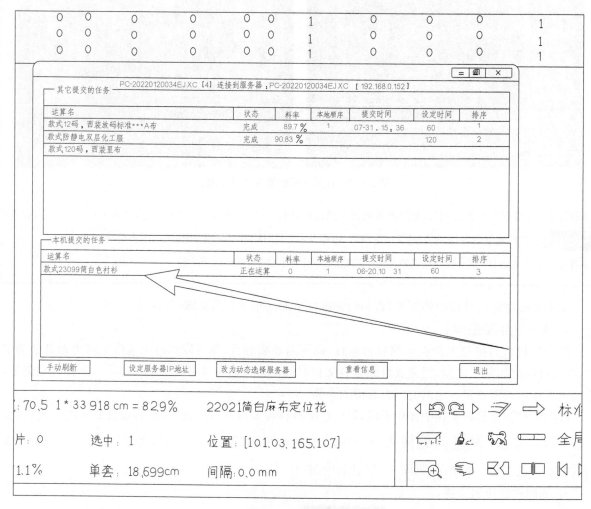

**图 5－37　发送成功**

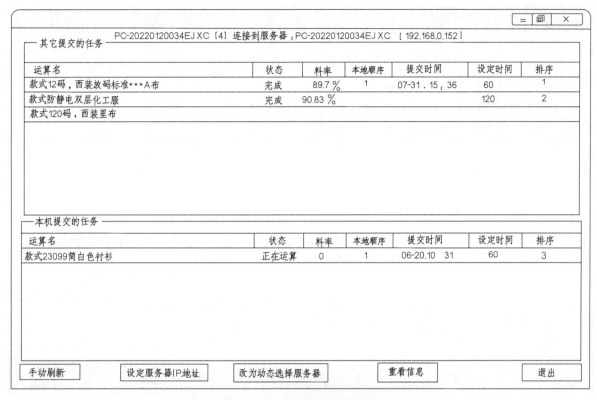

**图 5-38 后台排料的运行情况**

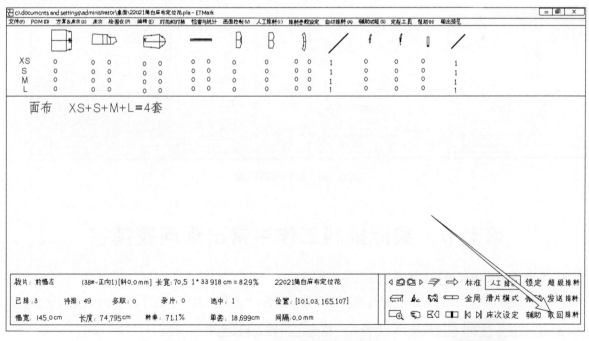

**图 5-39 点击"取回排料"按钮**

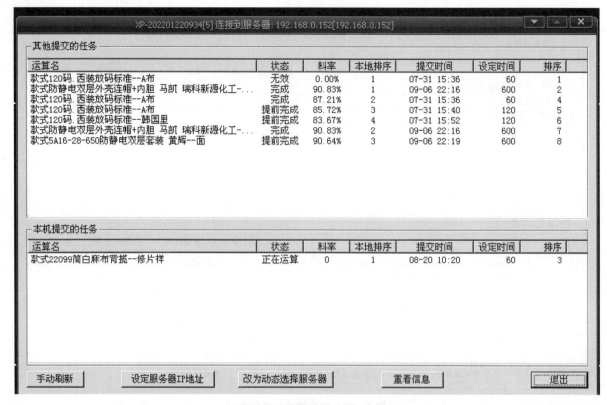

图 5 - 40　选择要取回的款式

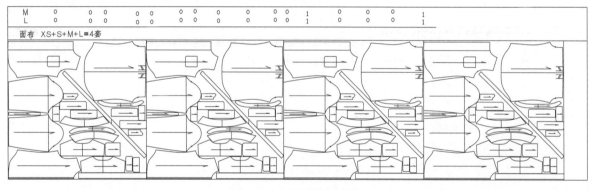

图 5 - 41　取回的排料图

# 第七节　实际排料工作中常出现问题解答

**1. 怎样旋转和微调裁片角度？**

答：打开或新建一个排料文件，把裁片取到正式排料区后，点击其中的一个裁片，把裁片收附在光标上，点击"＜或者＞"键 进行旋转，或者按空格键进行调头后，见图 5 - 42。

微调裁片角度的方法是取下裁片后，点击其中的一个裁片，把裁片吸附在光标上，按"K"键和"L"键 ，就可以进行顺时针或者逆时针微调裁片角度了，见图 5 - 43。

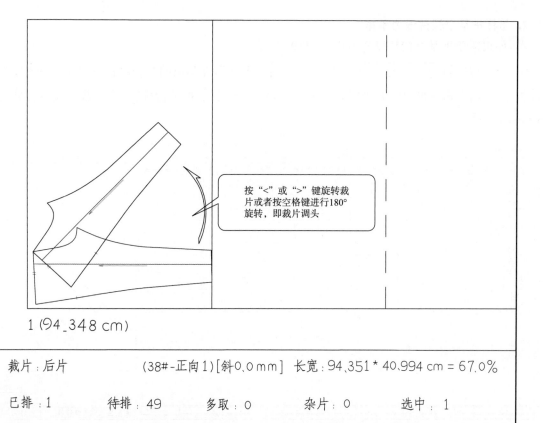

1 (94_348 cm)

| 裁片：后片 | (38#-正向1)[斜0.0mm] | 长宽：94.351 * 40.994 cm = 67.0% | | |
|---|---|---|---|---|
| 已排：1 | 待排：49 | 多取：0 | 杂片：0 | 选中：1 |
| 幅宽：145.0 cm | 长度：94.348 cm | 料率：18.9 % | 单套：25.587 cm | |

**图 5－42　旋转裁片**

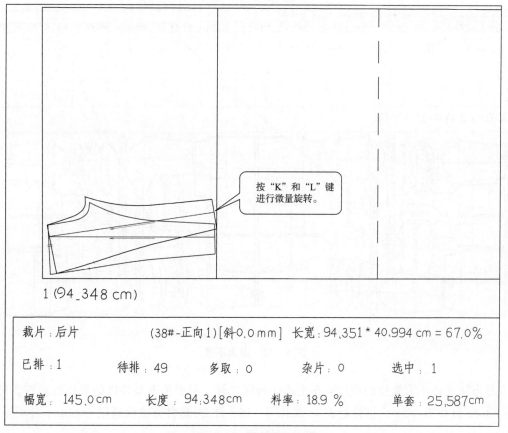

1 (94_348 cm)

| 裁片：后片 | (38#-正向1)[斜0.0mm] | 长宽：94.351 * 40.994 cm = 67.0% | | |
|---|---|---|---|---|
| 已排：1 | 待排：49 | 多取：0 | 杂片：0 | 选中：1 |
| 幅宽：145.0 cm | 长度：94.348 cm | 料率：18.9 % | 单套：25.587 cm | |

**图 5－43　微调裁片角度**

**2. 怎样把某个裁片设为不排？**

答：如果需要把某个裁片设为不排，有两种方法：

第一种方法是在 `排料参数设定` 中选中"自动排料参数"，在弹出的"自动排参数"对话框中，把不排裁片设为 Y，然后点击"OK"按钮，见图 5-44。接着清空排料区，再进行排料，这个裁片就不会进入排料区了，见图 5-45。

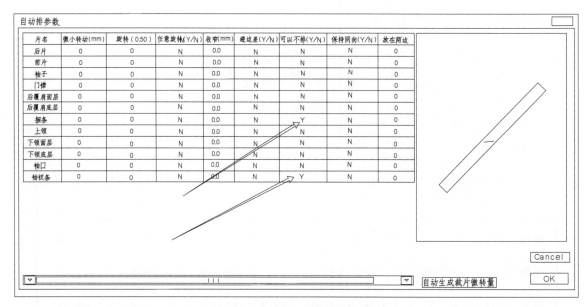

**图 5-44　设为不排的第一种方法**

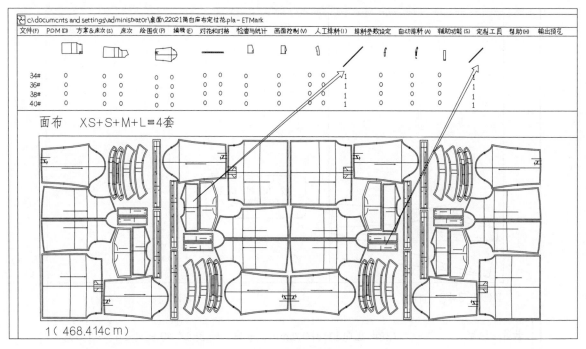

**图 5-45　设为不排**

第二种方法是把不需要排的裁片放在正式排料区之外。只要把不需要排的裁片放到正式排料区以外，点击 Super 自动排，就不会被排进去了，见图 5-46。注意：这种方法仅适用于 Super 自动排。

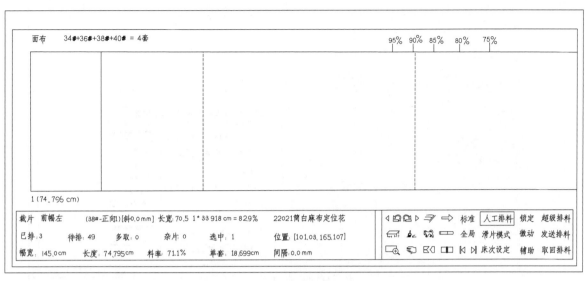

**图 5 - 46　设为不排的第二种方法**

### 3. 怎样把排料单位厘米切换成英寸?

答:点击屏幕上方系统栏的"排料参数设定",见图 5 - 47,再点击系统参数,然后就可以将厘米和英寸进行任意切换了,见图 5 - 48。设置完成后,再进行排料时,显示出的就是英寸了,见图 5 - 49。另外,额外取片、锁定床尾线、本床的裁片间隔等功能也可以在"排料参数设定"里面进行设置。

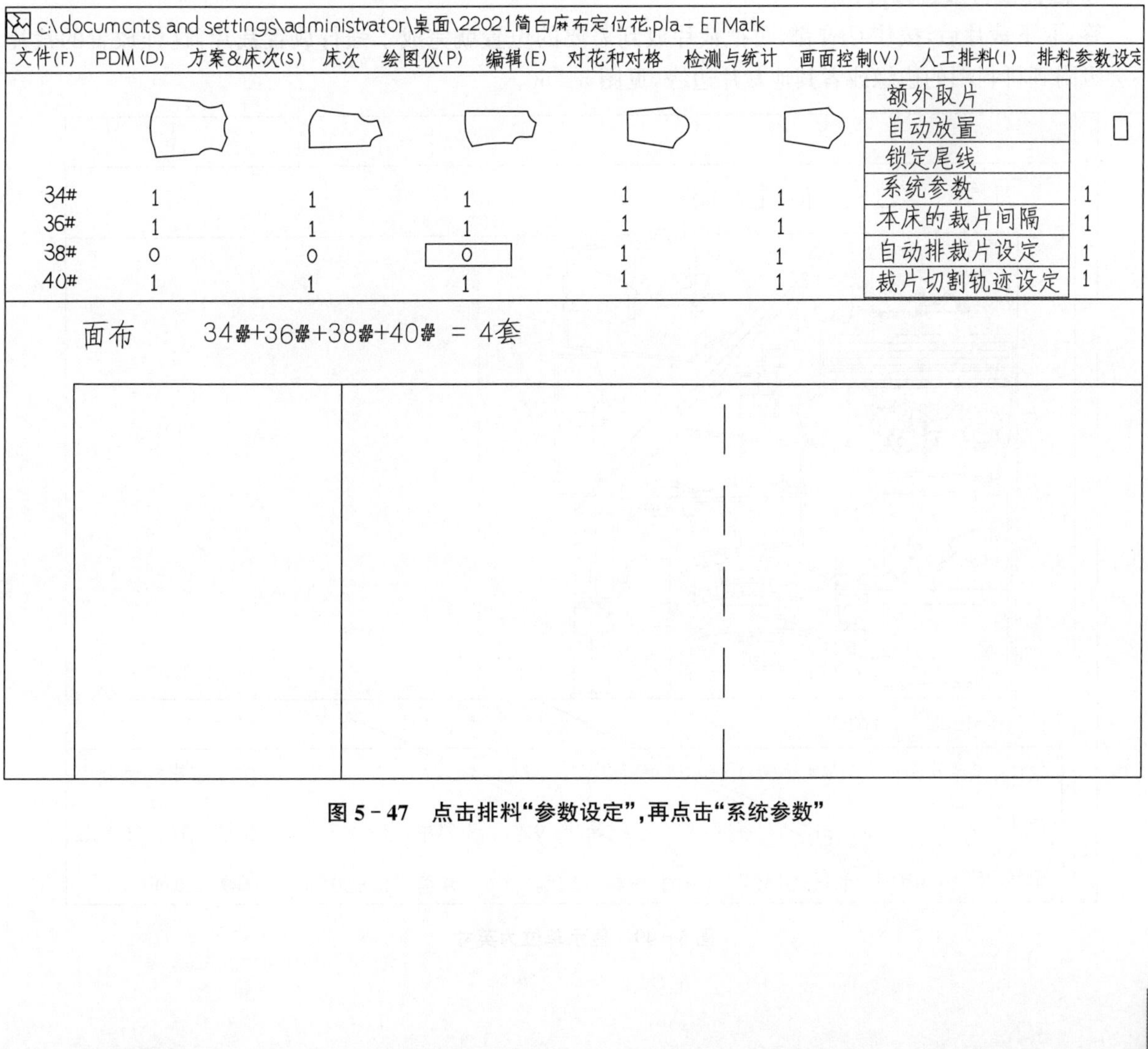

| c:\documcnts and settings\administvator\桌面\22021简白麻布定位花.pla - ETMark | | | | | | | |
| --- | --- | --- | --- | --- | --- | --- | --- |
| 文件(F)　PDM(D)　方案&床次(S)　床次　绘图仪(P)　编辑(E)　对花和对格　检测与统计　画面控制(V)　人工排料(I)　排料参数设定 | | | | | | | |

| | | | | | | | |
| --- | --- | --- | --- | --- | --- | --- | --- |
| | | | | | | 额外取片 | |
| | | | | | | 自动放置 | |
| | | | | | | 锁定尾线 | |
| 34# | 1 | 1 | 1 | 1 | 1 | 系统参数 | 1 |
| 36# | 1 | 1 | 1 | 1 | 1 | 本床的裁片间隔 | 1 |
| 38# | 0 | 0 | 0 | 1 | 1 | 自动排裁片设定 | 1 |
| 40# | 1 | 1 | 1 | 1 | 1 | 裁片切割轨迹设定 | 1 |

面布　　34#+36#+38#+40# = 4套

**图 5 - 47　点击排料"参数设定",再点击"系统参数"**

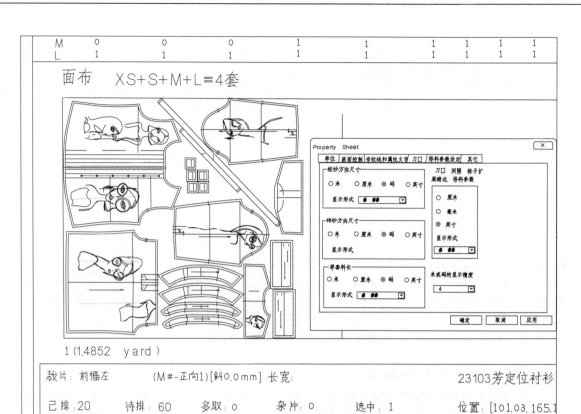

图 5-48　选中英寸和码

**4. 怎样强行放置裁片？**

答：取下裁片后，按住 Ctrl 键，再把裁片放到需要的位置就完成了强行放置裁片，这样放置的裁片不会吸附到排料图的边缘或者其他裁片边缘，见图 5-50。

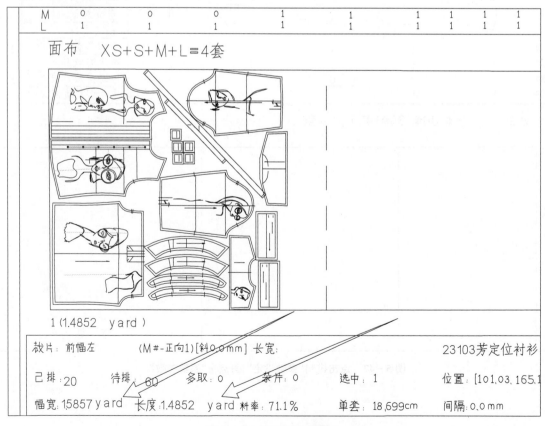

图 5-49　显示单位为英寸

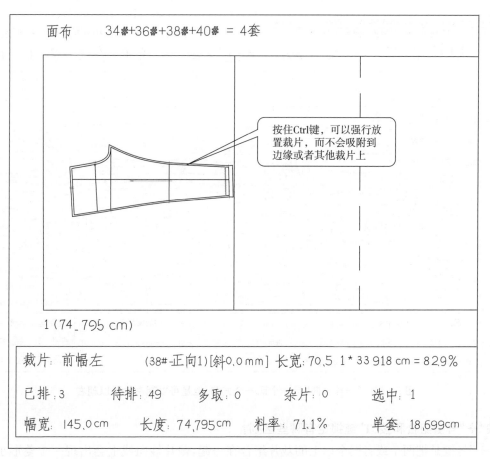

图 5-50 强行放置裁片

**5."单方向"和"一件一向"的区别？**

答："单方向"指所有码所有裁片都朝一个方向；而"一件一向"是一个码一个方向，但是可以朝左也可以朝右。这两者是有区别的，见图 5-51、图 5-52。

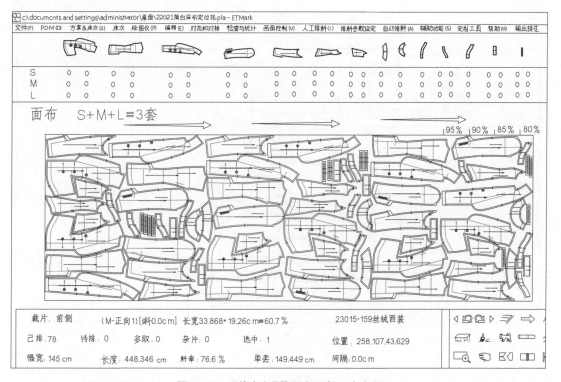

图 5-51 "单方向"是所有码朝一个方向

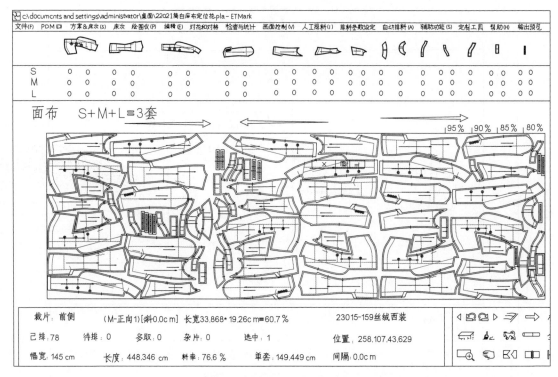

图 5-52 "一件一向"是一个码一个方向，但是可以朝左也可以朝右

### 6. 按"＋"号键组合和按"T"键锁定有哪些区别？

答："＋"号键是把两个或者两个以上的裁片组合在一起，裁片纱向线上会出现一个菱形小标记，见图 5-53。组合裁片可以移动、旋转，按"－"键则解除组合。

而按"T"键是把裁片锁定在固定的位置，裁片纱向线上会出现两个菱形小标记，锁定裁片后不能移动、旋转；如果需要解除锁定，可以选中排料系统栏中的"辅助功能"中的"解除所有锁定"即可，见图 5-54。

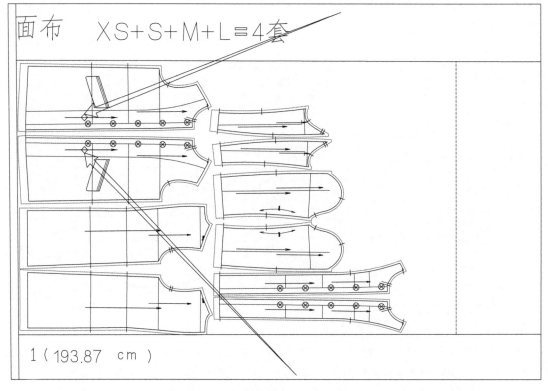

图 5-53 "＋"号键是把两个或两个以上裁片组合，纱向线上出现一个菱形小标记

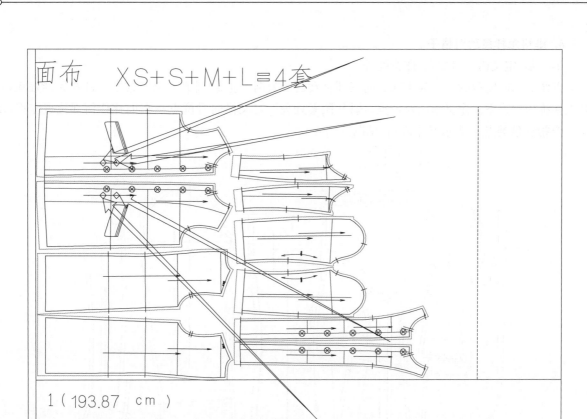

图 5-54　而点击"T"键是把裁片锁定在固定位置,纱向线上会出现两个菱形小标记

**7. 怎样设置排料滚轮工具?**

答:排料系统也可以像打推系统一样,把工具放到滚轮里面,即自定义快捷菜单。只是排料系统不是点击"帮助",而是点击"辅助功能",然后再选中自定义快捷菜单,然后就可以在弹出的对话框中进行选择了,见图 5-55。

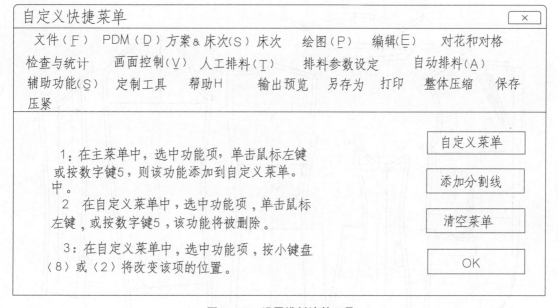

图 5-55　设置排料滚轮工具

**8. 排料怎样自动对格子。**

第一步，定义横条对位点/图案处理。

以图 5-56 所示的款号为 17099 的三开身女西装为例。注意：排料对格时这个文件要先推好板，并且正在推板状态下。定义横向对位点，选择"图案处理"/定义横向对位点→在前片任何部位点左键，出现一个粉红色圆点 a，表示操作成功，见图 5-56。

**图 5-56　定义横向对位点**

第二步，设定横条对位点匹配点。

在前片分割缝上端，点击 b1 点，在侧片前上端点击 b2 点，不分顺序，出现三角形和圆点，表示操作成功。用同样的方法点击 c1 和 c2、d1 和 d2、e1 和 e2，见图 5-57。

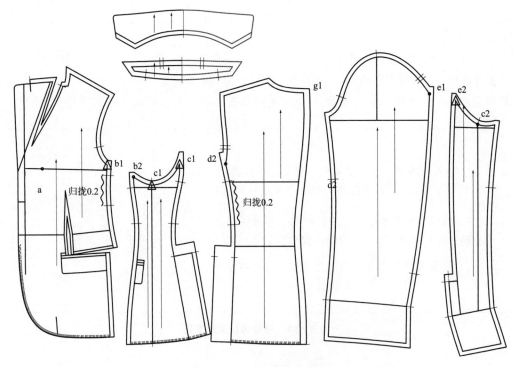

**图 5-57　设定横向匹配点**

第三步,定义竖条对位点/图案处理。

选择"图案处理"/定义竖向对位点→在后片任何部位点左键,出现一个蓝色圆点 f,表示操作成功,见图 5-58。

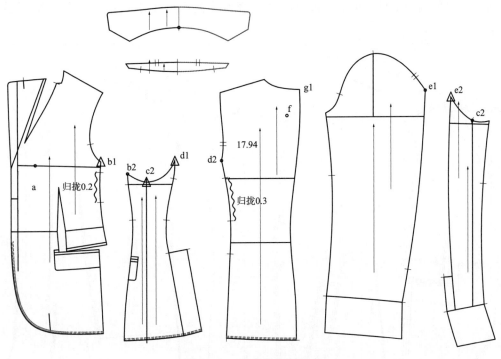

**图 5-58 定义竖向对位点**

第四步,设定竖条对位点匹配点。

在后中缝上端点击 g1 点,点击后领座中点下端 g2 点,不分顺序,出现三角形和圆点,表示操作成功。用同样的方法,点击 h1 和 h2,见图 5-59。

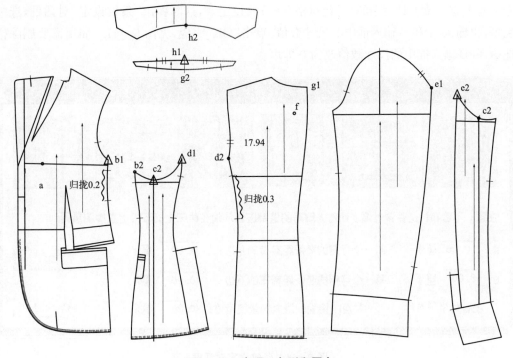

**图 5-59 出现三角形和圆点**

第五步，删除所有对位点/图案处理。

如果需要修改对位点，可选中此工具，删除所有已经做出的对位点，然后再重新设置新对位点。

第六步，显示其他号型的对位点

如果各个号型的线条都显示出来后再设置对格/条纹主裁片和对位点，也可以显示出其他号型的对位点，见图 5－60。

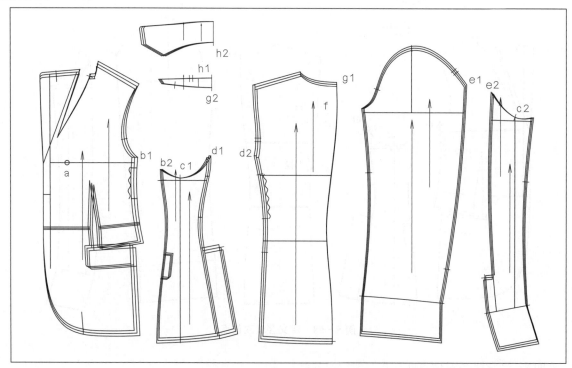

图 5－60　显示其他号型的对位点

第七步，设定面料条纹尺寸。

点击屏幕上方系统工具栏中的"对花对格"→条纹设定♯，这时弹出"条纹设定"对话框，选中格子/条纹的类型，再输入 A 和 B 输入框中的尺寸数值，点击"OK"完成，见图 5－61。如果需要删除格子线，只需要把 A 和 B 输入框中的尺寸数值改为 0 即可。

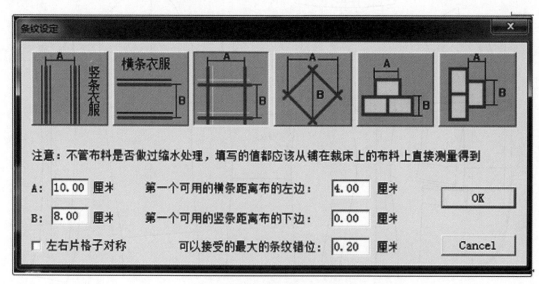

图 5－61　条纹设定对话框

第八步,自动对格子/条纹排料。

对位点和格子/条纹设置完成后,进入正式排料。注意:要先摆放完主裁片,再摆放匹配对格/条纹的附属裁片,适当调整位置,就可以看到格子/条纹自动精确对准了,见图 5-62。

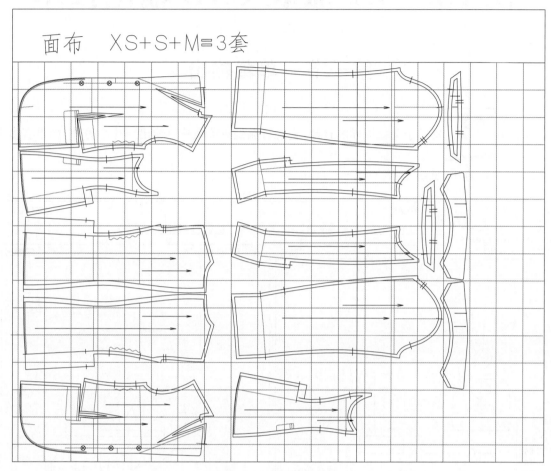

**图 5-62　对格子和条纹**

# 第六章 ET 服装 CAD 输出技术

## 第一节 单裁输出

单裁输出常用于头板纸样的打印,它的特点是对称裁片只输出一片。另外,如果有多个面料属性,也是一次输出,见图 6-1。

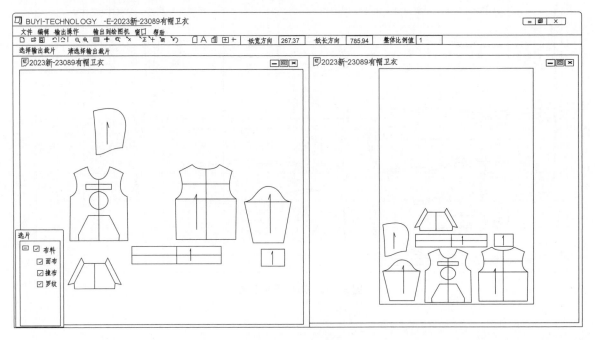

**图 6-1 单裁输出**

## 第二节 单裁输出和排料输出的区别

单裁输出和排料输出的区别见表 6-1。

**表 6-1 单裁输出和排料输出的区别**

| 单裁输出 | 排料出图 |
| --- | --- |
| 可以打开有底稿的文件 | 可能打不开有底稿的文件,提示有不闭合裁片 |
| 对称裁片只打印一片 | 对称裁片会分左、右两片打印出来 |
| 多个面料属性一次打印 | 多个面料属性分开排料和打印 |
| 用来输出头板纸样 | 用来输出正式排料图 |

## 第三节　善于运用"简单出图"

在实际工作中,排料系统工具栏中的"简单出图"是一个很好用的工具,它可以把打推文件中的不同属性的裁片一次性取出打印,另外,在摆放裁片的时候,可以自动摆放,也可以手工摆放、旋转、调头也快速方便,见图6-2。

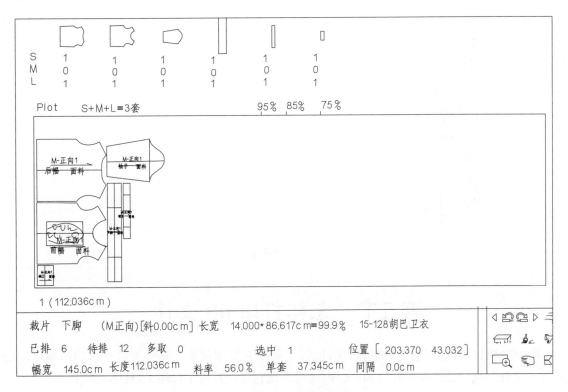

图6-2　简单出图

# 第四节　快速生成 plt 文件

plt 文件可以用于发送排料文件给其他加工厂,也可以用于激光烧花切割的设备上使用。在绘图仪关闭电源,可以输出中心设置成"暂停"或者"打印停止"状态,见图6-3,plt排料文件仍然正常输出。

图6-3　设置成"暂停"或者"打印停止"状态

在用于和绘图仪相配合的专用打印文件夹中会自动生成一个plt文件,这个plt文件可以改文件名称,然后就可以发送给其他生产厂家了,也可以预览查看其大概的内容,见图6-4。另外,假如这台电脑没有连接绘图仪,也可以通过安装一个虚拟的绘图仪来实现转换成plt文件的目的。

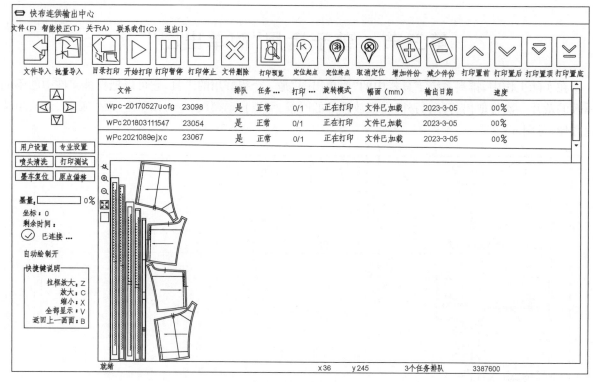

图 6-4　预览 plt

# 第五节　怎样打印 plt 文件

如果我们接收到其他厂家发来的 plt 文件后，需要把它打印出来。具体方法是：打开"输出中心"，点击"导入文件"，找到已经保存好的 plt 文件，就可以把它打开并用于打印了，具体见图 6-5。

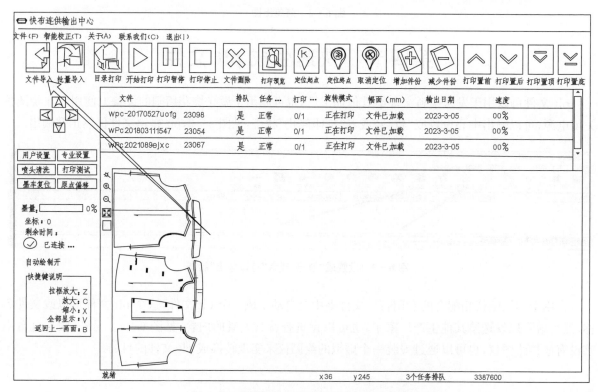

图 6-5　从"输出中心"打开并打印 plt 文件

## 第六节  怎样输出小图

小图输出的方式常用于唛架保存档案、唛架的检查和缩略图。具体方法是在发送出输出指令后在弹出的"输出"对话框中把图 6 - 6 左下方的输出比例 100％改成较小的数值，如 20％，再点击"OK"按钮，输出时就得到小图了，见图 6 - 7。系统在输出完成后会自动恢复成原来的输出比例 100％。

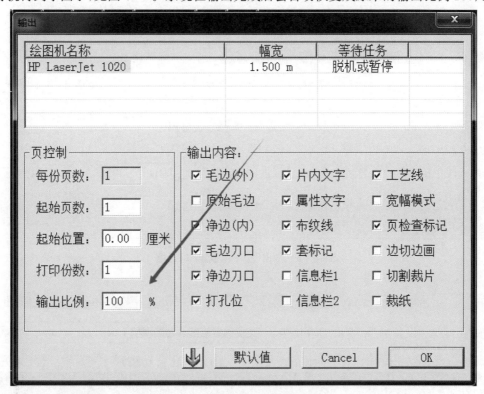

图 6 - 6  把输出比例的数值改小

图 6 - 7  输出小图

## 第七节  怎样用 A4 纸打印大图

使用小打印机中的 A4 纸打印大图时，首先要确认这个小打印机是可以正常使用的；然后可以用"单裁输出"或者"排料系统"打开一个打/推文件→在屏幕上方的系统栏选择"绘图仪"→单击下拉列表中的"绘图机设置"；再在弹出"绘图仪设定"对话框中，添加打印机，见图 6 - 8。在设备名称这一栏中选中使用的这个小打印机 设备名称： \\XP-20170303XVTO\HP Photosmar ▼。

在图仪类型选择：Wirdows 驱动 图仪类型： Windows 驱动 ▼；有效宽度改成 20

图 6-8　弹出"绘图仪设定"对话框

有效宽度：20，每页长度改成 30 每页长度：30，然后点击 添加 和 OK 按钮，这个小打

印机的名称就出现在"设备名称"下面的表格中了 \\XP-20170303XVTO\HP P... Windo... 20.0cm 99.4 * 60.2，

见图 6-9。然后就可以正常输出了，打印完成大图的一部分后会自动跳到下一页继续输出，见图 6-10。

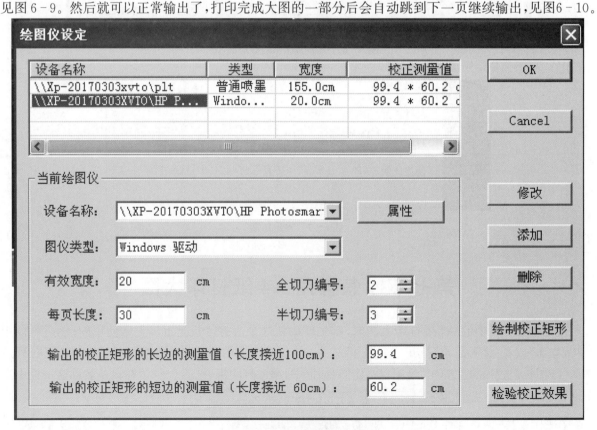

图 6-9　添加新设备完成

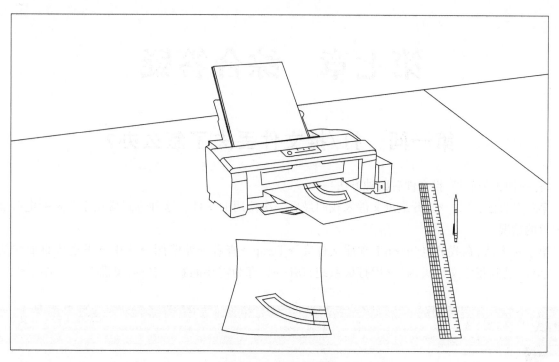

图 6 - 10　输出的大图

# 第七章　综合答疑

## 第一问　打/推文件丢失了怎么办？

答：找回丢失的打/推文件有四种方法：

第一种方法：文件→打开最近文件来找回最后一次使用的文件。这种方式常用于突然断电等非正常关机的情况。

第二种方法：在我的电脑→ET 程序文件夹→Temp→查看→缩略图→选中→发送到桌面快捷方式（或者移动到指定文件夹内）→用打板系统打开→另存为需要的款号名称，见图 7-1～图 7-3。

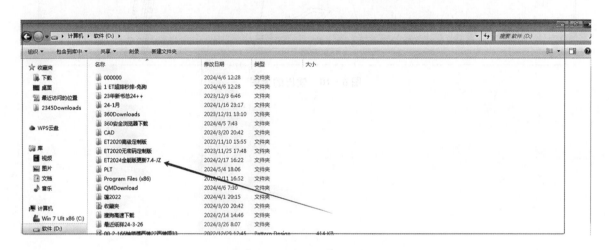

**图 7-1　打开 ET 程序文件夹**

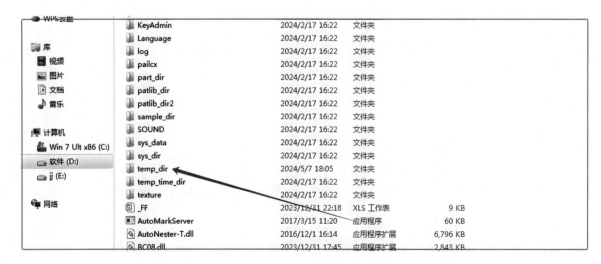

**图 7-2　打开 Temp**

注意：这种方式可以先把"文件属性设置"中"操作设置"界面上的撤销恢复步数中的数值设置得大一些，如设为 5000，见图 7-4。

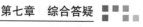

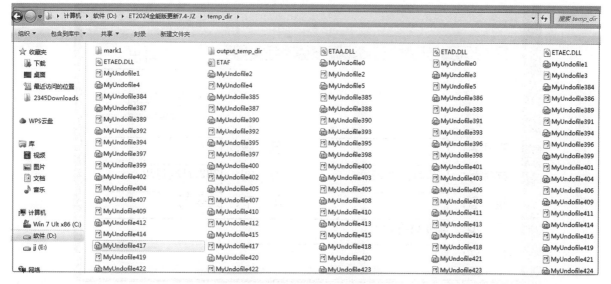

图 7-3 查看自动保存的操作步数

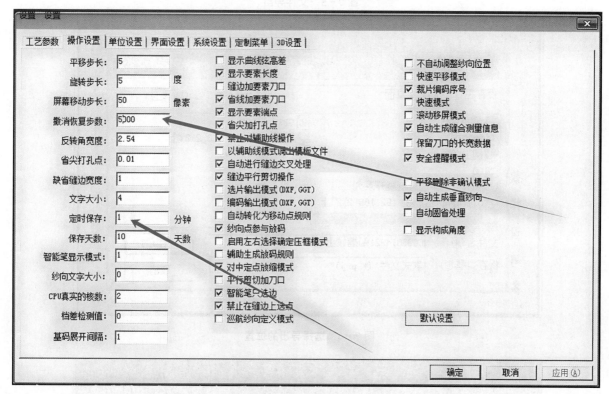

图 7-4 改变恢复步数的数值

第三种方法：通过排料系统中的文件→款式文件导出来把排料文件还原成打/推文件，见图7-5～图7-7。

第四种方法：使用"线描图技术"重新画图。如果以上三种方法都没有操作成功，可以根据电脑自动生成的预览图进行恢复，因为每个打/推文件旁边都会自动生成一个预览图，见图7-8、图7-9。具体方法：把这个预览图单独保存，然后转换成24位位图，再采用"调入底图"工具打开，用"智能笔"工具或者"曲线"工具临摹出来，接着"关闭底图"，用"比例变换"工具改变一下尺寸，详见第123页"转换线描图详细步骤"一节。这个方法会有一点误差，但是也能恢复丢失和损坏的文件。

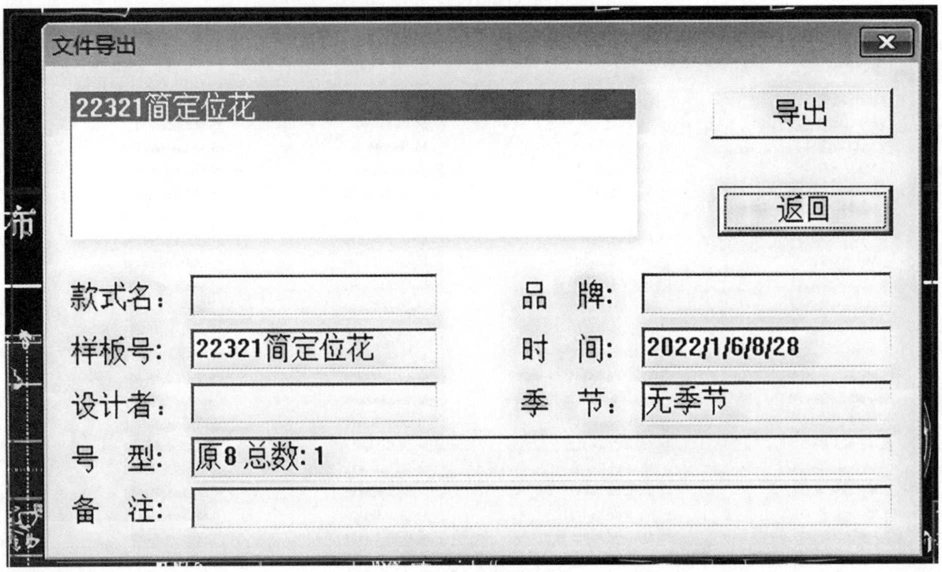

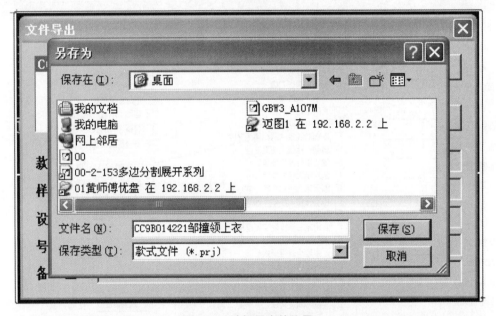

图 7-5　文件导出

图 7-6　选择导出的位置

图 7-7　导出完成

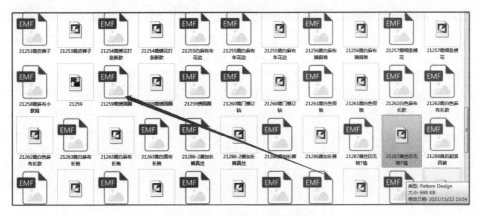

图7-8 自动生成的预览图

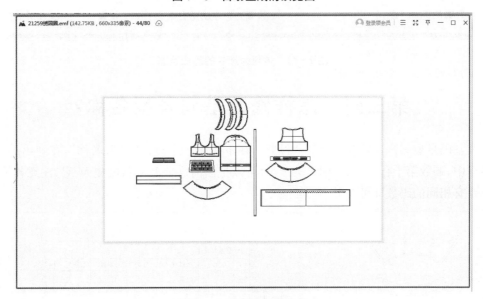

图7-9 恢复完成的文件

# 第二问 怎样找回丢失的排料文件?

答:丢失的排料文件可以通过点击"排料系统"工具栏的"帮助"→维护人员专业工具→查找输出错误的原因,这时弹出"服务人员专业功能"对话框,选择"最早"和"最晚"的出图时间,或者在图7-10中的右下角输入床次名称或者样板号名称包括文件款式名称中的关键词,点击"OK"即可找回相关排料文件。这时弹出"本床的所有历史记录"选中需要的一栏,按 **恢复为选中的历史状态** ,该文件就被恢复了,见图7-11。

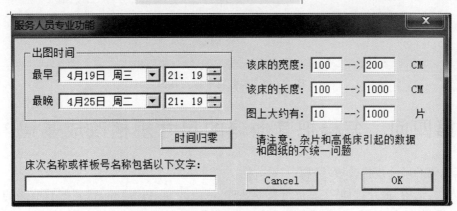

图7-10 输入文件款式名称中的关键词

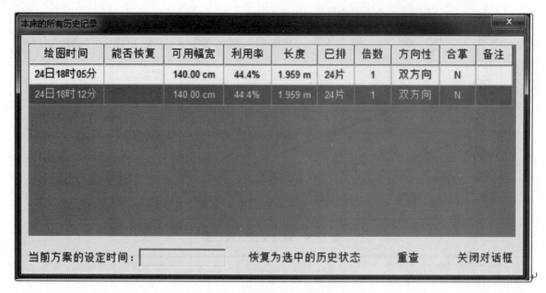

图 7-11　恢复为选中的历史状态

# 第三问　怎样修改基码号型名称?

答:更改基码号型名称比较简单,点击"设置",在下拉列表中点击"号型名称",在弹出的"号型名称设定"对话框中,顺数第十行为基码,图 7-12 中,可以把当前这个 L 码数改成 M 码,注意其他码也要相应改动,不要有相同的码数即可。

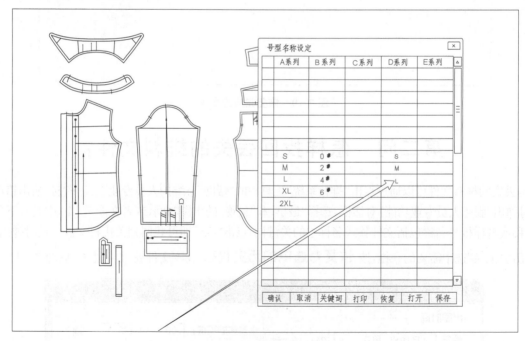

图 7-12　顺数第十行为基码

# 第四问　怎样把其他码的尺寸规格改成基码?

答:把其他码的尺寸规格改成基码有三种方法。

第一种方法:选中"裁片拉伸"工具进行拉伸处理,可以改变裁片尺寸,达到把其他码的尺寸规格改成所需要的基码尺寸,如把图 7-13 中裤长加长 5cm 后,设定为基码。

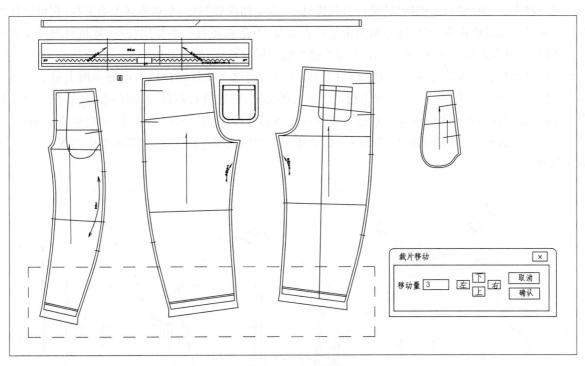

图 7-13 拉伸裤长

第二种方法：使用"比例变换"工具，也可以改变裁片尺寸，见图 7-14。

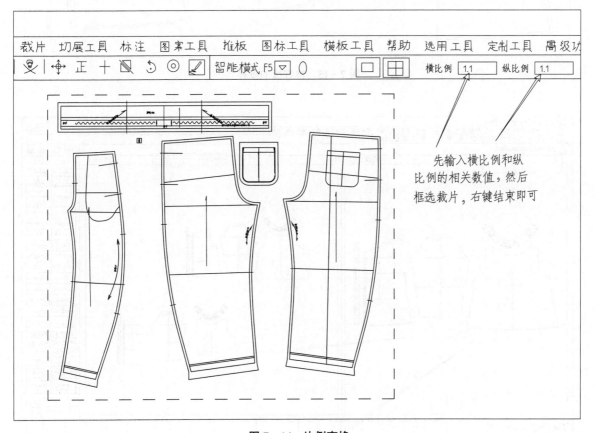

先输入横比例和纵比例的相关数值，然后框选裁片，右键结束即可

图 7-14 比例变换

第三种方法：使用"双文档拷贝"进行自我拷贝。"双文档拷贝"是一个功能强大的工具，它可以使所有已有文件自动变成模板，可以随意调出全部或者局部，但是它还有一个使用技巧，就是对当前文件进行自我拷贝、自我调出。例如，图 7-15 中这款已经推好板的纸样，如果希望把大码当成基码，就需要使用自我拷贝的功能。方法是选中双文档拷贝工具，找到当前这个文件，打开后，电脑界面上显示出两个窗口，见图 7-16。点击图 7-17 中左边窗口下方大码标记，框选所有裁片，右键结束，然后在右边窗口点击左键，这个大码就拷贝过来了。然后再测量对比两套纸样的同一部位的尺寸，如后中下摆的尺寸，就可以看到之前的尺寸和当前的尺寸已经发生变化了。然后关闭左边窗口，把之前的中码裁片设为"不输出"即可。

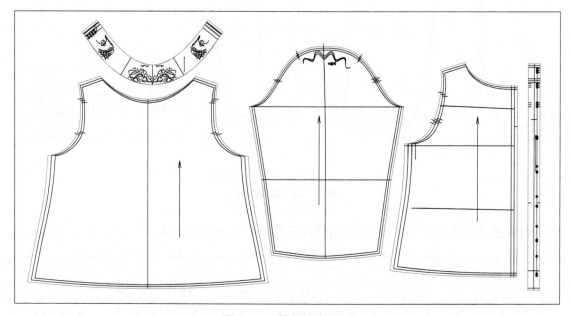

**图 7-15　推好板的纸样**

**图 7-16　文档拷贝**

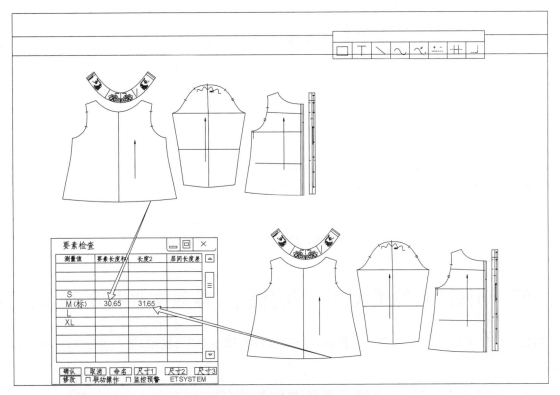

图 7-17 测量对比尺寸

## 第五问 排料出现"必须输入床名"的提示,怎样解决?

答:排料新建文件时出现"必须输入床名"的提示,是由于这个打板文件中,有的裁片属性是空白的,这时只要找到这一个或者多个空白属性的裁片即可,如果在图 7-18 中的"排料方案设定"这个对话框中的"床次名称"下面空白栏中输入任何一个数字,如 0、1、2、3,再打开排料文件,就可以在方案名称中很快看到需要更改裁片属性的形状和名称,然后回到打板系统中把这个裁片属性重新填写完整,刷新保存,最后用排料系统重新打开即可,见图 7-19。

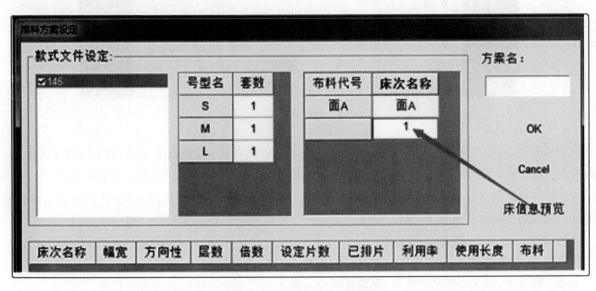

图 7-18 输入任何一个数字

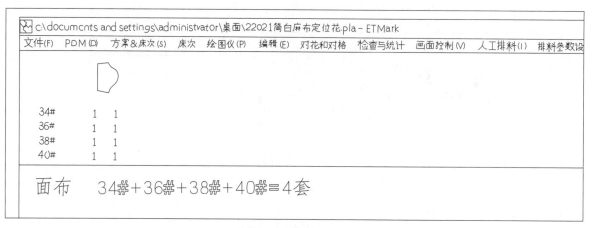

图 7 - 19　需要更改裁片属性的裁片形状和名称

# 第六问　出现"文件类型不对"的提示,导致文件打不开怎么办?

答:由于软件版本的不同,在打开文件时,出现"文件类型不对"的提示,见图 7 - 20,一般用以下三种方法来处理。

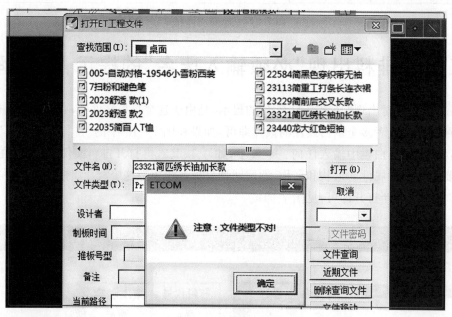

图 7 - 20　文件类型不对的提示

第一种方法:使用文件批转存。具体方法是:先把文件夹备份,然后点击文件,点击内部文件转换,点击文件批转存,见图 7 - 21。然后找到需要的文件夹,再选中任何一个文件,点击"打开"按钮,见图 7 - 22。这时可以看到电脑界面连续闪动变换,不要退出,它会把所有文件都过滤一遍,然后所有文件就都可以用其他版本的软件打开了,见图 7 - 23。

第二种方法:保存为 2008 版文件。具体方法是:先打开文件,然后点击图 7 - 24 中左上角的文件,保存为 2008 版文件,然后其他版本一般都可以打开了。

第三种方法:如果文件已经损坏,就需要请专业的人士用专业的修复软件进行修复。

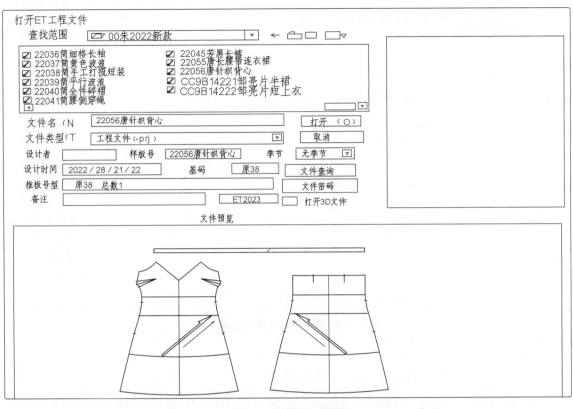

**图7-21　内部文件转换**

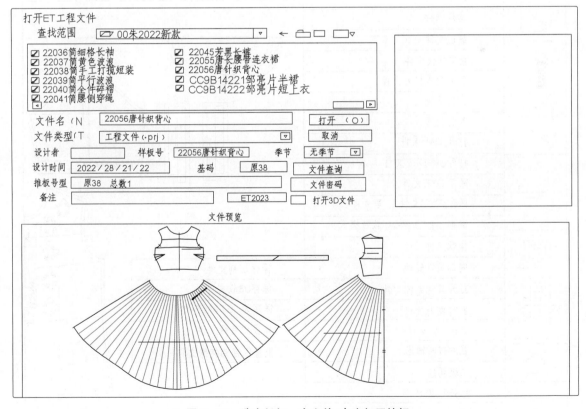

**图7-22　选中任何一个文件,点击打开按钮**

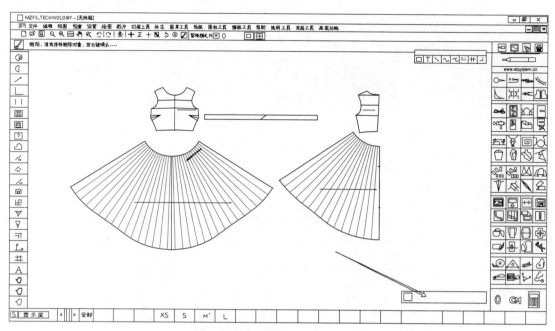

图 7 - 23   把所有的文件都过滤一遍

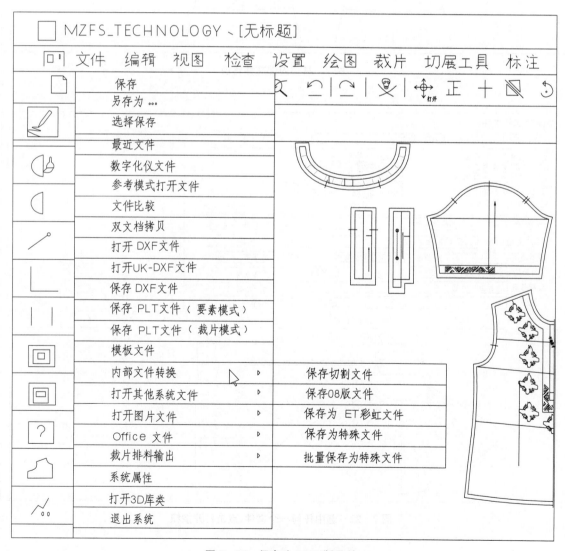

图 7 - 24   保存为 2008 版文件

# 第七问 由于网络原因输出失败怎么办?

答:出现由于网络或其他原因,输出失败,有可能是打板文件里面有很多多余的线条,还可能是连续多次使用"简单出图",操作不当造成的,见图7-25。

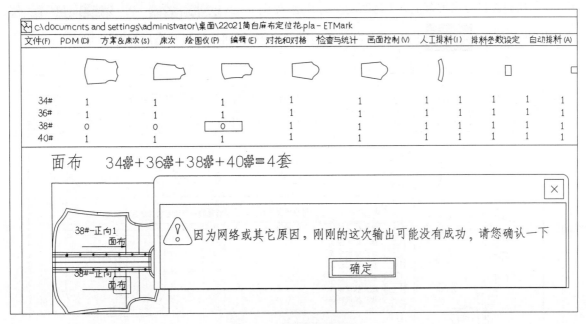

**图7-25 输出失败提示**

另外,如果复制了很多件数,也会出现这种问题。解决方法是:点击"方案床次",再点击"床次设定",在弹出的"排料方案设定"对话框中,把图7-26中右上角的"方案名"改成"1",然后点击"床信息预览",这样就可以正常输出了。

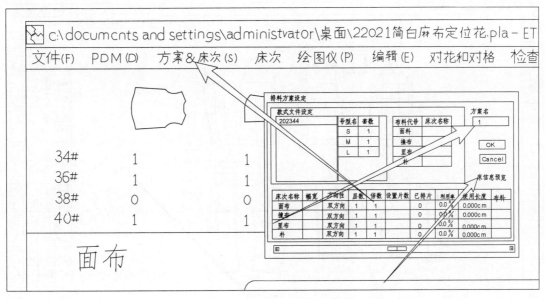

**图7-26 把方案名改成"1"**

# 第八问　出现"裁片标识错误"的提示怎么办？

答：排料时出现"裁片标识错误"的提示，见图7-27，是因为这个打/推文件中有的号型是空号造成的。解决的方法是：打开打/推文件，然后进入推板状态，点击左下角的"显示层" 显示层 字样，是它变成 推板设置 ，这时左键点击屏幕下方半透明的空的号型，见图7-28 2# 4# 8# ，然后点击"推板展开" 工具，把空白的号型完全关闭，再回到打板状态后保存即可。

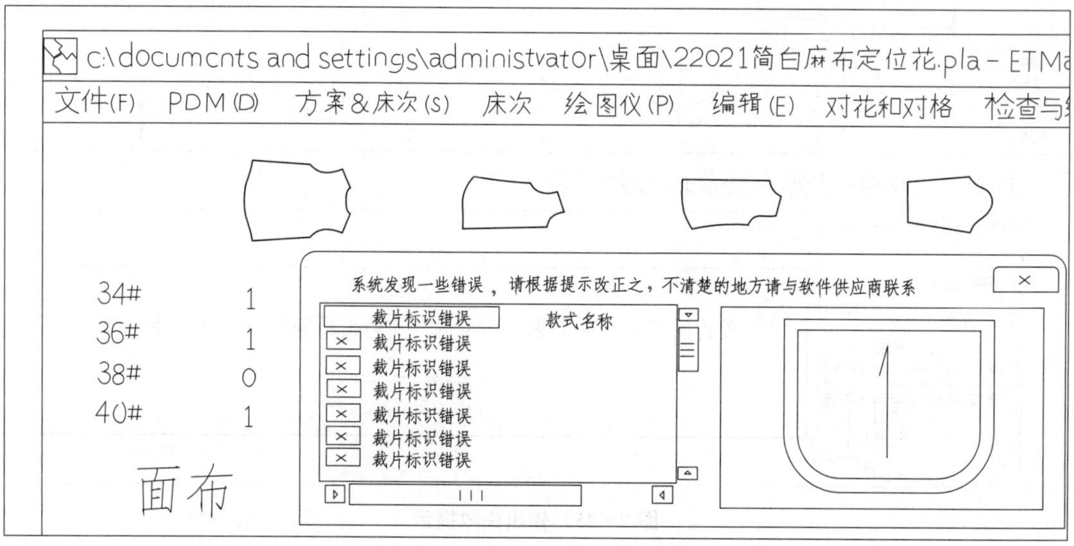

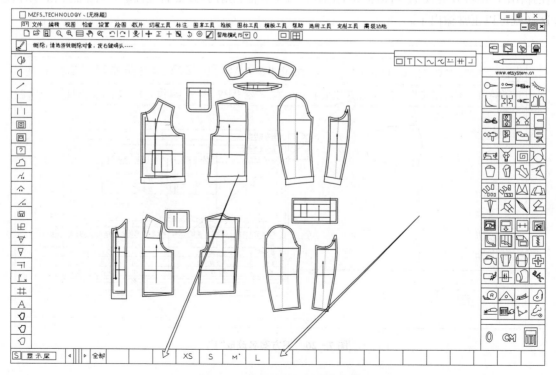

**图7-27　标识错误提示**

**图7-28　把空白的号型完全关闭**

# 后　记

需要特别注意的是,免锁 ET 版本仅仅用于学习和练习,如果是正式用于工作中,请选用有锁的 ET 正版软件,ET 有锁正版软件功能齐全,不会中毒,操作反应快,打印纸样和排料图不会出现尺寸比例失真问题。

读者朋友可以在深圳布易科技有限公司的网站上下载最新的学习版软件;

有需要正版 ET 软件和相关硬件的也可以通过这个网站和布易公司联系;

也可以手机下载腾讯课堂 APP,那里有很多这方面的教学视频。

如有疑问和建议请集中整理后,发送至作者 QQ,作者会通过各种方式尽量回复大家。

祝大家每天都有新发现,每天都有新收获。

联系方式:

QQ:1261561924;

电子邮箱:baoweibing88@163.com。